O Sonho de Mendeleiev

Paul Strathern

O Sonho de Mendeleiev

A verdadeira história da química

Tradução:
Maria Luiza X. de A. Borges

12ª reimpressão

ZAHAR

Tradução autorizada da primeira edição inglesa publicada em 2000
por Hamish Hamilton, de Londres, Inglaterra

Grafia atualizada segundo o Acordo Ortográfico da Língua Portuguesa de 1990, que entrou em vigor no Brasil em 2009.

Título original
Mendeleyev's Dream: The Quest for the Elements

Capa
Sérgio Campante

Ilustração
Lula

CIP-Brasil. Catalogação na fonte
Sindicato Nacional dos Editores de Livros, RJ

S891s

Strathern, Paul, 1940-
O sonho de Mendeleiev: a verdadeira história da química / Paul Strathern; tradução, Maria Luiza X. de A. Borges. — 1ª ed. — Rio de Janeiro: Zahar, 2002.

Tradução de: Mendeleyev's Dream: The Quest for the Elements.
ISBN 978-85-7110-653-6

1. Mendeleiev, Dimitri Ivanovitch, 1834-1907. 2. Químicos - Rússia (Federação) - Biografia. 3. Elementos químicos. 4. Química - História. I. Título. II. Título: A verdadeira história da química.

02-0688

CDD: 540.9
CDU: 54(091)

EDITORA SCHWARCZ S.A.
Praça Floriano, 19 — Sala 3001 — Cinelândia
20031-050 — Rio de Janeiro — RJ
Telefone: (21) 3993-7510
www.companhiadasletras.com.br
www.blogdacompanhia.com.br
facebook.com/editorazahar
instagram.com/editorazahar
twitter.com/editorazahar

Os químicos são uma estranha classe de mortais, impelidos por um impulso quase insano a procurar seus prazeres em meio a fumaça e vapor, fuligem e chamas, venenos e pobreza, e no entanto, entre todos esses males, tenho a impressão de viver tão agradavelmente que preferiria morrer a trocar de lugar com o rei da Pérsia.

Johann Joachim Becher, *Physica Subterranea* (1667)

Assim os elementos trocavam entre si suas propriedades, como num instrumento de cordas os sons mudam de ritmo.

Livro da Sabedoria, xix, 18

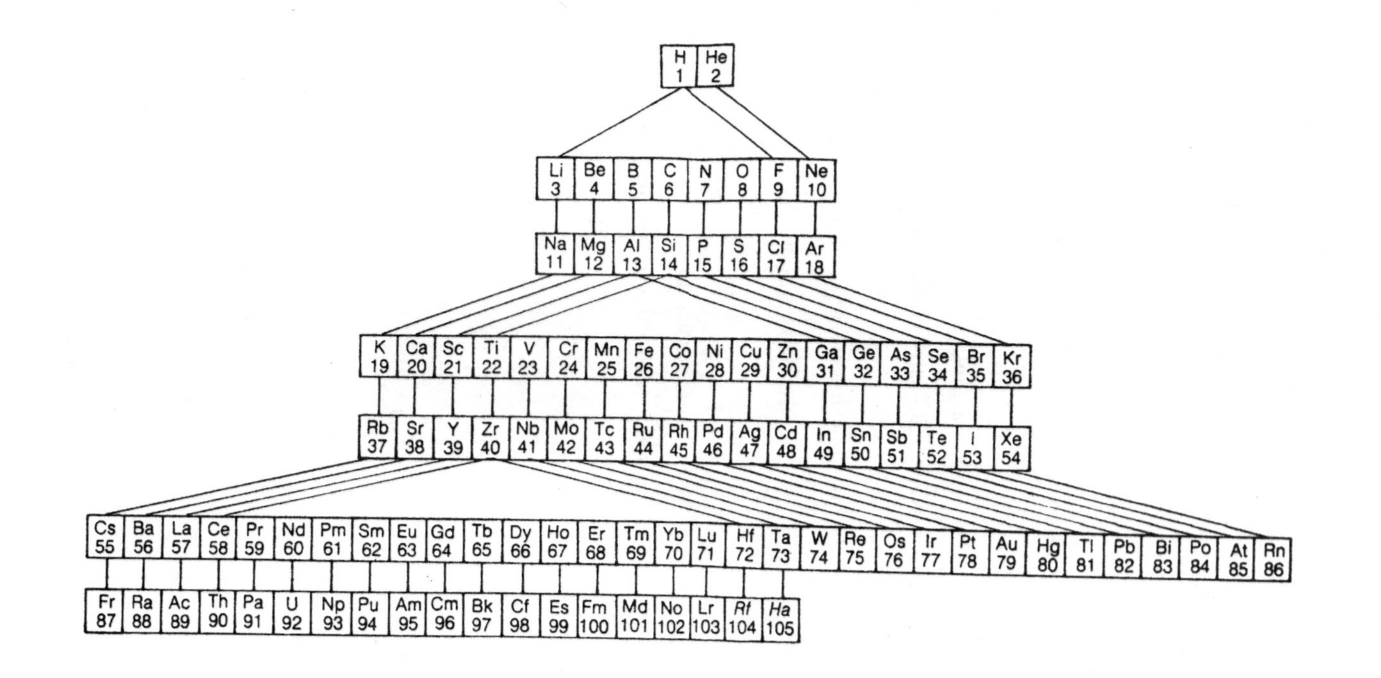
H 1
He 2
Li 3
Be 4
B 5
C 6
N 7
O 8
F 9
Ne 10
Na 11
Mg 12
Al 13
Si 14
P 15
S 16
Cl 17
Ar 18
K 19
Ca 20
Sc 21
Ti 22
V 23
Cr 24
Mn 25
Fe 26
Co 27
Ni 28
Cu 29
Zn 30
Ga 31
Ge 32
As 33
Se 34
Br 35
Kr 36
Rb 37
Sr 38
Y 39
Zr 40
Nb 41
Mo 42
Tc 43
Ru 44
Rh 45
Pd 46
Ag 47
Cd 48
In 49
Sn 50
Sb 51
Te 52
I 53
Xe 54
Cs 55
Ba 56
La 57
Ce 58
Pr 59
Nd 60
Pm 61
Sm 62
Eu 63
Gd 64
Tb 65
Dy 66
Ho 67
Er 68
Tm 69
Yb 70
Lu 71
Hf 72
Ta 73
W 74
Re 75
Os 76
Ir 77
Pt 78
Au 79
Hg 80
Tl 81
Pb 82
Bi 83
Po 84
At 85
Rn 86
Fr 87
Ra 88
Ac 89
Th 90
Pa 91
U 92
Np 93
Pu 94
Am 95
Cm 96
Bk 97
Cf 98
Es 99
Fm 100
Md 101
No 102
Lr 103
Rf 104
Ha 105

Sumário

Lista de Ilustrações

Créditos: AKG London, 2, 3, 4, 6, 8, 9; AKG London/Erich Lessing, 7; Editions Seghers, Paris, 1.

Prólogo

Há uma fotografia desbotada do químico russo Dmitri Mendeleiev trabalhando em São Petersburgo, feita em algum momento no final do século XIX. Mostra uma figura gnômica sentada a uma mesa vasta e entulhada. Mendeleiev não parece muito diferente de um xamã siberiano transposto para um ambiente reconhecível como o hábitat do sucessor moderno do xamã: o gabinete do professor genial. Tem uma barba branca, longa e emaranhada, que termina em três pontas distintas – o que revela um cofiar obsessivo durante períodos de ruminação distraída. Seu cabelo branco despenteado roça nos ombros. Mendeleiev tinha o hábito de cortar o cabelo uma vez por ano. No início do tempo mais tépido da primavera, costumava chamar o pastor local, que se encarregava desse assunto com um tosquiador. Esse é o famoso cabelo desgrenhado que, em certa ocasião, levou o químico escocês Sir William Ramsay a descrever Mendeleiev como "um estrangeiro peculiar, em cuja cabeça cada fio de cabelo se comportava de maneira independente de todos os demais". Ramsay supôs que Mendeleiev era da Sibéria, tomando-o por "um calmuco, ou uma dessas criaturas exóticas".

Na fotografia Mendeleiev está concentrado num pedaço de papel, escrevendo com uma pena que as pontas de seus dedos longos seguram com firmeza. Folhas de papel sobre folhas de papel, uma caneca sobre um pires, vários instrumentos para propósitos indetermináveis e, em prateleiras sob a mesa, pastas de artigos científicos empilhadas ao acaso.

Mendeleiev à sua mesa de trabalho

Nas costas de Mendeleiev há uma estante contendo três fileiras surpreendentemente ordenadas de volumes encadernados. No meio delas, uma grande chave com uma etiqueta está pendurada bem em cima de sua cabeça – como uma espécie de auréola científica, ou ponto de exclamação. (Eureca!) E, sobre a estante, o papel de parede decorado da época está forrado de fileiras irregulares de sombrios quadros emoldurados, retratos dos grandes cientistas do passado. Da penumbra superior, Galileu, Descartes, Newton e Faraday contemplam, lá embaixo, a figura desgrenhada que rabisca em meio à desordem circundante.

Em 1868 Mendeleiev estava debruçado sobre o problema dos elementos químicos. Eles eram o alfabeto de que a língua do universo se compunha. Àquela altura, 63 diferentes elementos químicos haviam sido descobertos. Iam desde o cobre e o ouro, que eram conhecidos desde tempos pré-históricos, ao rubídio, que fora detectado recentemente na atmosfera do Sol. Sabia-se que cada um desses elementos consistia de átomos diferentes, e que os átomos de cada elemento apresentavam propriedades singulares próprias. No entanto, havia-se descoberto que alguns deles possuíam propriedades vagamente similares, o que permitia classificá-los conjuntamente em grupos.

Sabia-se também que os átomos que compunham os diferentes elementos tinham pesos atômicos diferentes. O elemento mais leve era o hidrogênio, com peso atômico de 1. O elemento mais pesado conhecido, o chumbo, tinha um peso atômico estimado em 207. Isso significava que era possível arrolar os elementos de forma linear segundo seus pesos atômicos ascendentes. Ou reuni-los em grupos com propriedades semelhantes. Vários cientistas haviam começado a suspeitar de que existia uma ligação entre esses dois métodos de classificação – alguma estrutura oculta em que todos os elementos se baseavam.

Na década anterior, Darwin descobrira que todas as formas de vida progrediam por evolução. E dois séculos antes Newton descobrira que o universo operava segundo a gravidade. Os elementos químicos eram a cavilha entre os dois. A descoberta dessa estrutura faria pela química o que Newton fizera pela física e Darwin pela biologia. Revelaria o esquema do universo.

Mendeleiev estava ciente da importância de sua investigação. Aquele poderia ser o primeiro passo rumo à descoberta, em séculos futuros, do segredo último da matéria, o padrão sobre o qual a própria vida se fundava, e talvez até as origens do universo.

Sentado à sua mesa sob os retratos dos filósofos e dos físicos, Mendeleiev continuava a ponderar esse problema aparentemente insolúvel. Os elementos tinham diferentes pesos. E tinham diferentes propriedades. Podia-se enumerá-los e podia-se agrupá-los. De algum modo, simplesmente tinha de haver uma ligação entre esses dois padrões.

Mendeleiev era professor de química na Universidade de São Petersburgo, sendo famoso por seu conhecimento enciclopédico dos elementos. Conhecia-os como um diretor de escola conhece seus alunos – os voláteis insociáveis, os valentões, os maria vai com as outras, os que ficam misteriosamente aquém do esperado e os perigosos que é preciso vigiar. No entanto, por mais que tentasse, continuava incapaz de discernir qualquer princípio norteador em meio àquele turbilhão de características. Tinha de haver um em algum lugar. O universo científico não podia se basear simplesmente num ajuntamento aleatório de partículas singulares. Isso seria contrário aos princípios da ciência.

A.A. Inostrantzev, colega de Mendeleiev que foi lhe fazer uma visita no dia 17 de fevereiro de 1869, deixou uma descrição desse encontro. Ela é um tanto fantasiosa e colorida pela retrospecção, mas fornece alguns detalhes de bastidor. O próprio Mendeleiev também forneceu vários relatos (um tanto discrepantes) do que andava fazendo e pensando naquela ocasião.

Ao que parece, por três dias, quase incessantemente, Mendeleiev estivera quebrando a cabeça com o problema dos elementos. Mas tinha consciência de que o tempo estava se esgotando. Naquele mesmo dia deveria pegar o trem da manhã na Estação de Moscou com destino à sua pequena propriedade rural na província de Tver. O professor de química tinha um encontro com a Cooperativa Econômica Voluntária de Tver. Iria falar para uma delegação local de queijeiros, aconselhá-los sobre métodos de produção, ao que se seguiria, por três dias, uma inspeção de granjas locais. Seu baú de madeira de viagem já fora feito e deixado no vestíbulo. Pela janela de seu gabinete podia-se ver o trenó puxado a cavalo esperando na rua, o cocheiro todo enrolado batendo o pé na neve, o miserável cavalo resfolegando plumas brancas no ar frígido.

Mas os criados não teriam ousado perturbar Mendeleiev. Seu mau gênio era notório. Sabia-se que por vezes se irritava a ponto de dançar literalmente de fúria. Mas o que aconteceria se perdesse o trem?

O psicólogo russo da descoberta científica B.M. Kedrov, e outros comentadores de Mendeleiev, especularam que a ideia premente do trem que ele tinha de pegar teve um efeito na sua mente. Pode ter sido isso que o induziu a um voo de inspiração devaneadora... Nas longas viagens de São Petersburgo a Tver, Mendeleiev frequentemente matava o tempo jogando paciência. Depois de instalar seu baú de madeira sobre os joelhos, baixava o baralho com as cartas viradas para baixo.

Enquanto as bétulas prateadas, os lagos e os morros cobertos de mata deslizavam pela janela, ele começava a virar as cartas, três a três. Quando chegava aos ases, removia-os um após outro, colocando cada naipe em linha no alto do baú: copas, espadas, ouros, paus. Depois continuava virando as cartas – e, uma por uma, elas apareciam. Rei em copas, Rainha em copas, Rei em ouros, Valete em copas... Lentamente os naipes começavam a descer pelo baú. Dez, nove, oito... Naipes, números descendentes. Era exatamente o que se passava com os elementos com seus grupos e números atômicos ordenados!

Em algum momento durante a manhã, Mendeleiev deve ter chamado da porta de seu gabinete e pedido a um dos criados para dispensar o trenó que o aguardava. Ele deveria informar ao cocheiro que o professor Mendeleiev iria pegar o trem da tarde.

Mendeleiev voltou à sua mesa e começou a revirar as gavetas. Finalmente tirou um maço de fichas brancas. (Enquanto o fazia, talvez tenha ouvido o tilintar das sinetas do trenó puxado a cavalo que desaparecia na distância baça, acolchoada de neve.) Uma por uma, Mendeleiev começou a escrever nas superfícies em branco das fichas. Primeiro escrevia o símbolo químico de um elemento em letra de forma, depois seu peso atômico e finalmente uma curta lista de suas propriedades características. Depois de preencher 63 cartões, espalhou-os sobre a mesa com a face para cima.

Começou a fitar os cartões, cofiando meditativamente as pontas da barba. Um longo momento se prolongou em minutos a fio enquanto ele permanecia concentrado no mar de cartões à sua frente, sua mente seguindo trilhas de pensamento e semipensamento, esquecido do mundo. Nem assim conseguiu discernir algum padrão geral.

Cerca de uma hora mais tarde, decidiu tentar uma abordagem diferente. Juntou as fichas e começou a dispô-las em grupos. Mais uma hora eterna; agora suas pálpebras estavam começando a pulsar de exaustão. Finalmente, desesperado, decidiu tentar o caminho óbvio, dispondo os cartões na ordem ascendente de seus pesos atômicos. Mas isso não poderia levar a coisa alguma. Todo mundo já o tentara. Ademais, o peso era apenas uma propriedade física. O que estava procurando era um padrão que unisse as propriedades químicas. A essa altura Mendeleiev estava começando a cabecear, a cair sobre os cartões enquanto se controlava, à beira do sono. Parece que se deu conta do trenó puxado a cavalo à espera do outro lado da janela. Ainda estava lá? Ou tinha voltado? Já? Era hora de pegar o trem da tarde? Esse era o último, não poderia perdê-lo de maneira alguma.

Ao passar os olhos mais uma vez pela linha de pesos atômicos ascendentes, Mendeleiev percebeu de repente algo que lhe acelerou o pulso. Certas propriedades similares pareciam se repetir nos elementos no que se revelavam ser intervalos numéricos regulares. Isto era alguma coisa! Mas o quê? Alguns dos intervalos começavam com certa regularidade, mas depois o padrão parecia claramente ir sumindo. Apesar disso, Mendeleiev logo se convenceu de que estava à beira de uma realização de vulto. Havia um padrão definido em algum lugar ali, mas ele simplesmente não conseguia agarrá-lo de fato... Momentaneamente vencido pela exaustão, Mendeleiev se debruçou na mesa, pousando a cabeça desgrenhada nos braços. Adormeceu quase imediatamente, e teve um sonho.

1. No começo

Para compreender o problema que Mendeleiev estava tentando resolver é necessário remontar às origens mais remotas do pensamento científico. Esse evento seminal na evolução humana pode ser identificado num momento exato e num lugar exato – 2.500 anos atrás na Grécia antiga. A primeira manifestação de pensamento científico genuíno é tradicionalmente atribuída a Tales, que viveu no século VI a.C. na cidade grega de Mileto, na costa da Jônia (hoje sudoeste da Turquia).

Nesse período, uma população de língua grega ocupava as ilhas dispersas e as planícies isoladas ao longo do litoral pedregoso de todo o mar Egeu. É essa geografia fragmentada que explica em parte por que o mundo grego havia permanecido um ajuntamento de cidades e Estados insulares frequentemente brigões, com uma rede de colônias comerciais que se estendia por toda a região mediterrânea. Durante esse período, como ao longo de todo o período de sua grandeza, os gregos antigos estavam unidos unicamente por sua língua. De maneira reveladora, o território que ocupavam não tinha nenhum nome geral. Foram os romanos que primeiro aplicaram a palavra "Grécia" à terra habitada pelos gregos, que se referiam a si mesmos como helenos (em memória de Helene, chefe de uma obscura tribo antiga da Tessália). Afirmou-se que os gregos antigos não eram sequer uma entidade racial, consistindo de vários tipos diferentes que partilhavam uma língua comum, com uma cultura e uma religião comuns.

Por que a humanidade começou a pensar pela primeira vez de uma maneira científica essencialmente racional nessa região particular continua sendo um tanto misterioso. Bem mais de um milênio antes, tanto os babilônios quanto os egípcios antigos haviam desenvolvido civilizações superiores, capazes de um tipo de pensamento extremamente elevado. Postados nos terraços elevados de seus zigurates, os astrólogos babilônios haviam observado o céu noturno, discernindo padrões em meio às estrelas, mapeando seus movimentos através do céu. Depois que as águas das inundações anuais baixavam, deixando o vale do Nilo como um mar de lama, os escribas do Egito recalculavam a área exata do pedaço de terra de cada indivíduo, fazendo malabarismos com unidades tão pequenas quanto 1/300. Esse tipo de observação e mensuração avançadas havia sido o apanágio das castas sacerdotais tanto na Babilônia quanto no Egito. Essas habilidades técnicas, e toda especulação teórica que provocavam, eram parte da prática religiosa. Sua sutileza se misturara à sutileza da teologia que as acompanhava – resultando em coisas como números mágicos e a ideia de que os movimentos das estrelas espelhavam os destinos terrenos. Superstições como essas persistem até hoje na forma de números "da sorte" e "signos astrológicos pessoais".

Em comparação, a religião grega antiga, com seus deuses desordeiros a fanfarronar e namoricar no Monte Olimpo, era uma piada. Durante o período obscuro que se seguiu ao colapso da civilização micênica, a religião grega permanecera em seu estágio infantil de desenvolvimento; não seria possível vincular nenhum pretenso pensamento científico sério àquelas cabriolas de história em quadrinhos.

Mas esse foi o ponto crucial. Quando o primeiro frêmito de curiosidade científica se fez sentir na Grécia antiga, não estava ligado a nenhuma religião. Não teve de se conformar aos ditames de alguma teologia fortemente arraigada, nem foi estimulado a se iniciar em algum domínio ilusório da imaginação. Era inteiramente livre – não refreado por coisa alguma senão a razão e a realidade do mundo com que se confrontava.

Segundo a lenda, Tales gostava de caminhar nos morros ao redor de Mileto. Podemos imaginar a cena. Espalhada abaixo dele, ao sol fulgurante, a cidade portuária com suas prístinas colunas de mármore e o padrão regular das ruas, tudo preciso e frágil como uma miniatura em casca de ovo. As baías e cabos do continente asiático estendendo-se para o norte, a ampla vastidão do mar Egeu, ilhas distantes borradas na cerração do calor. Talvez um barco comercial de velas frouxas, detido no golfo pela calmaria em sua viagem de volta de uma das colônias da cidade no delta do Nilo, no mar Negro ou na Sicília – ou quem sabe de uma viagem até rincões tão distantes quanto as minas de prata espanholas além das Colunas de Hércules (Gibraltar).

Enquanto caminhava pela trilha na encosta, Tales observava algumas pedras que continham fósseis do que eram inequivocamente conchas marinhas. Percebia que aqueles morros haviam sido outrora parte do mar. Isso o levou a conjeturar que, originalmente, o mundo devia ter consistido inteiramente de água. Concluiu que a água era o elemento fundamental de que todas as coisas derivavam. Em consequência, Tales de Mileto é geralmente considerado o primeiro filósofo. Foi o primeiro exemplo conhecido de pensamento verdadeiramente científico.

Em seus primórdios a filosofia abrangia a ciência – o que veio a ser conhecido como "filosofia natural". O pensamento de Tales era científico porque era capaz de fornecer fatos em favor de suas conclusões. E era filosofia porque usava a razão para chegar a essas conclusões: não havia nenhum apelo aos deuses ou a forças metafísicas misteriosas. O raciocínio era inteiramente conduzido nas esferas deste mundo, em que era possível reunir dados para provar ou refutar suas conclusões.

Pouco sabemos ao certo sobre Tales de Mileto. Diz-se que ele previu um eclipse do Sol que sabemos ter ocorrido em 585 a.C. Essa é a única indicação real que temos sobre a época em que viveu. Segundo uma história, ele despencou de um morro quando estudava o céu: uma imagem emblemática do filósofo até os nossos dias. Mas Tales não era nenhum bobo. Quando lhe perguntaram por quê, se era tão inteligente, continuava pobre, respondeu que enriquecer era fácil. E o provou. Percebendo que a próxima colheita de azeitonas seria boa, alugou todas as prensas de azeitonas do lugar. Durante a colheita excepcionalmente abundante, seu monopólio lhe permitiu cobrar o que desejava.

É impossível ter a medida exata do efeito do novo modo filosófico de pensar atribuído a Tales. O conhecimento da civilização ocidental está baseado nele. Olhando para trás, podemos ver que, desde seus primeiros instantes, esse novo modo de pensar continha certos pressupostos básicos. Estes iriam determinar (e mais de dois milênios e meio mais tarde continuam determinando) tanto a forma quanto o conteúdo de nosso conhecimento. Eram os pressupostos que sustentariam todo o pensamento científico subsequente. Tales fez a pergunta: "Por que as coisas acontecem como acontecem?" Ao respondê-la, presumiu que a resposta devia ser formulada em termos da matéria básica de que o mundo é feito. Presumiu também que há uma unidade subjacente à diversidade do mundo. Mas, talvez o mais significativo de tudo, presumiu que há uma resposta para essa pergunta. E que essa resposta pode ser dada na forma de uma teoria – palavra que deriva do grego "olhar para, contemplar ou especular" – passível de teste.

Sabemos por indícios anedóticos que Tales chegou à sua teoria depois de encontrar alguns fósseis de conchas marinhas muito acima do nível do oceano na época. Mas suas especulações provavelmente foram ainda mais fundo. Ele deve ter visto a névoa se elevando dos montes anatólios para se transformar em nuvens, e observado a chuva a cair das nuvens em tempestades sobre o mar Egeu: terra se transformando em ar úmido, que por sua vez se transformava em água. Apenas três quilômetros ao norte de Mileto, um grande rio serpenteia pela vasta planície rumo ao mar. (Tratava-se de fato do antigo rio Meandro, do qual nossa palavra deriva). Tales teria observado o rio se assoreando lentamente, a água tornando-se terra barrenta. Teria visitado os mananciais numa encosta vizinha: terra se transformando em água de novo. Hoje não se precisa de muita imaginação para entender como Tales concebeu a ideia de que tudo é água. No entanto, a primeira pessoa a dar um passo no desconhecido com essa ideia deve ter sido um gigante da imaginação.

Curiosamente, esse não foi o único grande passo na evolução do pensamento humano que teve lugar durante o século VI a.C. De maneira completamente independente, em outras partes do globo, a humanidade estava dando vários grandes passos que iriam afetar todo o curso de seu desenvolvimento. A China testemunhou o aparecimento de Confúcio e Lao-Tsé (o fundador do taoismo, o rival do confucionismo), Buda começou a pregar na Índia, e na Pérsia o adorador do fogo Zaratustra fundou o zoroastrismo (que teria grande influência tanto sobre o judaísmo quanto sobre o islamismo). Enquanto isso a região mediterrânea estava testemunhando mais do que o mero advento dos primeiros filósofos na Jônia. No final do século Pitágoras estava vivendo no outro extremo do mundo grego, no sul da Itália, e seus ensinamentos religiosos iriam contribuir significativamente para o elemento não judaico do cristianismo (várias parábolas do Novo Testamento originam-se de fontes pitagóricas). Da mesma maneira, a influência da religião dos números de Pitágoras pode ser reconhecida na teoria musical e na crença da ciência moderna de que as operações últimas do universo podem ser descritas em termos numéricos. O rumo das civilizações tanto oriental quanto ocidental foi fixado por eventos que tiveram lugar durante o século VI a.C.

O mais importante para o mundo ocidental foi, sem dúvida, o desenvolvimento atribuído a Tales de Mileto, o primeiro cientista filósofo. Sua teoria de que o mundo se desenvolvera a partir de um único elemento (água) foi apenas o começo. Essa ideia, uma vez concebida, foi rapidamente desenvolvida pelos discípulos de Tales em Mileto – os filósofos conhecidos como integrantes da escola milésia. Um deles era Anaxímenes, que identificou o elo fraco no raciocínio de Tales. Se tudo fora originalmente água, o que explicava a diversidade atual do mundo? Como havia a água se tornado todas as coisas? Anaxímenes sustentou que o elemento fundamental não era a água, mas o ar. O mundo estava cercado de ar, o qual ficava mais comprimido quanto mais se aproximava do centro. À medida que se comprimia, se transformava em água; quando a água era mais comprimida, se transformava em terra; ainda mais comprimida, se tornava pedra. Tudo era ar, num estado mais ou menos condensado.

Esse foi um desenvolvimento significativo da ideia de Tales. Aqui estava a primeira tentativa de explicar a diversidade do mundo – a primeira tentativa de explicar diferença qualitativa em termos de diferença quantitativa.

Uma nova maneira de pensar fora descoberta. O grande debate filosófico (que permanece não resolvido até hoje) começara. Agora todos podiam participar. Não há registro de como Tales reagiu a tudo isso. Ele pode ter pensado cientificamente; se esperava ser contestado cientificamente é outra questão, mas foi. Ao que parece, Anaxímenes era um homem jovem por ocasião da morte de Tales e foi ele quem transmitiu a história de sua morte. Numa carta a Pitágoras, escreveu: "Tales enfrentou um destino cruel em sua velhice. Como era seu costume, deixou sua casa à noite com sua criada e foi olhar as estrelas. Enquanto contemplava o céu, porém, esqueceu-se de onde estava e caiu num precipício." Anaxímenes previu um destino ainda pior para si mesmo. Numa carta posterior a Pitágoras, lamenta: "Como posso pensar em estudar as estrelas quando estou diante da perspectiva do massacre ou da escravidão?" Nessa altura as cidades-Estado dispersas do mundo grego estavam sob a ameaça do Império Persa, que se expandira a oeste pela Anatólia e agora estava se aproximando do litoral do mar Egeu. Em 494 a.C. o exército persa devastou Mileto. O destino de Anaxímenes permanece desconhecido e a escola milésia chegou ao fim menos de um século após ter se iniciado. As ruínas de Mileto perduram até hoje, agora mais no interior, a vários quilômetros do estuário assoreado do Grande Meandro.

Mas a filosofia sobreviveu à queda de Mileto. Por uma combinação de acasos felizes e de heroísmo legendário, o mundo grego conseguiu resistir aos grandes exércitos invasores da Pérsia e até derrotá-los. Um dos pontos altos dessa resistência foi a batalha de Maratona em 490 a.C., em que uma força grega muito inferior em número pôs todo o exército persa em fuga. (O mensageiro que levava a notícia da vitória desfaleceu e morreu após correr os 41,3 quilômetros de Maratona a Atenas. Esse evento é comemorado na maratona moderna, que é disputada numa distância idêntica.)

Na época da queda de Mileto, a filosofia já se propagara do litoral jônico para as ilhas do mar Egeu e dali para o resto do mundo grego. Éfeso, que era a principal cidade da Jônia, sobreviveu à investida persa mediante o expediente simples de se aliar ao inimigo contra seus rivais comerciais, como Mileto. Seu filósofo mais conhecido, Heráclito, era similarmente problemático. Heráclito, que nasceu por volta de 540 a.C., era um homem arrogante e misantropo. Na velhice, ficou tão desgostoso com seus concidadãos efésios que abandonou a cidade por uma vida errante nas montanhas, alimentando-se de capim e ervas. Sua filosofia, por outro lado, era calma, sutil e profunda. Heráclito tinha sua própria ideia sobre o elemento fundamental a partir do qual o mundo se formou. Segundo ele, era o fogo.

Anaxímenes compreendera a necessidade de explicar a diversidade do mundo. Heráclito viu que Anaxímenes havia respondido a essa questão apenas parcialmente. Que significava dizer que o ar se transformava em água, terra, pedra e assim por diante? Se não continuava sendo ar, essa não podia ser a substância de que o mundo era feito. Aqui estava uma questão complexa e séria. Heráclito reconheceu que ela era irrespondível enquanto o "um" fosse visto como uma substância – como ar, ou mesmo água. Era necessário ver o "um" como imaterial. "O mundo foi, é agora e sempre será um Fogo eterno, inflamando-se gradativamente e apagando-se gradativamente." Para Heráclito o mundo estava num contínuo estado de fluxo. É nos seus célebres fragmentos que isso pode ser mais bem compreendido: "Nenhum homem entra duas vezes no mesmo rio" e "O Sol é novo a cada dia". O fogo era concebido como o padrão ou ordem subjacente do cosmo, transformando-se e ainda assim permanecendo o mesmo.

Durante séculos, filósofos de inclinação científica tenderam a rejeitar as concepções de Heráclito como mero misticismo – até o advento da ciência do século XX. Somente então a sutileza de seu pensamento tornou-se clara. O fogo sempre cambiante de Heráclito assemelha-se à ideia de energia na física moderna. Ali estava uma perspectiva filosófica capaz de harmonizar a relatividade e as ambiguidades da física quântica. (Na relatividade a massa é equivalente à energia, segundo a fórmula de Einstein, $E = mc^2$. Assim a energia pode teoricamente transformar-se em matéria, exatamente como o fluxo ou o fogo de Heráclito.)

Heráclito teria um fim lamentável, que ele mesmo se infligiu. Sua dieta parca de capim e ervas finalmente o obrigou a descer de seu refúgio nas montanhas para retornar a Éfeso. No entanto, longe de estar esquelético, estava agora inchado pela hidropisia, que provoca a retenção de fluido nos tecidos. Exibindo uma arrogância característica, solicitou um tratamento dos médicos locais na forma de um enigma: "São capazes de criar uma estiagem após uma chuva pesada?" Quando os médicos se mostraram desconcertados com esse teste meteorológico, Heráclito decidiu curar-se a si mesmo. Retirando-se para um estábulo, enterrou-se no esterco, aparentemente na esperança de que o fluido mefítico em seu corpo fosse extraído pelo calor de seu revestimento mefítico. Esse método drástico provou-se ineficaz, e ele morreu de uma morte mefítica.

O elemento primordial já fora identificado como água, como ar e como fogo. Qual era ele então? Parecia haver uma resposta óbvia para essa pergunta. Por que haveria de ser apenas um? Por que não vários? Por que não todos os três – com o acréscimo de um quarto elemento para explicar a solidez do mundo? A resposta óbvia parecia ser que o mundo era feito de fato de quatro elementos fundamentais: terra, ar, fogo e água.

De um só golpe, essa noção de pluralidade libertou o pensamento científico do grilhão da unidade. Foi a solução de compromisso óbvia – e em retrospecto podemos ver que ela apontou o caminho para uma compreensão espetacularmente nova dos elementos. Lamentavelmente, isso só pode ser visto em retrospecto. Essa solução de compromisso "óbvia" – a ideia de quatro elementos básicos – iria se provar um dos maiores erros do pensamento humano e seus efeitos viriam a representar uma catástrofe para nosso desenvolvimento intelectual.

Quando se espalhou pela Jônia e o mundo grego antigo, a filosofia inicial foi como uma súbita iluminação da mente humana. A evolução estava focando as lentes do pensamento humano: o que fora previamente um borrão de superstição e metafísica agora estava se tornando claro. Podíamos ver! Os seres humanos estavam aprendendo como olhar o mundo à sua volta. Inversamente, a noção de que o mundo consistia de quatro elementos foi como uma doença, e iria estropiar o pensamento científico pelos dois milênios seguintes.

Isso não foi em absoluto culpa do engenhoso filósofo que concebeu pela primeira vez essa ideia. A teoria dos quatro elementos foi proposta por Empédocles, que viveu numa colônia grega na Sicília durante o século V a.C. e foi influenciado por Pitágoras, que continua sendo uma das grandes figuras enigmáticas do início da era helênica. Pitágoras se situa entre os mais exímios matemáticos de todos os tempos. Descobriu que π era incomensurável e demonstrou o teorema que recebeu seu nome. Seu outro papel como fundador de uma religião baseada numa mistura de puro discernimento espiritual e puro ilusionismo também indica talentos excepcionais. Empédocles iria seguir as pegadas de seu mestre como pensador e como charlatão. Sua teoria dos quatro elementos foi um golpe de gênio, mas ele não parou por aí. Ampliou a visão de mundo científica com teorias adicionais da mais alta qualidade. Afirmou que nada no mundo era criado ou destruído – e sustentou que todas as coisas consistiam em diferentes combinações dos quatro elementos. Aqui, pela primeira vez, surge um vago esboço da ideia da química.

Novamente como Pitágoras, Empédocles era uma combinação de um homem à frente de seu tempo e um homem atrás de seu tempo. Essa conjuminância esquizofrênica de duas eras produziu algumas das mentes mais originais na história. (Basta pensar na combinação das mentes medieval e renascentista de Shakespeare e na contraditória devoção de Newton à alquimia e à física matemática.) Empédocles foi uma versão primitiva desse tipo. Embora a maior parte da filosofia grega estivesse a essa altura sendo escrita em prosa, ele optou por retornar a uma era anterior, confinando seu pensamento científico na camisa de força da poesia. Sua obra mais primorosa, *O mundo físico*, era uma epopeia de cinco mil versos, de que conhecemos apenas fragmentos. Essa obra-prima consistia, ao que parece, num estonteante coquetel de ideias originais brilhantes e charlatanice rematada. Entre as primeiras estava a ideia da evolução. Longe de ser um mero voo de imaginação poética, tratava-se de uma teoria plenamente desenvolvida, elaborada em algum detalhe. Empédocles considerou a evolução em termos de unidades anatômicas: membros, órgãos, cabeças e assim por diante. Estas se combinavam de diferentes maneiras. Para começar, havia todo tipo de criaturas estranhas combinadas – como "com face de homem e progênie de boi" (tal como os centauros e os sátiros da mitologia grega). Somente as criaturas mais bem adaptadas a seu ambiente sobreviviam. Mas uma vez que, em última análise, nada era criado nem destruído – ou, em outras palavras, os ingredientes do mundo permaneciam os mesmos – ele teve condições de afirmar: "Já fui certa vez um menino e uma menina, um arbusto e um pássaro e um peixe saltitante, corredio." Mais de dois mil anos deveriam se passar antes que ideias científicas sobre a evolução de calibre similar reaparecessem na Europa ocidental.

A distinção entre genialidade e disparate é por vezes tênue como uma hóstia – uma barreira facilmente transcendida pelo charlatão verdadeiramente convincente que, de quando em quando, consegue convencer até a si mesmo. Empédocles iria morrer ao pular na cratera do monte Etna, numa tentativa de provar para seus seguidores que era imortal. Na época as opiniões ficaram divididas, mas, com o passar dos anos, seu não reaparecimento depôs contra ele.

A ideia dos quatro elementos de Empédocles pode ter errado o alvo na teoria, mas, ironicamente, mostrou considerável discernimento do lado prático da química. Terra, água, ar e fogo assumem um aspecto muito mais significativo se considerarmos o que são exatamente. A terra é um sólido, á água um líquido, o ar um gás e o fogo poderia facilmente ser visto como energia. Aqui está uma divisão eminentemente prática das substâncias em diferentes tipos – uma classificação que se poderia esperar de um químico prático embrionário, não de um filósofo teórico.

No entanto, essa noção prática de classificação dos elementos não é de fato tão surpreendente. A ideia da química não passava nesse estágio de um punhado de intuições vagas, mas a prática inadvertida dela já avançara bastante. Os antigos tinham conhecimento de processos químicos havia muito. Os primeiros químicos reconhecíveis foram mulheres, as fabricantes de perfumes da Babilônia, que usaram os mais antigos alambiques conhecidos para preparar seus produtos. A primeira química individual que a história conheceu foi "Tapputi, a perfumista", mencionada numa tábua de cuneiformes do segundo milênio a.C. na Mesopotâmia.

A prática precedeu de muito a teoria. Na era helênica, o mundo antigo já havia descoberto também mais de meia dúzia de elementos metálicos e um ou dois não metálicos.Os egípcios antigos conheciam ouro e prata, cobre e ferro; todos os quatro são também mencionados no Antigo Testamento. Sabe-se que os fenícios usavam chumbo para tornar mais pesadas suas âncoras de madeira. Numa viagem à Espanha, ao encontrarem mais prata do que podiam transportar, livraram-se então do seu chumbo e, em vez dele, usaram prata para lastrear suas âncoras. Subsequentemente viajaram para mais longe ainda, até a Grã-Bretanha, onde negociaram com outro elemento metálico das minas da Cornualha – a saber, estanho.

Na verdade, foi o bronze, uma liga de estanho e cobre, que deu nome à era que se iniciou na região do Mediterrâneo por volta de 3000 a.C. Foi na Idade do Bronze, por volta de 1250 a.C., que os micênios tomaram Troia. O bronze metálico duro é formado quando estanho e cobre são fundidos juntos. Essa liga era usada para ornamentos e baixelas, mas seu uso mais significativo foi em armas e armaduras. Cerca de dois milênios depois o bronze foi suplantado por uma liga mais dura feita de ferro e carbono fundidos, inaugurando a Idade do Ferro.

O outro elemento metálico conhecido pelos antigos era o mercúrio, que é mencionado em textos chineses e hindus antigos e foi encontrado em sepulturas egípcias datadas de 1500 a.C. Graças a seu aspecto e qualidades excepcionais (superfície espelhada, metal líquido, extremamente venenoso) o mercúrio foi encarado com admiração reverente e considerado mágico desde o princípio.

Quanto aos elementos não metálicos, o carbono e o enxofre eram certamente conhecidos desde os tempos mais remotos. O autor romano Plínio refere-se a antigas minas sicilianas de enxofre, cujo produto era usado para fins medicinais e para a fabricação de fósforos de enxofre. O carbono era conhecido pelo homem das cavernas na forma de fuligem e carvão. Em sua forma mais rígida e mais preciosa, o diamante, esse elemento foi mencionado no Antigo Testamento e nos Vedas hindus, em textos datados do segundo milênio a.C.

Tanto os gregos antigos quanto os romanos conheciam uma substância que chamavam de "arsênio". Mas não se tratava do elemento puro – tratava-se do sulfeto; eles o usavam para curtir couros e para envenenar rivais. E é aqui que está a chave. Os antigos sabiam desses elementos, mas não os conheciam como tais, não tendo a menor ideia de que *eram* elementos. Isso permanecia além de sua concepção. A noção de elemento originou-se com os filósofos, não com os químicos. Em outras palavras, com os pensadores, não com os que praticavam. A teoria de Tales segundo a qual a água era o elemento primordial foi o verdadeiro começo: a ideia científica do que é um elemento.

Anaxímenes desenvolveu isso e, pouco tempo depois, uma outra ideia científica espetacularmente original foi concebida e desenvolvida pelos gregos antigos. Foi o filósofo do século V Leucipo que fez a pergunta: "A matéria é discreta ou contínua?" Em outras palavras, é possível avançar dividindo as coisas indefinidamente, ou se chega a um ponto em que elas se tornam indivisíveis? Leucipo considerou evidente por si mesmo que a segunda alternativa era a verdadeira. Isso o levou à ideia do *atomos*, ou átomo. Em grego essa palavra significa "que não pode ser cortado", isto é, indivisível. Leucipo foi o primeiro a declarar que o mundo era composto de átomos indivisíveis. Surpreendentemente, chegou a essa conclusão apenas um século depois que Tales inaugurara o pensamento científico. Leucipo nasceu provavelmente em Mileto, mas deve ter partido antes da invasão persa. Parece que fundou uma escola em Abdera, no norte da Grécia continental. Ali seu discípulo mais renomado foi Demócrito, que desenvolveria a ideia atômica original do mestre. Segundo Demócrito, há uma quantidade infinita de átomos, que existem no espaço em perpétuo movimento; há também inumeráveis tipos variados de átomos, que diferem em forma e tamanho, peso e calor. Toda mudança aparente no mundo, ele afirmou, deve-se a combinações e recombinações desses átomos imutáveis.

Tal como as ideias de elementos e de evolução, as ideias de Demócrito parecem estupendamente modernas – muito, muito além de seu tempo. Essa originalidade permanece inédita no pensamento humano. Uma vez tendo descoberto o pensamento filosófico, parece que os gregos rapidamente o praticaram até quase os seus limites. Ninguém menos que Bertrand Russell afirmou: "Quase todas as hipóteses que dominaram a filosofia moderna foram pensadas pela primeira vez pelos gregos." Mas esse deveria ser um legado ambíguo. Como veremos, quando o pensamento grego tomava um rumo errado desencaminhava o desenvolvimento intelectual por séculos a fio.

Durante a vida de Demócrito a filosofia grega entrou em sua idade do ouro, em Atenas. Esta havia se tornado a mais rica e poderosa cidade do mundo grego, o ápice da cultura grega. Sua acrópole era coroada pelas colunas sublimemente proporcionais do Partenon, uma das mais belas realizações arquitetônicas da história. Nos teatros panorâmicos ao ar livre da cidade, acusticamente magníficos, eram encenadas as tragédias de Ésquilo, Sófocles e Eurípides. (Foi ali que, no curso de uma única geração, a tragédia grega se desenvolveu, passando de um ritual religioso primitivo a um drama profundo que se desenrolava num proscênio.) Quando a filosofia ingressou em sua idade do ouro, porém, Atenas havia começado a declinar sob o impacto das longas e desastrosas Guerras do Peloponeso contra Esparta. Ironicamente, essa idade do ouro, que permanece inigualada em toda a história da filosofia, deveria ser em grande parte uma reação contra os feitos de Demócrito, Empédocles, Heráclito e congêneres.

O primeiro grande filósofo ateniense foi Sócrates, que nasceu por volta de 477 a.C. e foi sentenciado à morte em 399 a.C. Sócrates foi um dos personagens extraordinários da filosofia, ao mesmo tempo cativando e enfurecendo. Declarado "o mais sábio entre os homens" pelo oráculo délfico, ele afirmava que nada sabia – e passava então a demonstrar que os outros sabiam ainda menos. Diante de seus jovens discípulos na ágora (praça do mercado), usava por vezes esse "método dialético" para criticar os figurões sapientes de Atenas – procedimento que lhe valeu poucos amigos bem colocados e quase certamente teve um papel em seu posterior julgamento e condenação à morte por "corromper os jovens". O método dialético de Sócrates consistia em fingir nada saber e em seguida questionar o conhecimento apresentado por seu adversário, perguntando seu significado, demolindo os conceitos em que se assentava. Tratava-se de uma forma precursora de análise. (A palavra grega *analytika* significa "deslindar".)

A análise é sempre necessária para elucidar o significado – mas, do modo como Sócrates o utilizava, esse método tendia a desmontar o conhecimento em lugar de construí-lo. Uma ciência embrionária, cujos conceitos são vagos e cujo conhecimento é sumamente teórico, pode suportar mal esse tipo de ataque, e parecia fácil para Sócrates encontrar falhas nesse "conhecimento". (Até hoje a ciência exibe inadequações similares; a virtude que a redime é que opera na realidade, não em termos filosóficos.)

Sócrates não estava interessado em átomos ou nos elementos fundamentais que compõem o mundo. Sua filosofia baseava-se antes na introspecção – seu dito favorito era "conhece-te a ti mesmo". Ali estava o único conhecimento verdadeiro. Com consequências desastrosas, a filosofia desviou-se do mundo.

Sócrates foi sucedido por seu notável discípulo Platão, que perseverou nessa tradição. Em vez de especulação científica, a filosofia voltou sua atenção para ideias abstratas. Conferia-se um valor muito maior à matemática, à verdade e à beleza que às "meras aparências". As particularidades do mundo à nossa volta não passavam de uma mixórdia acidental de quimeras – somente as ideias eram reais.

Platão nasceu numa família ateniense aristocrática e iria se tornar o filósofo supremo da idade clássica. Foi dito que formulou todas as questões importantes da filosofia, e que, desde então, a filosofia inteira pouco passou de notas de pé de página a ele. Há alguma verdade nisso, mas está longe de ser toda a verdade. Certamente não se aplica à chamada "filosofia natural", isto é, a ciência. Platão nunca poderia ter perguntado "o que é força elétrica?", porque não tinha nenhuma noção do que era eletricidade. Isto pode parecer óbvio, mas é crucial. Embora já não seja considerada parte da filosofia, a ciência certamente tem seu efeito sobre nossa compreensão do conhecimento e de nós mesmos. Depois de Copérnico, Darwin e Freud, nossa ideia de nós mesmos é fundamentalmente diferente daquela de Platão e seus contemporâneos. Podemos compreender a tragédia grega, e sentir a força ineroxável de suas emoções, mas já não pensamos nem nos comportamos daquela maneira.

Em 387 a.C. Platão abriu sua academia num olival nos arredores de Atenas. Esse "olival acadêmico" foi a primeira universidade reconhecível. Acima de sua entrada estava escrito "Que não entre aqui ninguém que não saiba geometria". Raciocínio abstrato, ideias abstratas, geometria abstrata – até o ensinamento político de Platão se concentrava na ideia de uma utopia e não na realidade social. A Academia era soberana em matemática, mas a geometria ali ensinada era limitada a figuras que podiam ser desenhadas com régua e compasso. Somente essas figuras eram ideais (isto é, correspondiam a ideias "reais"); todas as demais pertenciam à mixórdia acidental do mundo concreto (que era simplesmente uma ilusão, "mera aparência"). Este último era desprezado como "mecânico". A geometria ocupava-se unicamente de coisas como o círculo, o triângulo e o polígono regular – nenhuma das quais aparece precisamente na natureza. Demócrito chegara ao conceito do átomo aplicando a matemática à natureza. (Aplique a divisão à natureza até não poder ir mais além.) Platão estava exclusivamente interessado em aplicar a matemática a ela mesma. (Essa atitude perdura na noção de matemática "pura".)

O terceiro do triunvirato grego de grandes filósofos foi Aristóteles, que foi discípulo de Platão. Enquanto Sócrates fora "o chato de Atenas" e Platão "o filósofo dos filósofos", Aristóteles foi o primeiro gênio universal. Ele viajou por todas as terras da civilização egeia, e em certa altura tornou-se o preceptor do jovem Alexandre o Grande – embora não subsista nenhum registro do que o maior polímata da Antiguidade ensinou (ou procurou ensinar) ao maior megalomaníaco da Antiguidade. Aristóteles daria contribuições capitais em quase todos os campos, exceto a matemática. Estava interessado em tudo, e sua biblioteca refletia isso. Nunca antes uma coleção de rolos semelhante fora acumulada por um cidadão privado. Com Aristóteles a tendência anticientífica chegou ao fim. A essa altura, porém, o estrago já fora feito. Embora Aristóteles tenha sido uma das mais admiráveis mentes científicas de toda a história, suas ideias estavam fatalmente infectadas pelo pensamento platônico. (Coisa que ainda ecoa no nosso uso da palavra: não é à toa que caso de amor platônico é aquele em que nada acontece realmente.) As realizações de Aristóteles traçaram minuciosamente o curso do desenvolvimento científico até boa parte da era moderna. Ele deu contribuições de vulto em todos os campos da filosofia natural, da botânica à geologia e da psicologia à zoologia. De fato, foi o primeiro a delinear muitos desses campos científicos. E sua façanha suprema foi a invenção da lógica.

Sendo assim, onde foi que ele errou? Aristóteles virou a filosofia de Platão de cabeça para baixo, acreditando que ideias só podiam existir na substância particular

O busto clássico de Aristóteles. Como esta é uma cópia romana do busto grego da época, provavelmente tem forte semelhança com a aparência real de Aristóteles

que as corporificava. Apesar disso, seu pensamento permaneceu contaminado pelo modo platônico de ver o mundo. Ele via os objetos como dotados de qualidades – as ideias platônicas que os habitavam – e não de propriedades concretas. Há uma diferença sutil mas fundamental aí. Um mundo que consiste em substância ou objetos pode ter *qualidades*; um mundo composto de átomos tem *propriedades*. Não concebemos ideias corporificadas num átomo. Somente desse modo um homem com o brilhantismo de Aristóteles poderia ter aceitado terra, ar, fogo e água como os quatro elementos básicos. Estas eram qualidades.

Quando Aristóteles aplicou o brilhantismo de sua mente científica a esse erro, o erro foi ampliado com resultados desastrosos. Usando a razão e a observação, Aristóteles deduziu que cada um dos quatro elementos tem seu lugar. A terra estava no centro, em seguida vinha a água, acima desta estava o ar e acima do ar vinha o fogo. Todo movimento no mundo era uma tentativa dos elementos de encontrar seu devido lugar. Desse modo as pedras caem para o fundo da água, as bolhas ascendem dela, o fogo se ergue em direção ao ar e assim por diante.

Mas como o Sol, a Lua e as estrelas claramente não se moviam dessa maneira, Aristóteles propôs um quinto elemento. Chamou esse elemento rarefeito de éter. Resquícios desse elemento persistem em nossas palavras etéreo (celestial, aéreo) e quinta-essência. O céu, da Lua para cima, era todo parte desse domínio etéreo. Nada tendo a ver com os outros quatro elementos, os corpos celestes não estavam sujeitos às mesmas leis, o que explicava por que não caíam sobre a Terra. Esse domínio etéreo superior continha esferas de cristal transparentes e concêntricas, arranjadas em torno da Terra central como as camadas de uma cebola. A Lua, o Sol, os planetas e as estrelas estavam todos incrustados nessas esferas, cujas rotações independentes produziam os movimentos dos corpos celestes. À medida que se moviam umas contra as outras, as esferas de cristal transparentes geravam harmonias sublimes inaudíveis ao ouvido humano, a "música das esferas".

A autoridade de Aristóteles e o brilhantismo inigualável de seu pensamento eram tamanhos que tudo isso foi aceito. A Terra foi tomada como o centro do universo, muito embora vários pensadores pré-socráticos tivessem tido uma compreensão diferente. E isso, associado à noção de que o céu consistia de um elemento diferente e obedecia a leis diferentes, deu cabo da astronomia até o advento de Copérnico no século XVI.

Aristóteles, como Empédocles e Shakespeare, foi um gênio com pés em duas eras diferentes. O que melhor ilustra sua posição histórica é talvez sua atitude em relação à política. A utopia impraticável de Platão não era para Aristóteles – esse era um assunto a ser considerado cientificamente. Para descobrir o melhor sistema político, Aristóteles reuniu em sua biblioteca rolos que continham as constituições de todas as cidades-Estado da Grécia. Se alguma cidade-Estado o procurava em busca de conselho constitucional, era capaz de redigir uma constituição que não só se adequava às circunstâncias daquela cidade particular, mas também continha os melhores pontos tomados das constituições de todas as outras cidades-Estado. Se alguma coisa funcionava, essa deveria funcionar. Mas não funcionou, e não podia ter funcionado.

Por quê? Ironicamente, a culpa por isso recaiu sobre o discípulo de Aristóteles, Alexandre o Grande. Foi Alexandre quem conseguiu unir os gregos, façanha que realizou pelo simples expediente de conquistá-los. Decidiu então que sua Grécia unida não deveria mais enfrentar a ameaça de um império invasor – assim partiu para a conquista dos persas, a leste. Feito isso, decidiu avançar contra todo o mundo conhecido e conquistá-lo. (Deixando de lado a questão da megalomania, pode-se afirmar que a estratégia de Alexandre era equivocada. Naquela altura o Império Persa estava em declínio, ao passo que a oeste a República Romana apenas começava a se expandir. Um século e meio depois da gloriosa campanha de Alexandre, que conquistou tudo a leste, as sobras de seu império começariam a sucumbir ante a invasão vinda do oeste.) Apesar de suas deficiências, Alexandre estabeleceu em pouco tempo o maior império que o mundo já vira. A cidade-Estado (ou pólis) foi substituída pela metrópole (literalmente "cidade mãe"). A era das cidades-Estado estava terminada, a era dos impérios se iniciara. A democracia fora substituída pelo imperialismo. A despeito de todo o seu brilhantismo intelectual, o pensamento de Aristóteles sobre a forma de alcançar a melhor constituição política havia se tornado totalmente redundante.

Mas o mesmo não aconteceu com seu pensamento científico elementar. A ideia de que o mundo consistia de terra, ar, fogo e água pertencia ao passado. E nenhuma soma de pensamento brilhante seria capaz de salvar qualquer ciência baseada em tal premissa. A investigação dos elementos passaria agora a ser abordada de um ângulo inteiramente diferente – um ângulo ao mesmo tempo não científico e irracional. A ciência dos elementos penetrou nesse momento num reino mais escuro.

2. A PRÁTICA DA ALQUIMIA

Diz-se tradicionalmente que a alquimia começou em Alexandria. Essa cidade foi fundada na foz do Nilo em 331 a.C. por Alexandre o Grande, como sua capital dos territórios conquistados do Egito. Em dois séculos, havia-se tornado a maior cidade do mundo, um florescente cadinho das culturas egípcia, grega e outras do Levante. Seu porto ostentava uma das sete maravilhas do mundo, o Faros. Esse farol de 138 metros de altura tinha um raio de luz, concentrado por um refletor, que podia ser visto do mar além do horizonte.

Mas o orgulho de Alexandria era seu Templo das Musas (ou Museu), cuja biblioteca tornou-se a melhor da idade clássica. Ela continha mais de 70 mil livros (na forma de rolos e papiros), e atraía estudiosos de todo o mundo mediterrâneo. A biblioteca estabeleceu Alexandria como possivelmente o maior centro de saber da Antiguidade, superando até a Atenas de Platão e Aristóteles. As principais figuras intelectuais da era helenística, como Euclides, Arquimedes e Aristarco (o Copérnico da Antiguidade) estudaram ali – tal como, mais tarde, o fez o astrônomo Ptolomeu e a primeira grande filósofa-matemática, Hipácia. A ampla biblioteca privada de Aristóteles foi provavelmente incorporada a ela, e sua filosofia desempenhou papel central na faculdade de pedagogia que se anexou a ela.

Em Alexandria, porém, o pensamento grego encontrou uma forma de saber muito mais antiga, conhecida como arte egípcia, ou *khemeia* (a raiz de nossa palavra química). As origens da *khemeia* perdem-se no tempo. A palavra ocorre em vários hieróglifos egípcios em conexão com o sepultamento dos mortos. O historiador romano Plínio chega a dizer que o próprio Egito era originalmente chamado *khemeia*, ou preto, como o rico solo preto do delta do Nilo. O conhecimento associado a essa arte obscura é mencionado em várias fontes primitivas, inclusive no Livro de Enoc (um dos livros apócrifos do Antigo Testamento). Segundo essa fonte, o conhecimento secreto da *khemeia* foi transmitido a várias mulheres por anjos decaídos interessados em ganhar os favores delas.

De início esse conhecimento consistia em grande parte dos processos químicos envolvidos no embalsamamento dos mortos. Isso era necessário para preservar o cadáver em sua jornada rumo ao mundo dos mortos. Graças a essa associação com os infernos, os praticantes da *khemeia* passaram a ser vistos como magos ou feiticeiros. No entanto, as práticas da arte logo evoluíram de modo a incluir outros processos químicos que haviam sido descobertos pelos egípcios antigos, como a confecção de vidro, a tintura e, especialmente, a arte da metalurgia. A *khemeia* ficou assim associada aos sete elementos metálicos conhecidos: ouro, prata, cobre, ferro, estanho, chumbo e mercúrio. Isso, e sua associação com os mortos, tornou-se o fundamento de um corpo de conhecimento metafísico. Os egípcios perceberam que, como os sete elementos, havia também sete planetas, ou "estrelas errantes", que se moviam contra o pano de fundo das estrelas fixas. Eram o Sol, a Lua, Vênus, Marte, Saturno, Júpiter e Mercúrio. Não demorou para que fizessem uma conexão entre esses dois grupos de sete. O Sol passou a ser associado ao ouro, a Lua à prata, Vênus ao cobre e assim por diante. (Nosso nome moderno para o metal mercúrio vem do nome do planeta.) Como ocorreu com a astrologia, os primeiros alquimistas suspeitavam que sua ciência desvendara um dos segredos do universo. Aquilo mostrava como a Terra (e portanto também a humanidade) se relacionava com o cosmo.

Em termos puramente práticos, essa conexão proporcionou também aos feiticeiros e magos um método para proteger os segredos de seu ofício. Em vez de descrever como ligar dois metais para formar bronze, podiam referir-se a uma conjunção entre Vênus (cobre) e Júpiter (estanho).

Podiam também descrever várias práticas de aperfeiçoamento espiritual em termos da transmutação de elementos inferiores (comportamento primitivo) em ouro (nobreza). Todo esse conhecimento era atribuído ao deus egípcio da sabedoria, Thot, com sua cabeça de íbis. Quando os gregos depararam com esse deus, identificaram-no ao seu próprio deus Hermes, o mensageiro dos deuses. Por isso as práticas ocultas da alquimia tornaram-se conhecidas como a "arte hermética".

Mas foi quando a tradição filosófica grega encontrou a *khemeia* que a alquimia nasceu verdadeiramente. Os filósofos haviam sido capazes de distinguir a ciência da religião. Agora, num passo retrógrado, as duas deveriam se reunir. E, pior ainda, esse erro foi ampliado: os praticantes da *khemeia* tinham conhecimento de sete elementos genuínos, mas puseram-nos de lado em favor dos quatro elementos aristotélicos.

O que à primeira vista nos parece um desastre, porém, tornou-se nova fonte de inspiração. Uma vez que a *khemeia* adotou terra, ar, fogo e água como os quatro elementos, logo se reconheceu que estes não eram elementos fixos. Eram qualidades – análogas a quente e frio, molhado e seco. Mas qualidades podiam ser mudadas. Quente podia ser transformado em frio, molhado em seco e assim por diante. No entanto, se os elementos podiam ser mudados, talvez houvesse alguma verdade literal naqueles misteriosos textos antigos que pareciam aludir à transformação de metal inferior em ouro. (De nosso ponto de vista privilegiado, podemos ver que isso introduz mais um erro: a confusão de mudança física com mudança química.)

Uma aspiração central da alquimia emergiu então. O que se buscava não era sabedoria espiritual nem técnica química – a meta era ouro puro. Parecia não haver nenhuma esperança para a ciência aqui. No entanto, ironicamente, uma ciência embrionária começou de fato a emergir. Ao quebrar a cabeça com os elementos, os alquimistas iriam descobrir um corpo de conhecimento científico que complementava o dos filósofos. A tradição filosófica grega estava agora agonizando enquanto, pouco a pouco, o Império Romano assumia o comando do que restara do velho império de Alexandre o Grande. O romanos eram práticos, não pensadores, e não acrescentaram nada de original ao pensamento grego. (Diz-se que o único romano que figura na história da matemática é o assassino de Arquimedes.)

A alquimia passou a espelhar esse declínio. Mergulhou num ritualismo semimístico; suas energias científicas criativas foram investidas alhures, na busca prática de ouro. Muitos e engenhosos foram os métodos maquinados para resolver esse quebra-cabeça particular. O esforço intelectual (ou pelo menos parte dele) pode ter rebaixado seu objetivo, mas a velhacaria rasteira prosperou. O bruxo-charlatão encardido em seu antro enegrecido pela fuligem ganhou primazia sobre o filósofo togado a expor sob o céu claro. Na sua época, ambos foram igualmente objeto da zombaria popular, sina invariável da originalidade. Apesar disso, tanto a alquimia quanto a filosofia deveriam sobreviver, cada uma à sua maneira. Pode-se sustentar, contudo, que devemos mais à primeira que à segunda. Hoje podemos, numa emergência, sobreviver sem filosofia, mas não podemos passar sem a química.

O mais antigo adepto das artes obscuras conhecido foi um certo Bolos de Mendes, um egípcio helenizado que viveu por volta de 200 a.C. Em sua obra principal, mais tarde chamada *Physica et mystica* ("O físico e o místico"), ele arrolou ampla variedade de experimentos esotéricos que terminavam todos com a encantação: "Uma natureza se deleita em outra. Uma natureza destrói outra. Uma natureza domina outra." Esta cantilena contém uma sugestão sedutora de verdadeira compreensão química. (Poderia ela ser uma descrição de como algumas substâncias se dissolvem em outras, algumas se corroem umas às outras e algumas formam compostos?) Lamentavelmente, os experimentos efetivos que Bolos descreve pareceriam desmentir essa compreensão, dedicando-se principalmente a vários métodos para produzir prata e ouro. Estes eram pesadamente entremeados com referências à filosofia e à cosmologia grega e permaneceram obscuros o bastante para resistir a confirmação ou refutação através das eras.

Mas a verdade sempre aparece. Em 1828 um papiro antigo foi descoberto em Tebas. Ele arrolava experimentos notavelmente semelhantes aos apresentados em *Physica et mystica*, mas despidos de toda obscuridade teórica e decorativa. O papiro deixava claro que os métodos para produzir ouro e prata que descrevia eram fraudulentos, destinados apenas a lograr os incautos. Infelizmente dois milênios de intervalo tinham visto a consequente ascensão, florescimento e declínio final da alquimia, em nada afetados por esse fragmento de conhecimento genuinamente oculto. Portanto Bolos era uma fraude, mas outros sinais (e sua impostura não é a menor deles) parecem sugerir que ele tinha uma vaga ideia da natureza fundamental da química, isto é, que os próprios elementos podem ser transmutados por experimento químico.

Não se pode dizer o mesmo de Zósimo de Panópolis, reconhecido como o maior dos primeiros alquimistas, que praticou em Alexandria por volta de 300 a.C. (A alquimia continua sendo uma "prática" no sentido musical, não no sentido médico ou científico: esse estágio pré-execução não seria sucedido por nenhuma execução concreta que dissesse ao que vinha.)

Zósimo compilou uma enciclopédia da alquimia em 28 volumes, um para cada letra do alfabeto grego. (O antigo alfabeto grego tinha de fato apenas 24 letras, mas adquiriu outras, temporariamente, durante o período bizantino.) Os conteúdos dessa enciclopédia mostram um vínculo similarmente frouxo com a realidade, estando escritos num estilo alternadamente críptico, místico e nebuloso. Fórmulas simbólicas e instruções experimentais codificadas abundam. Apenas ocasionalmente as nuvens do misticismo e da metáfora se dissipam para revelar um vislumbre de algo menos vaporoso. Em certa altura, Zósimo define a alquimia como o estudo da "composição das águas, do movimento, do crescimento, da incorporação e da desincorporação, extraindo espíritos de corpos e prendendo espíritos em corpos". Aqui o misticismo e a prática química genuína parecem coexistir, metaforicamente. Mas do que ele está realmente falando? A ambiguidade é típica. Outras passagens, como as que tratam do "enobrecimento" de metais inferiores por sua transformação em ouro, são obscuras por razões mais óbvias. No entanto, mesmo estas contêm indícios sedutores que sugerem uma compreensão perspicaz da prática química.

São descritos experimentos que envolvem vários estágios distintos de um processo químico.

> Misture as gemas de ovo com suas cascas moídas. Despeje a mistura num recipiente hermético e queime por 41 dias. Depois deixe o recipiente esfriar sobre a brasas de um fogo de serragem. Encontrará agora seus conteúdos transformados numa substância completamente verde. Ferva esse resíduo em água, e a solução vai evaporar, tornando-se água divina. Não toque nela com a mão, somente com um instrumento de vidro. Ponha a água divina num recipiente hermético e cozinhe-a por dois dias. Depois despeje os conteúdos numa concha, alise-os e exponha-os ao sol. A água engrossa numa substância untuosa. Derreta uma onça de prata, acrescente essa substância, e terá ouro.

O estágios de um experimento são frequentemente caracterizados por uma cor particular – evidente no resíduo, nos vapores ou na solução – que marca a finalização bem-sucedida de um tratamento particular. (Em um caso, por exemplo, os estágios preto, branco e verde devem ser transpostos antes do vermelho, que prenuncia o aparecimento de ouro.) Em muitos desses experimentos, componentes coloridos – sulfatos e sulfetos em particular – são nitidamente reconhecíveis. Procedimentos experimentais, como a destilação, a filtração e a solução, são também descritos de maneira reconhecível. Uma passagem ambiguamente formulada sugere até que Zósimo pode ter sido o primeiro a isolar o elemento arsênio. Parece mais verossímil, porém, que ele estivesse se referindo a um composto, provavelmente sulfeto de arsênio. No que é talvez o mais interessante de tudo, Zósimo parece ter compreendido que a mudança química pode ser induzida pela presença de um catalisador. Este é uma substância extra introduzida num experimento que faz com que os outros reajam, acelera sua reação, mas permanece ela própria inalterada até o fim do processo. Zósimo descreve vários processos químicos para transformar metais inferiores em ouro que envolvem um catalisador, a que se refere como "tintura".

A obsessão de transmutar metais inferiores em ouro, porém, não monopolizou inteiramente a prática alquímica. Ironicamente, a mistificação pôde por vezes resultar num dividendo científico – dois erros produzindo um acerto, por assim dizer. Alguns dos procedimentos científicos descritos por Zósimo falam de "tratar metal doente" transformando-o em ouro. Como não é de surpreender, o alquimista principiante ocasional interpretava isso mal e tomava o curso inteiramente errado. Dessa maneira, a alquimia se tornou inadvertidamente útil. Em vez de tratar metais doentes, esses alquimistas equivocados procuraram maneiras de tratar enfermidades reais. Tendo lançado alguns fundamentos fortuitos da ciência da química, eles fundaram então, acidentalmente a farmácia científica, a abordagem química da medicina.

Mas isso era bom demais para durar, e a alquimia logo avançou do tratamento de enfermidades mortais para a de males espirituais. Como em grande parte da literatura terapêutica, o subtexto de alegorias, símbolos e metáforas era de longe massudo demais para o enredo simples de agentes que interagiam, química humana e assim por diante. Da avidez para a medicina e desta para a salvação: tese, antítese e síntese – a evolução da alquimia seguiu seu curso dialético obstinado. E depois, sendo apenas humana, retornou ao ponto em que começara: ouro!

Esse trio de avidez, medicina e salvação permaneceria uma parte integrante da alquimia ao longo de todo o seu desenvolvimento. De fato, as três desempenharam papel central não apenas na alquimia de Alexandria, mas também nas alquimias que se desenvolveram em outras parte do globo por volta do mesmo período. Durante os primeiros séculos da era cristã, práticas alquímicas reconhecíveis estavam bem estabelecidas nas Américas do Sul e Central, na China e na Índia. Todas elas partilhavam o mesmo trio de motivos combinados, e essas regiões distintas desenvolveram sua alquimia independentemente da alquimia alexandrina. (A exceção possível aqui é a Índia, que pode ter recebido influências do Ocidente através de Gandhara, o Estado grego estabelecido na Índia por Alexandre o Grande, que persistiu por vários séculos.) Esse desenvolvimento independente sugere que a alquimia formou um estágio universal da evolução humana, um degrau necessário em nosso desenvolvimento intelectual. Houve também diferenças, é claro, características das sociedades em que ela evoluiu. A alquimia ocidental, por exemplo, permaneceu sempre obcecada em fazer ouro. A alquimia chinesa, por outro lado, concentrou-se mais na medicina e na salvação, desenvolvendo uma mescla desses dois aspectos na busca da imortalidade. Daí o "elixir da vida" chinês, que prometia a eterna juventude ou a imortalidade. (A palavra elixir não é chinesa, e de fato data de muitos séculos depois – mas é ela que mais bem evoca o caráter dessa substância.) Os elixires eram tomados por aqueles que apreciavam tanto a vida que desejavam seguir vivendo para sempre. Na China, somente a casta dirigente se enquadrava nessa categoria. Infelizmente, à medida que foram se tornando mais sofisticados, os elixires tornaram-se também mais venenosos. Segundo o historiador da ciência Joseph Needham, tem-se agora a impressão de que toda uma série de imperadores chineses morreu envenenada por elixires. O elixir da vida não demorou a aparecer no Ocidente, ao que parece de maneira independente, mas inspirado por motivos crédulos semelhantes.

É fácil para nós zombar dos objetivos que inspiraram a alquimia em seu desenvolvimento: riquezas inenarráveis, panaceias, imortalidade etc. No entanto essa é a prática que nos daria a química. E quais têm sido os objetivos da química moderna? Nossa investigação dos elementos (e, ironicamente, a transmutação bem-sucedida de elementos, pela fissão de átomos) trouxe-nos à beira da autodestruição. Ao lado disso, a avidez, os embustes e a charlatanice da química primitiva parecem falhas inocentes.

Mas os dias da alquimia alexandrina estavam contados. Os procedimentos secretos e os escritos incompreensíveis de seus magos e feiticeiros significavam que ela não dava qualquer sinal de estar se integrando à sociedade, seja como prática intelectual (como a matemática), seja como religião (como o culto crescente do cristianismo). Em 296 d.C., alguns anos apenas após a morte de Zósimo, o imperador

Diocleciano proibiu a alquimia em todo o Império Romano, ordenando que todos os textos alquímicos fossem queimados. A destruição foi vasta e indiscriminada; esta é uma das razões por que nosso conhecimento da alquimia primitiva permanece tão incompleto. O edito de Diocleciano contém a primeira menção oficial da palavra *khemeia*. Como no caso de muitas das alegorias complexas dos textos alquímicos, a primeira menção pretendia ser a última. (Paradoxalmente, Diocleciano proibira a alquimia por pensar que ela seria bem-sucedida. Temia que a produção disseminada de ouro pudesse solapar a claudicante economia do Império.)

Um século depois, em 391 d.C., a Biblioteca de Alexandria foi saqueada e reduzida a cinzas por cristãos. Uma vasta coleção de saber clássico foi devorada pelas chamas, desaparecendo para sempre da face da terra, restando apenas referências desgarradas em outras obras para indicar a imensa escala da perda sofrida pela humanidade. A prática da *khemeia* não teria tido lugar na biblioteca, mas era bem possível que seus achados mais científicos tivessem sido registrados por alguns filósofos naturais de vistas largas. Teria algum alquimista sido realmente o primeiro a isolar o arsênio? Teria algum sábio da *khemeia* retornado ao pensamento atômico de Demócrito, abandonando o erro dos quatro elementos de Aristóteles? Nesse caso, descobertas importantes teriam quase certamente acontecido – mas nunca saberemos.

Nesse momento a alquimia desapareceu na clandestinidade, ficando fora do alcance da história. Curiosamente, foi uma seita cristã, o nestorianismo, que parece ter transportado os segredos da alquimia até sua destinação seguinte. A essa altura o cristianismo fora declarado a religião oficial do Império Romano pelo imperador de origem sérvia Constantino. Num gesto que visava unir o Império dilacerado pelas lutas, Constantino transferiu sua capital para leste, instalando-a em Bizâncio (o local da moderna Istambul) às margens do estreito de Bósforo.

A cidade logo se tornaria conhecida como Constantinopla, do nome do imperador. Em algumas décadas a nobreza da cidade ficou renomada por sua extravagância. Muitos possuíam mais de uma dúzia de casas, com um milhar de escravos à sua disposição. Em seus palácios, portas de marfim abriam-se para revelar salões com pisos de mosaico, em que divãs laminados a ouro e incrustados com pedras preciosas estavam dispostos sob colgaduras de seda e turíbulos a exalar incenso. (Gosto nunca foi o forte dos bizantinos.)

Em 325 Constantino convocou os líderes cristãos de todo o Império para um concílio em Niceia (a Iznik moderna), à beira do mar de Mármara. Esses líderes acreditavam em interpretações amplamente divergentes das Escrituras, mas Constantino os coagiu a aceitar uma linha oficial em matérias como a divindade de Cristo e a sua igualdade com Deus. Foi uma manobra essencialmente política, que permitiu a Constantino fortalecer seu domínio sobre o Império ao fundir o poder da Igreja com o do Estado. Apesar disso, as heresias continuaram a afligir o Império. Apenas um século mais tarde, em 431, foi convocado o Concílio de Éfeso para tratar do problema do nestorianismo. Essa seita cristã acreditava que Cristo tinha duas naturezas distintas – divina e humana – e era de fato duas pessoas em uma. O nestorianismo foi então declarado uma heresia e seus seguidores, obrigados a fugir para a Pérsia, a leste. Ali sua heresia esquizoide acabou por ser tolerada pelos zoroastristas locais, que adoravam o fogo.

Alguns nestorianos haviam persistido na prática clandestina da alquimia e levaram consigo os segredos da arte obscura. Estes acabaram sendo transmitidos aos zoroastristas, que ficaram intrigados pelas manifestações misteriosas do fogo na teoria e na prática alquímicas.

Na Ásia, esse ramo esotérico da sabedoria europeia começou a florescer. Enquanto isso, outros ramos mais plausíveis da sabedoria europeia murcharam. Em 529 o imperador cristão Justiniano fechou a Academia de Platão em Atenas, então com nove séculos, declarando-a um centro de "saber pagão". Essa data é tradicionalmente reconhecida como o início do período outrora evocativamente conhecido como Idade das Trevas, que iria envolver a Europa durante os cinco séculos seguintes.

A essa altura os bárbaros haviam invadido a metade ocidental do dividido Império Romano. Só subsistia o Império Bizantino, oriental, com sua capital Constantinopla na borda leste da Europa, a contemplar as praias da Itália do outro lado do Bósforo. O mundo antigo produzira Arquimedes, matemáticos supremos e feitos extraordinários da engenharia romana. Agora, por quase sete séculos, a Europa não produziria um só cientista original digno desse nome.

A primeira grande ameaça externa ao Império Bizantino veio do leste. (Paradoxalmente, essa ameaça iria se provar a salvação da ciência europeia.) Anteriormente os árabes haviam sido nômades insignificantes do deserto, ocupando as regiões áridas da península Arábica. No século VII tudo isso mudaria, sob a inspiração de um homem – um negociante do oásis de Meca que, em 610, teve uma visão do arcanjo Gabriel. Nessa visão, o negociante de 45 anos, Maomé, recebeu ordem de conduzir seu povo árabe numa missão que levaria a tradição religiosa do judaísmo e do cristianismo à sua realização suprema. Isso só poderia ser feito mediante a submissão ao único Deus verdadeiro – Alá. Foi assim fundada a religião do islã. (Em árabe a palavra *islam* significa "humildade ou submissão"; "salame" e "muçulmano" derivam da mesma raiz.)

Maomé teve sucesso em unir as tribos da península Arábica sob o islã. Inflamados de zelo religioso, os árabes se lançaram a uma campanha de conquista como não se vira igual desde Alexandre o Grande. Em pouco mais de um século, teriam um império que se estendia da Espanha a oeste, passava por todo o norte da África e o Oriente Médio e chegava até o norte da Índia e a fronteira da China.

Em 670 a frota árabe chegou a sitiar Constantinopla, o último remanescente do Império Romano e o centro da cristandade. A rendição foi só uma questão de tempo. Os árabes puderam então atacar o sul da Europa para acabar se encontrando, num movimento de tenaz, com seus compatriotas que estavam avançando para a Espanha e iriam finalmente se derramar sobre os Pireneus, chegando até Tours, no centro da França. A Europa estava fadada a se tornar um continente muçulmano.

Esse plano foi frustrado por um alquimista chamado Calínico. Provavelmente nascido no Egito, de pais gregos, Calínico havia fugido antes do avanço dos árabes, levando consigo a fórmula secreta do "fogo grego". Hoje o segredo do fogo grego está perdido, mas parece que seu principal ingrediente era óleo cru destilado. (Naturalmente, a ocorrência de lagos de óleo cru era comum no Oriente Médio, e sua inflamabilidade desempenhara papel significativo entre os motivos que inspiraram os persas a se tornar adoradores do fogo.) O óleo cru destilado produzia uma forma primitiva de petróleo, que era então provavelmente misturada com nitrato de potássio (como fonte de oxigênio combustível) e cal virgem (que reage com a água para produzir calor). Quando derramado nas águas do Bósforo, o fogo grego incendiava os cascos de madeira da frota árabe e todas as tentativas de extingui-lo causavam apenas maior conflagração. A frota árabe foi destruída, e a Europa preservada para o cristianismo por essa "arma secreta" primitiva – fabricada pelo primeiro e único cientista que o Império Bizantino produziria.

Os árabes ficaram devidamente impressionados com esse exemplo de sabedoria grega e não tardaram a descobrir outras ocorrências desse conhecimento antigo na Síria e na Mesopotâmia. Dos nestorianos em Bagdá eles aprenderam a arte da *khemeia*, que logo passaram a chamar de *al-chemia*. (O prefixo *al* é o equivalente árabe dos artigos "o", "a".) Quando começaram a estudar e levar adiante a sabedoria grega, os árabes passaram a introduzir suas próprias palavras. Álcool, álcali, álgebra e algoritmo são todas palavras de origem árabe.

Durante os quinhentos anos seguintes a história da química, e a da maioria das outras ciências (inclusive a matemática), iria permanecer quase inteiramente em mãos árabes. O núcleo central da alquimia árabe parece ter se baseado em *A tábua de esmeralda*, uma obra escrita pelo legendário Hermes Trismegisto ("Hermes três vezes o maior" em grego). Dessa figura misteriosa já se disseram coisas discrepantes: que teria vivido durante o tempo de Moisés (século XIII a.C.), que teria sido um descendente do deus grego Hermes ou de sua contrapartida egípcia antiga, Thot, e que teria sido o próprio Hermes. Através das eras seu nome ficou associado a um corpo de obras, sendo *A tábua de esmeralda* a mais importante, que transmitiu muitos dos segredos antigos da *khemeia*, entre os quais fórmulas para a transmutação de metais inferiores em ouro.

Os árabes viram rapidamente um grande potencial para esse processo, e puseram mãos à obra com disposição. A sabedoria grega em todas as suas manifestações (da astronomia à filosofia, da matemática à alquimia) começou então a atrair as melhores cabeças árabes. A primeira figura excepcional a surgir no campo da alquimia foi Djabir ibn-Hayyan, mais tarde conhecido na Europa como "Geber". (Durante vários séculos pensou-se erroneamente que fora o inventor de *al-geber*, ou álgebra.) Djabir nasceu por volta de 760 e viveu em Bagdá quando o Império Árabe estava em seu apogeu sob o legendário Harun al-Rashid (cujo nome se traduz prosaicamente como Aarão o Aprumado.) Essa é a era evocada nas *Mil e uma noites*, em que Sherazade adia sua sentença de morte contando histórias para o califa (supostamente Harun). Noite após noite ela o enfeitiça com suas mil e uma histórias lendárias de Aladim, Simbá o Marujo, Ali Babá e outros. A própria Bagdá era, se o podemos dizer, ainda mais fabulosa. Na altura do século IX, era a cidade mais rica do mundo, em seus cais orlado de palmeiras sobre o Eufrates enfileiravam-se navios vindos de tão longe quanto Zanzibar e Catai (China). No coração da cidade ficava a Cidade Redonda, com 3,2 quilômetros de extensão, guardada por três anéis de muralhas. No centro da Cidade Redonda erguia-se o Palácio Dourado e a Grande Mesquita, e deles saíam quatro estradas axiais que levavam aos quatro cantos do

Império Árabe. Nos subúrbios fora dos muros, em meio a fontes e a jardins sombreados, havia centros de ensino e hospitais públicos. Em contraposição, os *suqs* (vastos bazares cobertos, a que não faltavam galerias e torreões) eram uma gritaria exótica de vendedores de perfume, fabricantes de espadas e armeiros. Barracas ofereciam canela da Sumatra, cravos da África, até vegetais assombrosos como espinafre e ruibarbo (então desconhecidos na Europa). Nas praças movimentadas, contadores de histórias recitavam contos de Aladim e sua lâmpada mágica, comedores de fogo e engolidores de espada disputavam a atenção e comerciantes indianos de seda faziam ofertas para a compra de escravos núbios. (Nesse meio tempo, na Europa, Roma jazia em ruínas; e num castelo cheio de correntes de ar em meio às florestas alemãs Carlos Magno ficava boquiaberto diante do intricado relógio d'água que lhe foi presenteado por um emissário árabe vestido de seda.)

A chegada da alquimia ao mundo árabe foi saudada com um assombro intrigado semelhante. O primeiro contato entre a mente árabe e esse resíduo do pensamento greco-egípcio produziu uma azáfama de atividade, se não sempre científica, criativa. O Alcorão encorajava claramente a medicina e o estudo do saber científico e matemático. Esse era o caminho para desvendar a vontade de Deus. (Mesmo no islã fundamentalista moderno este continua sendo teoricamente o caso; são sobretudo os efeitos e os produtos de tal conhecimento que são evitados.) Sem o estorvo dessas restrições, Djabir se lançou entusiasticamente em busca do ouro, e ao fazê-lo estabeleceu-se como um dos maiores alquimistas de todos os tempos. O importante para nós é que Djabir, diferentemente de muitos de seus colegas gananciosos, abordou o problema da transmutação de maneira científica. É possível que seu pensamento químico se fundasse em premissas falsas, mas ainda assim era análise da mais alta qualidade. Foi Djabir quem levou os químicos a pensar em possibilidades novas na construção fundamental da matéria.

Djabir modificou a doutrina dos quatro elementos de Aristóteles, especialmente no tocante aos metais. Segundo ele, os metais eram formados de dois elementos: enxofre e mercúrio. O enxofre ("a pedra que queima") era caracterizado pelo princípio da combustibilidade. O mercúrio continha o princípio idealizado das propriedades metálicas. Quando esses dois princípios eram combinados em quantidades diferentes, formavam metais diferentes. Assim o metal inferior chumbo podia ser separado em mercúrio e enxofre, os quais, se recombinados nas proporções corretas, podiam se tornar ouro. Mas, como Zósimo, Djabir tinha certeza de que esse método requeria um catalisador, que auxiliaria o processo permanecendo, contudo, inalterado ao seu final. O que Zósimo chamava de tintura, era chamado por outras fontes gregas, como Hermes Trismegisto, de *xieron*, o que significava uma substância seca ou pulverulenta. Isto se tornou em árabe *al-iksir* (elixir). Qualquer coisa capaz de transmutar metais inferiores em ouro possuía certamente propriedades miraculosas próprias. O elixir logo passaria a ser visto como um remédio, capaz de curar muitas doenças, depois como uma panaceia (remédio para todos os males) e finalmente como o "elixir da vida", conferindo eterna juventude ou imortalidade. De maneira inteiramente independente, o pensamento árabe havia agora alcançado o estágio a que a alquimia chinesa chegara oitocentos anos antes. Um reflexo da universalidade, para não falar da incorrigibilidade, da aspiração humana.

Os progressos alquímicos de Djabir foram significativos para a teoria embrionária da química, mas ele fez avanços também no que poderíamos considerar química "real". A substância volátil e misteriosa do sal amoníaco (cloreto de amônio), encontrada em torno dos lábios das crateras vulcânicas, havia sido mencionada em *A tábua de esmeralda*, mas Djabir foi o primeiro a empreender uma investigação sistemática de suas propriedades. Tratava-se de um composto químico simples que reagia com várias substâncias comumente disponíveis para formar outros compostos inteiramente diversos. As investigações de Djabir o levaram à beira de uma compreensão da reação química – o que ela é precisamente, e o que nela ocorre.

Uma das substâncias comumente disponíveis que Djabir usou foi o vinagre, que destilava para formar ácido acético forte. Esse ácido fora conhecido pelos gregos, que haviam se fascinado com sua capacidade de dissolver certas substâncias. Djabir conseguiu também preparar soluções fracas de ácido nítrico – que é potencialmente um ácido muito mais forte. Aqui estavam sendo reunidos os ingredientes simples para qualquer *kit* de química básico. Os árabes estavam se aproximando de uma compreensão da química e do que ela podia fazer.

Djabir teve condições de praticar sua arte graças à proteção de Ja'far, o vizir do califa. Ja'far tornou-se amigo e protetor de Djabir, incentivando-o tanto em seu trabalho experimental quanto em seus escritos. Mas a vida na corte dominada pela intriga de Harun al-Rashid era um negócio arriscado. Quando Ja'far caiu em desfavor e foi executado, Djabir foi obrigado a se refugiar na segurança de sua aldeia natal. Ali viveu tranquilamente até o fim de seus dias, escrevendo sua obra-prima, *Epíto-*

me da perfeição, que inclui um panorama de todo o seu vasto conhecimento alquímico e químico.

Os alquimistas árabes, contudo, permaneceram interessados principalmente na procura do ouro. Essa busca iria inspirar o segundo grande alquimista do mundo árabe, al-Razi (mais tarde conhecido na Europa como Rhazés). Al-Razi foi de fato um persa que floresceu em Bagdá durante as primeiras décadas do século X. Como tantos pensadores do mundo árabe nesse período, tinha ampla gama de interesses intelectuais. Sabe-se que escreveu uma enciclopédia da música, filosofia penetrante e poesia. Seu interesse pela ciência só foi despertado por uma relação casual com um boticário de Bagdá quando tinha por volta de 35 anos. Isso acendeu um interesse absorvente pela medicina, que acabou por levar al-Razi a ser designado médico-chefe do principal hospital de Bagdá. Suas realizações nesse campo foram tanto diagnósticas quanto práticas. Os escritos de al-Razi indicam que ele foi o primeiro a reconhecer a diferença categórica entre a varíola e o sarampo. Esses escritos descrevem também como preparar gesso, e como usá-lo para criar moldes para membros fraturados. Como os de Djabir, os escritos científicos de al-Razi são tão claros e minuciosos que se pode até recriar seus experimentos em detalhes precisos. Os que o fizeram podem atestar em seus achados uma exatidão e uma honestidade nem sempre encontrados durante esse período – exceto na matemática, em que os árabes exceliam. No entanto, talvez inevitavelmente, os escritos alquímicos de al-Razi sobre transmutação não se afastam da tradição. Nesse campo ele prefere conservar a impenetrabilidade metafórica tão necessária ao prosseguimento de sua busca.

A principal obra de al-Razi intitulou-se *O segredo dos segredos*. Felizmente ela não cumpre a promessa mística de seu título. Trata-se de fato de um claro resumo do conhecimento e da prática química de al-Razi e como tal é uma das mais importantes obras científicas da era árabe. O forte de al-Razi, e muito de sua originalidade, residia na classificação. Num certo estágio, toda ciência requer um gênio da classificação que permita sua compartimentalização em vários campos, de tal modo que estes possam avançar de suas próprias maneiras distintas. O primeiro grande exemplo disso foi, é claro, Aristóteles, que classificou todas as ciências conhecidas pelo mundo clássico. Al-Razi desempenhou papel semelhante em relação à química primitiva.

O segredo dos segredos divide-se em três partes. Uma parte descreve todo o aparato conhecido pela alquimia árabe: uma série de vidros e instrumentos que seriam herdados pelo laboratório de química e permaneceriam em grande parte padrão até o século XIX. A parte seguinte descreve "receitas", isto é, as técnicas conhecidas naquele período, como a destilação, a sublimação (sólido em vapor), a calcinação (pulverização de sólidos) e a solução (dissolvimento de sólidos). No que dizia respeito a esses dois últimos processos, a diferença entre mudança física e reação química continuava nebulosa. A parte de longe a mais interessante de *O segredo dos segredos* é dedicada a substâncias e inclui uma longa lista de substâncias químicas e minerais. Ali al-Razi foi o primeiro a classificar as substâncias como animais, vegetais ou minerais. Ele apresenta também uma lista dos diferentes tipos de material usados por alquimistas. Entre eles estão: "corpos" (metais), pedras, sais e "espíritos" (líquidos voláteis). No último grupo ele inclui o mercúrio e o sal amoníaco (cloreto de amônio). A investigação anterior do sal amoníaco por Djabir parece ter despertado um interesse geral entre os alquimistas, que tentavam ampliar seus experimentos. Desse modo, eles estavam agora começando a empreender uma investigação química genuína das propriedades das várias substâncias. E, como podemos ver a partir da lista que al-Razi fez de diferentes tipos de material, também ele estava tateando em busca de uma classificação dos diferentes tipos de elemento. Outros indícios de seu interesse em teoria química podem seu vistos no acréscimo que fez à análise dos sólidos em enxofre (inflamável) e mercúrio (volátil) proposta por Djabir. Aos dois, al-Razi acrescentou sal. Considerava esse terceiro princípio um componente necessário do sólido, uma vez que não era nem volátil nem inflamável.

Lamentavelmente, a alquimia iria causar alguma tribulação a al-Razi em sua velhice. Para se insinuar, ou talvez em busca de uma sinecura segura, ele escreveu um tratado de alquimia que dedicou ao emir de Khorassan, a quem o entregou pessoalmente no nordeste da Pérsia. Ao ler seu esplêndido presente o emir ficou tão intrigado que convocou al-Razi e ordenou que conduzisse um experimento público mostrando como a transmutação funcionava. Al-Razi tergiversou, explicando que só a aparelhagem iria custar uma fortuna. Apesar disso, foram-lhe pagas mil peças de ouro, com a ordem de montar um laboratório para sua demonstração. No dia marcado, o emir chegou para testemunhar a transmutação de metais inferiores em ouro – sem esquecer de levar consigo o livro de al-Razi sobre o assunto, de modo a poder acompanhar cada estágio do processo. No entanto, a despeito de horas de agitação em meio aos cadinhos, alambiques para refinação (aparelhos de destilação) e fornalhas, o velho mestre alquimista foi inexplicavelmente incapaz de produzir qualquer coisa que sequer parecesse imitação de ouro. Diante disso o emir ficou tão furioso que começou a bater na cabeça de al-Razi com seu livro. Diz-se que essa teria sido a causa da cegueira sofrida pelo alquimista durante seus últimos anos, que passou em "pobreza e obscuridade". (Curiosamente, o fracasso do grande alquimista não desencorajou futuras gerações de adeptos, que continuaram convencidos de que al-Razi havia finalmente solucionado o problema.) Al-Razi morreu na casa dos 70 anos, em algum momento por volta de 930 e até hoje é merecidamente lembrado como um dos mais exímios cientistas do mundo árabe.

Meio século após sua morte surgiu o maior de todos os intelectuais muçulmanos – conhecido por nós como Avicena, mas em árabe ibn Sina. Avicena foi talvez o único homem na história a dar contribuições de vulto para a medicina, a filosofia, a física, a política árabe e a alquimia. Como talvez não surpreenda numa figura de intelecto tão superior, sua contribuição mais importante para a alquimia foi duvidar da própria *raison d'être* dela: sua capacidade de transmutar metais inferiores em ouro. Nem é preciso dizer que isso lhe valeu poucos amigos na profissão.

Avicena nasceu em 980 perto de Samarcanda, filho de um coletor de impostos persa. Ainda criança, demonstrou qualidades excepcionais, e aos dez anos, ao que se conta, era capaz de recitar todo o Alcorão de memória. Suas habilidades intelectuais logo chamaram a atenção. Depois de seus estudos em Isfahan e Tehran, foi empregado por vários líderes muçulmanos – por vezes como vizir. Esse era um negócio perigoso no melhor dos tempos, e mais ainda durante o declínio e desintegração do Império Árabe. Avicena correu os riscos profissionais que costumavam cercar a vida política no Oriente Médio: escapou da pena de morte por um triz em mais de uma ocasião, foi sequestrado e libertado mediante resgate e passou vários períodos em masmorras ou esconderijos. Mas, vez por outra, havia também recompensas: Avicena desfrutou uma vida de fama, fortuna, incontáveis mulheres e, presumivelmente, incontáveis esposas. Apesar da proibição do vinho no Alcorão, diz-se que seu consumo por Avicena era prodigioso.

Como conseguia encontrar tempo para suas profundas e amplas atividades intelectuais em meio a tudo isso continua sendo um mistério. Talvez naquela época primeiros-ministros voluptuosos sequer fingissem trabalhar tão arduamente.

Em seus escritos científicos, Avicena propôs que um corpo permanece no mesmo lugar, ou continua se movendo com a mesma velocidade numa linha reta, a menos que uma força externa aja sobre ele. Aqui está a primeira lei do movimento, elaborada 600 anos antes de Newton. Avicena mostrou também o vínculo indissolúvel entre tempo e movimento, por meio de uma poderosa imagem poética. Se todas as coisas em todo o mundo fossem inertes, o tempo não teria nenhum significado. (Só com Einstein o vínculo entre espaço e tempo veio a ser matematicamente provado.)

Na medicina, Avicena foi o médico mais importante entre Galeno, a sumidade médica da era romana, e Harvey, que iria descobrir a circulação do sangue no século XVII. Sua perícia decorria diretamente do saber alquímico que absorveu de al-Razi e de suas próprias investigações alquímicas. Como al-Razi, acreditava que a medicina era uma ciência. Em sua concepção, remédios minerais ou químicos eram muito superiores às ervas e às superstições que haviam sido correntes desde tempos imemoriais. Avicena compilou uma ampla lista de substâncias químicas, seus efeitos quando tomadas como drogas e as doenças que eram capazes de curar. Essa farmacopeia logo foi aceita como a obra padrão sobre o assunto.

A obra científica e filosófica de Avicena acabou por ser truncada por eventos políticos. Ele caiu em desfavor como vizir junto ao xá da Pérsia, mas conseguiu escapar com vida, escondendo-se. Ressurgiu somente quando o xá ficou tão doente que os médicos da corte perderam as esperanças, afirmando que apenas Avicena seria capaz de lhe salvar a vida. Sua presença tornou-se assim essencial, e sua segurança garantida. Quando o xá foi derrotado, o intelecto de Avicena foi considerado parte do butim; apesar de ter dirigido o esforço de guerra persa, foi imediatamente posto para trabalhar pelo inimigo. (Um exemplo precoce de uma tradição que ainda estava florescendo na Segunda Guerra Mundial, quando tanto russos quanto americanos não mediram esforços para pôr as mãos nos melhores cientistas de foguetes alemães, a despeito de sua conivência como os nazistas.)

Enquanto isso Avicena levava à frente seu pensamento filosófico o melhor que podia. Este, como sua química, era fundado em equívocos aristotélicos. Era ainda mais tolhido pelas exigências conceituais de ampliar a ortodoxia islâmica. Sem essa camisa de força, Avicena provavelmente teria desenvolvido uma filosofia de originalidade genuína. Sua sede de conhecimento filosófico e científico era movida por um senso muito moderno de perplexidade existencial, como o mostra sua poesia:

Como desejaria poder saber quem sou,
O que eu busco no mundo

Apesar desses protestos de ignorância, Avicena não era de suportar tolos de bom grado e seu temperamento abrasivo lhe valeu poucos amigos. Chegou a menosprezar os escritos filosóficos de seu mentor médico, al-Razi, sugerindo que ele deveria ter se limitado a "testar fezes e urina". Avicena morreu em 1037, provavelmente por envenenamento.

Alguns anos mais tarde, as obras de Avicena sobre filosofia e medicina haviam alcançado ampla aceitação em todos os quadrantes do mundo árabe. Um exemplar de sua farmacopeia foi encontrado em local tão distante quando a grande biblioteca de Toledo, quando a cidade foi reconquistada pelos espanhóis em 1095. Mesmo antes disso, porém, os segredos da obra haviam sido contrabandeados para a Europa por Constantino da África – uma daquelas figuras que irrompem na história, seu nome vinculado a um feito significativo e a um punhado de fatos sugestivos, deixando-nos a imaginar o romance de uma vida inteira. Constantino da África nasceu muçulmano, provavelmente em Cartago, e foi instruído em Bagdá. Um dia apareceu misteriosamente na escola de medicina de Salerno com um exemplar da farmacopeia de Avicena. Após traduzir essa obra para um latim medíocre, tornou-se monge cristão em Monte Cassino, onde morreu em 1087. Nos séculos seguintes a farmacopeia de Avicena iria se tornar o texto médico mais influente na Europa – o precursor da moderna farmácia.

3. Genialidade e algaravia

Quando o Império Árabe fragmentou-se e declinou, suas grandes contribuições para a ciência e a matemática terminaram. Esse saber transferiu-se então para o Ocidente, juntamente com muitos textos gregos previamente desconhecidos que haviam sido preservados e usados pelos pensadores árabes. Somente umas poucas obras de Aristóteles haviam sobrevivido na Europa. Como resultado de conquistas na Espanha e da ocupação esporádica da Terra Santa por cruzados, um número muito maior de obras do filósofo começou a reaparecer. Estas foram traduzidas do árabe para o latim, que continuara sendo a língua pan-europeia do conhecimento.

Essas novas obras chegaram a uma sociedade hieráquica, em grande parte estática, que tinha a Igreja como seu repositório de valores incontestes. A Terra situava-se no centro do universo, o papa era o representante de Deus neste mundo e a resposta para todas as questões encontrava-se em Deus.

Essa foi menos uma idade anticientífica do que uma idade "a-científica". Simplesmente não havia nenhuma necessidade de ciência numa era sem progresso, numa era que acreditava que valores espirituais atemporais eram superiores aos caprichos da realidade. Inocência ou culpa eram determinadas por tortura e pela cadeira em que se amarrava o infrator para mergulhá-lo n'água, não por exame forense ou debate sensato. A peste negra era combatida com orações, não com profilaxia. (Quando varreu a Europa em meados do século XIV, a peste negra matou mais de 30 milhões de pessoas – um terço da população de todo o continente.) Esse evento horrível, mais do que qualquer outra coisa, explica a estagnação intelectual do período: depois disso, a Europa permaneceu num estado traumatizado por quase um século. No entanto, ironicamente, foi a fragmentação da ordem feudal causada por essa peste que abriu o caminho para a mudança.

O pensamento científico estava marginalizado, sem nenhuma saída. Ainda assim, do mesmo modo que o conhecimento na chamada Idade das Trevas, a luz da ciência continuou a tremular debilmente na periferia dessa sociedade impregnada de religião. Diz-se com frequência que a Idade Média não deu contribuição alguma para a ciência. Isso não é verdade. Os avanços tecnológicos foram poucos e não espetaculares – mas significativos à sua maneira. Talvez o melhor exemplo do progresso medieval seja a invenção do carrinho de mão. Mais seriamente, foram desenvolvidas a ferradura e a coelheira para cavalos – assim como o relógio mecânico. O progresso se arrastava a passo de pangaré, seu movimento registrado pelas engrenagens e pesos do relógio da cidade, a anunciar as horas. Esses relógios marcavam movimentos astronômicos graduais no céu, soando as horas para as matinas e as vésperas, a abertura e o fechamento das portas da cidade ao nascer e ao pôr do sol. No entanto, a despeito dessa tradição atemporal, a passagem do tempo estava dando lugar inadvertidamente a uma era de medidas menores e mais precisas. Embora não houvesse nenhuma serventia para minutos, muito menos para segundos, para permanecer preciso o mecanismo do relógio tinha de marcar essas unidades. Era como se os minutos e os segundos estivessem lá, acumulando-se, esperando uma era precisa, mais apressada.

De maneira semelhante, o pensamento medieval estava se movendo inexoravelmente rumo a uma era inusitada de investigação rigorosa. A mente medieval aceitava a premissa básica da ciência: a causação. Tudo que ocorria era efeito de uma causa anterior – tal pensamento fora herdado de Aristóteles. E seria usado por Tomás de Aquino, o epítome dos filósofos-teólogos medievais, como prova da existência de Deus. Deus era a causa primeira que pusera todo o processo em movimento. Esse entrelaçamento de ciência e teologia iria se provar desastroso. A ciência avança questionando pressupostos prévios. Questione a teologia e você é um herege. Ciência e Deus estavam sendo lançados num conflito desnecessário, que perdura até hoje.

Sob muitos aspectos a alquimia era feita para a mente medieval. Nela a metafísica e o mundo estavam inextricavelmente confundidos: metais inferiores transmutados em ouro; os apetites da carne transmutados nos esforços do espírito. Mas ela

Laboratorium e *biblioteca do alquimista*

era perigosa também: levar a natureza ignóbil à perfeição dourada, criar ordem a partir do caos. Essa era a província de Deus – e mesmo tentar fazer o papel de Deus era blasfêmia.

Apesar disso, uma das primeiras grandes figuras europeias na alquimia foi um padre, que foi depois canonizado pela Igreja Católica Romana e hoje é o santo padroeiro dos cientistas: Alberto Magno, que nasceu por volta de 1200 no sul da Alemanha e estudou em Pádua, vindo a se tornar o mais excelente professor de sua época em Paris. (Aos 20 anos Tomás de Aquino fez a pé toda a viagem desde o sul da Itália para se tornar seu aluno.)

O estado do conhecimento no início do século XIII era tal que se podia ter a aspiração de "saber tudo". Alberto não só aceitou esse desafio, como buscou ampliar o conhecimento humano: na filosofia, no que chamaríamos de química e na biologia – bem como no campo da alquimia. Seu vasto saber lhe valeu a reputação de feiticeiro entre os colegas ciumentos. Isso era imerecido: sua abordagem era científica (pelos padrões da época) e ortodoxa (aceitava os preceitos limitadores estabelecidos por Aristóteles). Na alquimia, tendia a duvidar da possibilidade da transmutação de metais inferiores em ouro, embora mantivesse a mente aberta – talvez porque Aristóteles não se pronunciara sobre essa matéria. Fez muito trabalho pioneiro habilidoso em seu gabinete de alquimista e suas notas de laboratório indicam que foi quase certamente o primeiro a isolar o elemento arsênio.

Apesar de seus aspectos heréticos e mágicos, a alquimia atraía Alberto, e muitas outras cabeças genuinamente indagadoras, porque parecia ser uma maneira nova e única de descobrir a verdade. Tratava-se da única atividade intelectual que buscava descobrir verdades sobre os elementos do mundo. Muito simplesmente, nesse período a alquimia era a única verdadeira ciência da matéria. Até então, a mudança fora considerada apenas em suas formas aristotélicas – o movimento de projéteis, o processo de envelhecimento, as estações do ano e assim por diante. Alberto Magno foi talvez o primeiro a apreender a ideia de que a mudança química era algo inteiramente diferente.

Alberto Magno parece ter convivido facilmente com as coerções do aristotelismo. O mesmo não ocorreu com seu eminente contemporâneo científico, Roger Bacon. Nascido em c.1214, Roger Bacon fez-se monge franciscano e estudou em Oxford e Paris, onde também ensinou. Como Alberto, tinha um conhecimento excepcional tanto em abrangência quanto em profundidade. Chegou até a tentar escrever uma enciclopédia que conteria todo o conhecimento humano, mas foi obrigado a se declarar vencido. Essa foi uma ocasião rara, porque Bacon era um homem de autoconfiança imperiosa e estava constantemente depreciando os outros por seus deslizes intelectuais. Não era um temperamento monástico: com a pobreza e a castidade conseguia se entender intermitentemente, mas a obediência estava totalmente acima de seu alcance.

O brilhantismo de Bacon era tal que ele atraiu a atenção do papa Clemente IV, que se tornou seu protetor. Quando Clemente morreu, o inimigos de Bacon se desforraram. Finalmente o chefe da ordem franciscana o manteve preso em Paris durante 15 anos e ordenou que todas as suas obras fossem destruídas. Felizmente algumas foram escondidas por monges com ideias afins, embora sua *Opus majus* não fosse ser publicada até 1733, quase 450 anos depois de sua morte.

As ideias de Bacon exibem notável semelhança com muitas das que Leonardo da Vinci esboçou em seus cadernos – embora antecedam Leonardo em 200 anos, e em muitos casos vão além dele. Bacon previu barcos a vapor, automóveis, submarinos e até máquinas voadoras. Sugeriu que um dia as pessoas iriam circunavegar o globo. Uma de suas cartas contém até a primeira referência europeia à pólvora. (Como resultado, pensou-se por muitos anos que ele a inventara. Mais tarde historiadores sustentaram que a pólvora veio da China. Estudos recentes sugerem que é possível que ela tenha sido inventada independentemente na Europa, caso em que Bacon teria mais probabilidade do que ninguém de ter sido o autor desse feito.) Tais foram os devaneios excepcionais de uma mente original. Mais mundana, mas mais significativa, foi sua ênfase em experimentos como o único caminho verdadeiro para o avanço na ciência. (A personalidade de Bacon lhe assegurava a possibilidade de passar muito tempo sem ser perturbado em seu laboratório de Oxford.) Ele enfatizou também a aplicação da matemática como a senda para a verdade exata no experimento científico. Ambas essas ideias só se estabeleceram com Galileu, quase quatro séculos depois.)

A despeito de sua visão científica excepcional, Bacon permaneceu convencido da premissa básica da alquimia: a possibilidade da transmutação de metal inferior em ouro. Nesse ponto sucumbiu às noções aristotélicas. O mais profundo amor de Aristóteles fora a biologia. Na natureza, todas as coisas pareciam ter seu propósito – do espinho da rosa ao bigode do gato. Aristóteles e os pensadores aristotélicos haviam aplicado esse preceito a toda a sua filosofia. O mundo tinha propósito: todas as coisas buscavam a perfeição. Na humanidade, o espírito se empenhava em sobrepujar a carne. Assim também no mundo dos metais. Todos os metais inferiores esforçavam-se por se tornar ouro. Mas a natureza precisava de algum agente material para auxiliá-la em seu trabalho. Bacon aceitava a noção árabe de que era necessário um elixir como catalisador para facilitar esse processo de transmutação. Mas não restou nenhum registro de que tenha experimentado com sucesso uma substância assim.

O que nos leva à pergunta inevitável. Por que cargas d'água a alquimia conseguiu sustentar essa ideia impunemente por tanto tempo? Por que não era simplesmente desmascarada como um embuste? Certamente a ofuscação do assunto pelos próprios alquimistas ajudou. Suas descrições de seus experimentos – em termos de metáfora e misticismo – eram impenetráveis ao estranho. Da mesma maneira, somente adeptos da arte obscura podiam ter a esperança de compreender os símbolos envolvidos. Mas forças mais básicas estavam em ação nesse caso. A saber, a vontade de acreditar. Para não falar da cobiça e da avidez. A mescla de misticismo, conhecimento iniciático, secreto, e a perspectiva de recompensa ilimitada – essa infusão inebriante satisfaz uma necessidade primeva. Ao mesmo tempo, a alquimia estava, à sua maneira, tornando-se a ciência da matéria. Representava progresso em nossa compreensão do mundo material. Assim como busca do ouro, a alquimia era também busca do conhecimento. Tivesse ela sido desmoralizada como um embuste, e desaparecido do conhecimento humano, toda a ideia de química teria sido perdida, talvez por séculos. Como a astrologia, a alquimia foi um desvio equivocado no conhecimento humano, um erro. No entanto a astrologia nos permitiu analisar e delinear elementos específicos da personalidade, ajudando-nos a pensar sobre quem somos muito antes do advento da psicologia como ciência. Assim também, a alquimia nos permitiu perguntar – e seguir perguntando – sobre o mundo material, indagar o que ele é precisamente.

Separar a verdade da lenda é sempre fácil depois, quando podemos aplicar critérios modernos. Na época, o quadro era mais nebuloso. Como podemos entender a criação máxima de Roger Bacon, aquela pela qual ele mais foi lembrado nos séculos após sua morte? Segundo se conta, o visionário que concebeu submarinos e aeroplanos construiu uma máquina de si mesmo. Tratava-se de um homem mecânico com uma "cabeça de latão". Certa noite, enquanto Bacon dormia, ela começou a falar e em seguida se estilhaçou. Estava Bacon um milênio à frente de Frankenstein também?

Bacon iria terminar os seus dias como um homem destruído. Em 1291, após 15 anos em sua cela em Paris, acabou sendo libertado por razões de saúde. Com mais de 70 anos e gravemente doente, rumou de volta para Oxford, onde morreu no ano seguinte.

A essa altura a alquimia ingressara numa nova florescência criativa, sua busca central assumindo proporções épicas. Ironicamente, isso se deveu em parte a uma perda catastrófica. Em 1204 os soldados franceses da quarta cruzada tomaram Constantinopla, depondo o imperador. Em meio a cenas de tumulto, uma prostituta bêbada foi instalada no trono do imperador sob o grande domo de Hagia Sophia, uma das maiores igrejas da cristandade. Durante a pilhagem decorrente, inúmeros manuscritos antigos gregos e bizantinos se perderam – inclusive uma vasta herança de saber alquímico. Isso iria se provar uma espécie de bênção no que dizia respeito à alquimia. Deixou uma lacuna imensa. Assim, em vez de tentar decifrar servilmente antigos textos esotéricos, os alquimistas do século XIII foram agora inspirados a empreender seus próprios esforços originais. O resultado foi um desenvolvimento significativo da alquimia. O elixir dos árabes foi então transformado na "pedra filosofal". Essa substância lendária – que evoca investigações místicas, a sabedoria e a "verdade" supremas sob todas as suas roupagens – foi descrita por Arnoldo de Villanova, alquimista espanhol do século XIV, da seguinte maneira: "Existe na Natureza certa substância pura que, quando descoberta e levada pela Arte a seu estado perfeito, converterá à perfeição todos os corpos imperfeitos que tocar." Outros foram mais longe. Embora ninguém jamais a tivesse visto realmente, a pedra intangível era descrita como um pó pesado e brilhante que emanava um perfume celestial. Quando vermelha, podia transformar metais inferiores em ouro; quando branca, transformava-os em prata. Como o unicórnio, a pedra filosofal tinha toda sorte de qualidades notáveis – exceto existência.

Essa introdução inoportuna do "filósofo" na alquimia indica apenas o quanto essa "ciência" se desgarrara de seu contato original com a filosofia. Bastava pensar em Aristóteles observando uma pedra puxada para o leito terroso de um poço, suas bolhas coesas subindo então através da água para retornar ao ar, e meditando sobre como os quatro elementos são atraídos para seus lugares naturais. Ali estavam em ação a lucidez e a precisão do filósofo genuíno, mostrando a grande distância de uma quimera como a pedra filosofal. Mas, afinal, a química sempre fora essencialmente uma atividade obscura. E a busca da pedra filosofal não era diferente. Em meio aos vapores acres do gabinete do alquimista e as nuvens perfumadas da alegoria, essa investigação era capaz de levar literalmente a qualquer lugar. De fato, segundo o texto alquímico conhecido como *Gloria mundi*, a pedra filosofal

> é conhecida por todos, tanto jovens quanto velhos. É descoberta no campo, na aldeia e na cidade, em todas as coisas que Deus criou. No entanto, é menosprezada por todos. Ricos e pobres deitam a mão nela igualmente todos os dias, servos lançam-na na rua e crianças brincam com ela. Ninguém a valoriza, embora, exceto a alma humana, ela seja o que há de mais precioso sobre a terra e possa destruir reis e príncipes. No entanto, é vista como a mais vil e desprezível das coisas.

A essa altura a pedra filosofal começa a parecer um enigma, um símbolo literário pretensioso ou mesmo uma homilia sobre os perigos da luxúria. No entanto, como o expressou o químico alemão do século XIX Justus Liebig, "a mais rica imaginação do mundo não teria podido conceber uma ideia melhor que a pedra filosofal para inspirar as mentes e faculdades dos homens. Sem ela, a química não seria o que é hoje. Para descobrir que não existia nada semelhante à pedra filosofal, foi necessário passar em revista e analisar todas as substâncias conhecidas na Terra. E é precisamente nisso que reside sua influência miraculosa."

Em meados do século XIV, copistas em mosteiros de toda a Europa estavam reproduzindo manuscritos alquímicos que descreviam a busca da pedra filosofal. Muitos deles continham importante investigação das propriedades dos componentes químicos. Mas esses primeiros químicos involuntários permanecem em sua maioria anônimos. Em parte por tédio, em parte por inépcia, os monges copistas mantinham a tradição do anonimato, ou da falsa atribuição tão comum em manuscritos medievais; em alguns casos, também, a culpa era dos próprios autores originais, que atribuíam modestamente seu trabalho a alguma autoridade anterior. Parte das obras mais importantes desse período foi produzida por um alquimista que se autodenominava "Geber", em homenagem a Djabir, o alquimista árabe do século VIII. Esse adepto do século XIV, que era provavelmente um monge espanhol, é hoje conhecido em geral como o "Falso Geber".

Outros eram menos reticentes. Alguns alquimistas chegaram a publicar suas memórias, um deles tendo até descrito sua busca bem-sucedida. Em sua *Exposição das figuras hieroglíficas*, o copista parisiense Nicolas Flamel conta como empreendeu uma peregrinação alquímica através da França e da Espanha, onde encontrou um certo Mestre Canches, um médico judeu. Antes de morrer, Canches transmitiu uma pista do segredo da transmutação: "os primeiros princípios, embora não sua primeira preparação, que é coisa dificílima, acima de tudo que há no mundo. Mas no fim consegui isso também, após longos três anos de erros, ou cerca disso; tempo durante o qual nada fiz senão estudar e trabalhar." Finalmente, "no ano da restauração da humanidade, 1382", ele registra, "fiz projeção da pedra Vermelha sobre quantidade igual de Mercúrio nos dias cinco e vinte de Abril ... por volta das cinco horas da Tarde; que transmutei verdadeiramente num Ouro quase tão puro, certamente melhor que Ouro comum, mais brando, e mais maleável". Infelizmente, a explicação anexa de como precisamente fez isso está expressa na forma alegórica tradicional, que permaneceu impenetrável a todos os ávidos leitores que desejaram emular seu toque de Midas científico. Quer acreditemos ou não em Flamel, não há como duvidar do fato de que, apesar de suas origens humildes, ele logo se tornou um homem muito rico, renomado por suas generosas doações às igrejas de Paris. (Uma placa de mármore da época que registra uma dessas dádivas ainda pode ser vista no Museu de Cluny em Paris.)

Mas Flamel não esteve sozinho em seu sucesso. Segundo a tradição, novamente sustentada por registros da época, o monge catalão Raimondo Lúlio também teve êxito na "Grande Obra", como passou a ser conhecida. Lúlio foi ao mesmo tempo um místico ascético e um alquimista bem-sucedido. Diz-se que com seu ouro ele pagou as dívidas de Eduardo II, o devasso rei homossexual da Inglaterra, cujo reinado foi gasto em grande parte no combate a seus barões homofóbicos. É bem possível que Lúlio tenha partilhado a predileção de Eduardo durante seu próprio período de devassidão, antes de se tornar monge. Desmentidos disso e de seu pendor alquímico tornaram-se uma espécie de tradição entre estudiosos protetores – mas o fato é que, na época, acreditava-se firmemente em tudo isso, bem como em seu sucesso como alquimista. História não é o que realmente aconteceu, mas o que acreditamos que aconteceu. Apesar da charlatanice generalizada, não há dúvida de que muitos alquimistas desse período eram honestos em seus esforços. Acreditavam inteiramente no que estavam fazendo. E tinham boas razões para isso. A partir da filosofia original de Aristóteles, os filósofos medievais haviam desenvolvido seu próprio aristotelismo. Segundo este, o busca da perfeição pela Natureza tinha lugar também entre os minerais sob a superfície da terra. Pedras tornavam-se rochas, rochas tornavam-se metais. Um processo de evolução estava ocorrendo constantemente. Ao longo dos anos metais inferiores, em seu empenho, galgavam lentamente a escada da perfeição – tornando-se estanho, depois prata e finalmente ouro.

Esse pensamento não é tão forçado quanto poderia parecer. Quando fundido, mineral grosseiro produz metal puro. E esse era um processo simples se comparado a outras transformações observadas por cientistas medievais. Não era mais difícil explicar a transformação aparente de carne podre em vermes, ou de lagartas em borboletas, sementes em árvores frondosas? Ali havia realmente transmutação. Comparada a isso, a transmutação de um metal em ouro por evolução era um processo simples, facilmente crível.

Simultaneamente, porém, esses mesmos alquimistas estavam também lançando os fundamentos teóricos da química como a conhecemos. Em sua busca voraz da pedra filosofal, os alquimistas do século XIV tornaram-se os primeiros a compreender a natureza dos ácidos. O único ácido conhecido pelos antigos fora o ácido acético fraco do vinagre. No século VIII, Djabir havia preparado uma solução fraca de ácido nítrico e outros alquimistas árabes descobriram que a destilação do vinagre produzia um ácido acético mais forte. Mesmo o ácido acético forte, porém, pouco tinha de corrosivo. Não parecia ser dotado de muito poder reagente. Então veio a revolução. Pouco depois de 1300 o Falso Geber descobriu o vitríolo, mais conhecido por nós como ácido sulfúrico. Ali estava um líquido que parecia dissolver, corroer quase todas as coisas e reagir com elas! Esse foi chamado de o mais importante avanço químico desde a descoberta de como produzir ferro a partir de seu minério, cerca de três mil anos antes. No devido tempo, o ácido sulfúrico iria transformar o mundo de maneira semelhante. (Até meados do século XX, o índice de desenvolvimento de um país era medido pelo volume de ácido sulfúrico que sua indústria usava a cada ano.)

Além do ácido sulfúrico, o Falso Geber descreveu também como fazer ácido nítrico forte – que foi chamado *aqua fortis*, ou água-forte, por causa de sua capacidade de dissolver praticamente qualquer coisa, exceto ouro. Anteriormente o uso dos ácidos pela maioria dos alquimistas ficara restrito àqueles ácidos fracos que ocorriam naturalmente – como o ácido acético do vinagre, ou o ácido láctico do leite azedo. A descoberta de como obter ácidos fortes de minerais abriu uma perspectiva inteiramente nova de experimentação. Substâncias podiam ser dissolvidas em ácidos minerais, metais eram corroídos por eles para formar sais, soluções formavam precipitados quando eles eram adicionados. Os alquimistas haviam topado com os meios que lhes iriam permitir operar uma vasta gama de reações químicas básicas – a formação e a dissolução de compostos, a transformação de um composto em outro. Da mesma maneira, haviam descoberto agora um método de isolar elementos previamente encontrados apenas como compostos. Mas só conseguimos ver tudo isso em retrospecto. Os alquimistas não tinham nenhuma estrutura teórica real em que examinar e comparar os resultados de seus experimentos. Andavam às cegas. Tudo que tinham descoberto eram os meios práticos. Sabiam como fazer – mas não sabiam realmente o que estavam fazendo.

Lamentavelmente, os próprios alquimistas estavam convencidos do contrário. Sabiam exatamente o que estavam fazendo. Seus experimentos eram conduzidos com um único objetivo: a transmutação de metais inferiores em ouro. As

Alquimia

descobertas químicas eram utilizadas para esse fim, ou ignoradas. Pouca exploração sistemática dessas novas possibilidades era empreendida – de que servia?

Apesar dessa abordagem míope, uma espécie de progresso sistemático foi realizado, ainda que um tanto casualmente. A chave para isso encontrava-se na noção dos elixires. A Europa medieval herdou dos árabes uma ideia confusa dos elixires. O elixir era o catalisador que induzia o processo de transmutação; mas a noção de que essa substância devia ser mágica em si mesma persistia. O elixir era também o elixir da vida, que conferia a imortalidade. Por associação, ele logo veio a ser considerado possuidor de qualidades medicinais. Essa ambiguidade conceitual é exemplificada pelos escritos de João de Rupescissa, que praticou em meados do século XIV. Pouco se sabe sobre a sua vida, exceto que foi preso por difamar a excelência moral do papa Inocêncio VI, ironicamente um dos papas mais bem-comportados do período. Os escritos de João de Rupescissa, por outro lado, são um tanto menos francos. Em algumas passagens, o elixir que ele menciona como um catalisador para a transmutação é quase idêntico ao elixir que prescreve para uma queixa médica. Purgar o chumbo de seus elementos inferiores e purgar os intestinos parecem ter sido vistos como basicamente o mesmo processo – ambos requerendo tratamento identicamente drástico. É difícil imaginar os efeitos da ingestão de um catalisador destinado a operar em metal fundido a cerca de 400ºC.

A despeito de quaisquer protestos dos pacientes, isso iria inaugurar uma tendência. Para gerar uma renda muito necessária, alquimistas logo começaram a prescrever diferentes elixires para diferentes queixas médicas. Logo elixires específicos tornaram-se reconhecidos como tratamento apropriado para queixas particulares. A ideia de usar substâncias químicas para queixas específicas fora central na farmacopeia de Djabir – exemplares da qual, na tradução de Constantino da África, haviam agora se espalhado amplamente por toda a Europa. Os elixires produzidos pelos alquimistas europeus reforçaram a ideia. A farmácia estava nascendo na Europa.

Essa prática foi ajudada pela descoberta do mais importante elixir de todos os tempos. Tratou-se de mais uma água, ou *aqua*, forte; tornou-se conhecido como a água da vida, ou *aqua vitae*. Era produzida pela destilação cuidadosa do vinho. O alquimista que primeiro produziu álcool quase puro foi Arnoldo de Villanova, nascido na Espanha no século XIV. O pensamento de Arnoldo era uma curiosa mistura de misticismo e penetração científica. Ele observou que ao se queimar madeira num recinto não ventilado há um acúmulo de gás venenoso – o que fez dele o descobridor do monóxido de carbono. Acreditava também que a pedra filosofal existia em todas as substâncias, das quais podia ser extraída. Essa ideia mística faz eco à sua preparação de álcool puro pela destilação do vinho. Em consequência do simbolismo alquímico, o álcool passou a ser visto como a essência dos raios de sol (ouro etéreo) que haviam penetrado as uvas e sido retidos em seus sucos. (Tem-se a impressão de que a literatura sobre o vinho também foi inventada nesse período.)

Arnoldo de Villanova era um homem de amplo conhecimento médico que sabia árabe. Leu a farmacopeia de Avicena no original, não na tradução um tanto negligente de Constantino da África, e suas prescrições eram correspondentemente mais precisas que as de seus concorrentes profissionais. Por todo o sul da Europa, Arnoldo de Villanova era reconhecido como o mais excelente médico de seu tempo, chamado à cabeceira de reis e papas (dos quais houve quase 20 durante seu período de vida). Tratar monarcas doentes, irascíveis, e pontífices demasiado indulgentes era uma atividade perigosa. O fracasso podia ser fatal tanto para o paciente quanto para seu médico. Mas o sucesso trazia recompensas igualmente palpitantes. Arnoldo ganhou um magnífico castelo do rei Pedro III de Aragão, uma cátedra bem remunerada na Universidade de Montpellier de um papa e propriedades rurais na Itália, Espanha e sul da França – todos locais ideais para continuar suas pesquisas sobre a destilação do vinho.

Descobriu-se que, como a *aqua fortis* (ácido nítrico), a *aqua vitae* (álcool) era um solvente, embora de um teor diferente, mais sutil. Também tinha qualidades preservativas. Em medicina, podia ser usada como um desinfetante, para limpar ferimentos. Outros, de inclinação menos filantrópica, submeteram esse novo líquido miraculoso a seu próprio uso experimental peculiar. Esse hábito logo se espalhou por toda a Europa, onde a expressão *aqua vitae* foi traduzida em diferentes línguas. Em francês tornou-se *eau de vie*, em línguas escandinavas *akvavit*, em gaélico *usquebaugh* (uísque). Esses experimentos devem ter se mostrado inconclusivos, pois prosseguem até hoje.

Quase como um subproduto, alquimistas estavam descobrindo ideias científicas importantes. Nesse meio tempo, a própria alquimia continuava a produzir pouco mais que ouro de tolo. Como não é de surpreender, a arte obscura entrou nesse momento num terceiro período de declínio – os anteriores tendo ocorrido no fim do Império Romano e na dissolução do Império Árabe. Mais uma vez, a alquimia foi oficialmente proibida: agora pelo papa João XXII em 1317. (Embora só o tenha feito depois de passar vários anos tentando ele próprio a grande obra, tendo recebido instrução de ninguém menos que Arnoldo de Villanova. A opinião na época sobre os motivos que levaram João XXII a banir a alquimia foi dividida. Alguns disseram que o fez por desilusão, outros alegaram que foi por despeito ante a própria falta de habilidade. Outros ainda afirmaram que o papa desejava monopolizar o campo e que continuou a praticar alquimia em segredo nas masmorras do palácio papal em Avignon. Sustentaram que suas suspeitas foram provadas quando o papa João XXII morreu deixando uma fortuna inexplicável em ouro, no valor de 18 milhões de francos. Metafísicos e contabilistas continuaram a debater a origem dessa vasta soma por muitos anos.)

Mas a proibição papal apenas empurrou a alquimia para a clandestinidade. A arte obscura penetrara fundo na alma humana – ouro, sigilo, saber esotérico: a combinação continuou sendo uma atração infalível para os que buscavam conhecimento. Até a mais brilhante de todas as mentes medievais, o filósofo-teólogo Tomás de Aquino, interessou-se. Tendo recebido instrução de seu mestre Alberto Magno, diz-se que escreveu uma obra chamada *Thesaurus alchemiae*, bem como vários opúsculos similares. A autoria dessas obras permanece controversa. No entanto, segundo o historiador da alquimia A.E. Waite, "Alguns dos termos ainda empregados por químicos modernos ocorrem pela primeira vez nesses supostos escritos de Tomás de Aquino – por exemplo, a palavra amálgama, que é usada para denotar um composto de mercúrio e outro metal." É difícil imaginar como as divagações confusas da filosofia hermética podem ter coexistido com o rigor teológico da filosofia escolástica na mente de Aquino. Contudo, ironicamente, precisamente essas divagações iriam ter um efeito fundamental na mente europeia no que poderia ser denominado sua Filosofia da Vida.

A melhor ilustração disso é um texto alquímico antigo conhecido como *A tábua de esmeralda*, escrito pelo misterioso Hermes Trismegisto. Essa obra, que provavelmente foi escrita em Alexandria por volta do primeiro século d.C. e havia se tornado mais tarde central para a alquimia árabe, começou a circular na Europa em algum momento do século XV. Acredita-se que foi um dos muitos livros antigos levados para o Ocidente por sábios gregos em fuga de Constantinopla algum tempo depois que a capital do Império Bizantino foi tomada pelo turcos otomanos em 1453. Esse êxodo contribuiu significativamente para o reflorescimento do conhecimento clássico que ensejou o Renascimento, mas foi responsável também por muito lixo metafísico.

A tábua de esmeralda contém muitos ótimos exemplos da mistificação usual. "Tudo que está embaixo é semelhante ao que está em cima, e o que está em cima é semelhante ao que está embaixo, para realizar o milagre de uma coisa." Mas, em meio a tudo isso, contém um credo muito definido. Segundo *A tábua de esmeralda*, Deus criou o homem muito mais à sua imagem do que até então se compreendera. Além de ser uma alma racional, o homem era também um criador. Para exercer esse poder divino, porém, tinha primeiro de descobrir os segredos na natureza. Só era possível fazer isso torturando a natureza – sujeitando-a ao fogo, dissolvendo-a com águas fortes e sujeitando-a a outros processos alquímicos como a destilação. O êxito nessas manipulações transformava o homem num deus dotado de vida eterna. Dava-lhe poder sobre a matéria, riquezas inenarráveis e a capacidade de transformar o mundo num paraíso. Não é difícil reconhecer nisso a visão que iria evoluir na crença central da ciência. Através da inovação tecnológica, do experimento e do pensamento científico, o homem podia dominar a natureza transformando-a, impondo sua vontade ao mundo. Segundo o historiador da ciência L. Pearce Williams, "essa é essencialmente a concepção moderna da ciência e deveria ser enfatizado que ocorre unicamente na civilização ocidental. Foi provavelmente essa atitude que permitiu ao Ocidente superar o Oriente, após séculos de inferioridade, na exploração do mundo físico." Em meio à alquimia mais recalcitrante residem as sementes da fantasia científica que continua a propelir o mundo hoje (quer gostemos disso ou não).

O pensamento científico estava perfazendo um círculo. Tendo iniciado com a filosofia grega, estava agora retornando à sua clareza inicial. No percurso, assimilara muitas noções não científicas. Algumas destas não seriam tão facilmente abandonadas, e algumas até se provaram positivamente úteis. *A tábua de esmeralda* é permeada de ideias e correspondências místicas. Os sete elementos originais são relacionados aos sete planetas, que por sua vez controlam os sete dias da semana. O ouro é relacionado ao Sol, cujo dia é domingo. A prata é relacionada à Lua, cujo dia é segunda-feira. Os efeitos dessas noções herméticas ainda se emboscam em nosso calendário. Outras dessas noções desempenharam seu papel em ideias científicas ainda mais notáveis. *A tábua de esmeralda* incorporava muito misticismo platônico tardio, inclusive a noção de que o Sol era a fonte de nossa iluminação, tanto espiritual quanto física. Isso deriva da famosa parábola da caverna de Platão. Segundo ela, existimos como prisioneiros confinados numa caverna escura. Há fogo em nossas costas, projetando sombras na parede da caverna à nossa frente. Tomamos esse mundo de aparências por realidade. Só se aprendermos a nos afastar nesse mundo de ilusão poderemos ver a luz real do Sol fora da caverna. O Sol é a verdadeira realidade e é central para nosso mundo.

Quando Copérnico traduziu essa ideia em fato científico, anunciando que a Terra e os planetas giram em torno do Sol, sua inspiração não foi inteiramente científica. Em seu *De revolutionibus orbium coelestium* (Das revoluções dos orbes celestes), ele menciona especificamente Hermes Trismegisto, usando-o como uma autoridade para respaldar sua ideia revolucionária. Ao longo de toda essa obra a linguagem de Copérnico permanece extremamente platônica em seu tom. De fato, foi a influência de Platão que determinou seu maior erro. Segundo Platão, os corpos celestes (isto é, os planetas) só podiam obedecer à geometria "real", que se limitava àquelas figuras ideais que podiam ser traçadas com compasso e régua. Foi isso que levou Copérnico a presumir que as órbitas dos planetas deviam ser perfeitamente circulares; só mais tarde ele compreendeu que deviam ser de fato elípticas.

A ciência estava ingressando numa nova era de descoberta que mudaria para sempre o modo como vemos o mundo. Ao mesmo tempo, contudo, mantinha-se apegada a velhos modos de pensar, que podiam afetar toda a sua visão. Essas forças contraditórias se encarnariam em um dos mais notáveis contemporâneos de Copérnico que, de muitas maneiras, sintetizou essa era da ciência.

4. Paracelso

Theophrastus Bombast von Hohenheim, mais conhecido pela história como Paracelso, nasceu na aldeia suíça de Einsiedeln no final de 1493. Exatamente um ano antes Colombo chegara à América e Lorenzo o Magnífico morrera na Florença renascentista. A pólvora estava transformando a guerra, tornando vulneráveis até os castelos feudais mais inexpugnáveis; a escrituração mercantil de partida dobrada havia transformado os negócios bancários, permitindo-lhes financiar e verificar empreendimentos comerciais de grande vulto; e a invenção de Gutenberg, a máquina impressora, estava agora em uso por todo o Ocidente, da Inglaterra ao sul da Itália. A Europa estava no limiar de uma nova era histórica.

Não era à toa que o nome do meio de Paracelso era Bombast – por muitos anos pensou-se que o sentido atual da palavra bombástico derivava de seu nome, e não há como negar que seu comportamento deu um ímpeto adicional a esse significado. Mas no início as coisas foram muito diferentes. Paracelso foi uma criança enfermiça e sofreu de raquitismo. Seu pai era ilegítimo e sua mãe havia sido uma serva (praticamente uma escrava, pertencente ao seu empregador). Esses antecedentes de privação física e social tiveram um papel formativo na personalidade complexa e contraditória de Paracelso. Dizia-se também que ele havia sido emasculado na infância. Como e por que isso teria acontecido é incerto – possivelmente em razão de doença. Ao longo de toda a sua vida permaneceria imberbe, e seus traços tinham certa efeminação. Não mostrava qualquer interesse em sexo e mascarava suas deficiências adotando uma propensão turbulenta, juvenil, pela bebedeira.

AV. PH. TH. PARACELSVS, AETAT. SVAE 47.

Paracelso aos 47 anos

A mãe de Paracelso morreu quando ele era criança e seu pai mudou-se com ele para Villach, na Áustria. As maravilhas dessa viagem de 400 quilômetros a pé através dos Alpes numa idade formativa devem também ter tido seu efeito. Paracelso iria permanecer sem peias durante toda sua vida. Em Villach seu pai ensinava alquimia prática e teórica na faculdade local de mineração. Seu papel, contudo, não era o de um bruxo autorizado, tido na mesma conta que, digamos, um professor de psicologia paranormal numa universidade moderna. A disciplina que ensinava seria hoje denominada metalurgia prática e teórica. Não há dúvida, no entanto, de que Paracelso pai fazia suas incursões na estranha transmutação em suas horas livres, tendo o jovem Paracelso como seu assistente no enfumaçado cubículo do alquimista. Essa prática não teria sido nem hipócrita nem ilógica. A teoria da metalurgia naquela época ainda encerrava a crença de que os metais eram "refinados" no solo, evoluindo gradualmente das formas mais grosseiras em prata, e finalmente em ouro. A transmutação alquímica era meramente a tentativa científica de acelerar esse processo.

A experiência precoce de Paracelso com o pai fez dele um exímio conhecedor tanto das propriedades quanto da manipulação dos minerais. Essa perícia foi ampliada quando ele começou a trabalhar, talvez como aprendiz de capataz, nas minas e oficinas locais pertencentes a Sigismund Fugger, que era também um arguto alquimista. Fugger era membro da grande família mercantil germânica que desempenhou papel central no comércio europeu durante os séculos XV e XVI. A família Fugger tinha participação em minas da Hungria à Espanha e uma rede de agentes bancários que se estendia da Islândia ao Levante. A família chegou a acumular fortuna suficiente para financiar operações como o suborno indiscriminado necessário para assegurar que Carlos V, e não Francisco I da França, se tornasse o sacro imperador romano. (Os Fugger eram preeminentes no norte e no leste da Europa; enquanto isso um papel comparável era desempenhado no sul e no oeste da Europa pela mais culta e mais duradoura dinastia bancária dos Medici, que, sob certos aspectos, suplantava os Fugger.) Trabalhando nas minas de Fugger, Paracelso aprendeu uma lição crucial que não esqueceria. Ali a teoria alquímica permanecia subordinada à prática. O sucesso era julgado pela produção.

Esse emprego junto a Fugger parece ter terminado por volta de 1507, quando Paracelso mal completara 14 anos, e ele então partiu a pé para buscar conhecimento nas universidades da Europa. Isso não era inusitado nos tempos medievais, mas a excepcional juventude com que Paracelso o fez indica tanto seu temperamento obstinado quanto seu intelecto prodigioso. Em seguida, por alguns anos, ele viveu a vida de um acadêmico errante. Em Württenberg assistiu as aulas de Trithemius, o astrólogo-alquimista que inventou uma das primeiras notações taquigráficas amplamente aceitas. Em Paris estudou sob a batuta de Ambroise Paré, o cirurgião militar que foi o primeiro a atar artérias humanas, hoje reconhecido como o pai da cirurgia moderna. A arrogância de Paracelso e seu talento para arranjar brigas faziam com que nunca ficasse num lugar por muito tempo. Nos anos seguintes iria afirmar que se formara numa universidade italiana – embora precisamente onde permaneça incerto. E listava invariavelmente entre suas qualificações o doutorado em medicina que obtivera em Ferrara em 1517. (Os historiadores, porém, não puderam conferir essa alegação de Paracelso, já que faltam os registros da Universidade de Ferrara para esse ano, do que ele provavelmente sabia muito bem.)

Foi quando estava no início da casa dos 20 anos, na Itália, que Paracelso começou a proclamar pela primeira vez suas ideias acadêmicas heterodoxas. As universidades da Europa continuavam firmemente enraizadas no passado medieval, apesar do nascimento do humanismo renascentista – com sua nova ênfase em valores humanos (em vez de espirituais), e no valor e dignidade dos seres humanos. As aulas nas universidades continuavam sendo ministradas em latim, e todas as controvérsias eram resolvidas recorrendo-se aos textos das autoridades clássicas, em vez de a algo tão mundano quanto a realidade ou a experiência humana. E quem eram essas autoridades? A influência de Aristóteles começara a essa altura a estrangular o conhecimento, tornando qualquer progresso praticamente impossível. Na medicina, Galeno e Avicena tinham uma ascendência similar. Galeno, o grande médico da era romana, curara imperadores em seu tempo, mas havia fundado seu conhecimento dos pontos mais sutis da anatomia humana em suas dissecações de cachorros e porcos; os primeiros passos de Avicena rumo a uma medicina prescritiva eram considerados a última palavra na matéria.

Paracelso não aceitaria nada disso. Logo se viu rejeitando o ensinamento acadêmico por completo. Só havia uma maneira de aprender medicina. "Um médico deve sair à procura de velhas comadres, ciganos, feiticeiros, tribos nômades, velhos ladrões e proscritos dessa espécie e aprender com eles. Um médico deve ser um viajante ... Conhecimento é experiência." Praticando o que pregava, Paracelso pegou a estrada mais uma vez. No entanto, apesar de seus objetivos professados, sua viagem nada teve de uma humilde busca do conhecimento. Anteriormente ele fora conhecido pelo nome que recebera ao nascer: Theophrastus von Hohenheim. Agora, porém, o homem cujo nome do meio era Bombast adotou o nome Paracelso – que significa "maior do que Celso". Tratava-se de uma referência ao médico romano do primeiro século da era cristã, cujas obras recentemente redescobertas estavam fazendo enorme furor nos círculos acadêmicos. Paracelso percebera de imediato que a obra de Celso era uma regurgitação em grande parte não original de fontes gregas mais antigas, especialmente Hipócrates, o "pai da medicina", que morrera no século IV a.C. Mas o mundo avançara nos dois milênios anteriores, e essa glorificação de tais ideias clássicas de origem ilustre apenas irritavam o jovem desclassificado filho de bastardo. Ele era melhor que qualquer Celso, e tinha todo direito se denominar assim. Ele lhes mostraria.

Nos sete anos seguintes, Paracelso perambulou pelas estradas reais e vicinais da Europa. Às vezes ganhava seu sustento como cirurgião militar, às vezes clinicava como médico itinerante. Ocasionalmente, era chamado para atender um nobre enfermo e era ricamente recompensado por seu incômodo; outras vezes era reduzido a mascatear remédios caseiros na praça do mercado. Desse modo viajou até a Holanda, a Escócia, depois foi à Rússia e chegou até Constantinopla. Nunca temendo embelezar a verdade, afirmou ter viajado até mais longe ainda, ao Egito, à Terra Santa e à Pérsia. Mais tarde, porém, num momento pouco característico de modéstia, admitiu: "Não visitei nem a Ásia nem a África, embora isso tenha sido relatado." E onde quer que fosse adquiria conhecimento local – especialmente de compostos químicos e seus efeitos, remédios de velhas comadres, práticas alquímicas. E onde quer que fosse as pessoas se lembravam dele. Segundo um contemporâneo: "Ele vivia como um porco e parecia um pastor de carneiros. Encontrava seu maior prazer na companhia da ralé mais dissoluta e passava a maior parte do seu tempo bêbado." Mas outros que o conheceram ficaram tão impressionados que o chamaram "o Hermes alemão", "nobre e amado príncipe da sabedoria", "o rei de todo conhecimento". Paracelso iria sempre inspirar essas reações contraditórias e, curiosamente, seus ensinamentos refletem isso. A figura rude, orgulhosa, era indubitavelmente a de um charlatão; mas seu legado de ideias científicas, embora por vezes inarticuladas e com frequência não originais, apontou o caminho para o futuro. Aqueles foram os primeiros passos do atoleiro da Idade Média para o solo firme do método científico. Talvez o homem fosse necessário para a obra.

Consideremos, por exemplo, sua visita a Constantinopla em 1522. A capital otomana durante o reinado de Solimão o Magnífico não era em absoluto lugar para um infiel. Até embaixadores enviados da Europa eram costumeiramente jogados nas horrorosas masmorras do Yedikule como espiões. (Coisa que, é claro, os diplomatas sempre foram, mas Solimão o Magnífico não estava interessado nas sutilezas da diplomacia.) Foi ali em Constantinopla, contudo, que Paracelso redescobriu alguns dos segredos perdidos da alquimia bizantina, levando-os para a Europa pela primeira vez. Assimilou também algum conhecimento científico genuíno igualmente sensacional. As camponesas praticavam uma forma primitiva de medicina que parecia prevenir doenças como a varíola. Faziam um corte numa veia e inseriam nele uma agulha que fora infectada com varíola. Mais tarde, Paracelso tornou-se o primeiro médico europeu a declarar que, quando introduzido no corpo em pequenas doses, "o que adoece um homem também o cura". No entanto, como sempre, o legado de Paracelso nesse aspecto foi ambíguo. Alguns viram isso como uma compreensão dos princípios da inoculação cerca de dois séculos antes que ele fosse compreendido alhures; outros o viram como uma antecipação das práticas mais controversas da medicina homeopática.

Em 1521 Paracelso esteve presente na Dieta de Worms, onde Martinho Lutero foi chamado a justificar seus ataques à Igreja católica. Paracelso reconheceu um espírito afim no teimoso filho de mineiro que desafiou o papa e zombou da venda de indulgências como "ingressos para o céu". Ao se recusar a se retratar, insistindo: "Aqui me mantenho; não posso fazer outra coisa", Lutero desencadeou o protestantismo, que iria dividir a Europa. Paracelso sentiu-se impelido a ver sua própria missão sob uma luz semelhante. No entanto continuou católico, ainda que um católico pouco ortodoxo, e sempre passou ao largo de controvérsias religiosas. Seu campo de batalha seria a ciência.

Mas, afora protesto, que desejava Paracelso transmitir ao mundo exatamente? A descoberta de novos métodos científicos (ou velhos métodos, praticados entre o povo, que haviam sido por muito tempo ignorados pelo conhecimento respeitável)? Uma preferência pela experiência em detrimento da autoridade? Uma insistência naquilo que funcionava? Estas eram certamente coisas diferentes, cada uma a seu modo – mas dificilmente constituíam uma doutrina coerente.

Paracelso logo corrigiu isso proclamando como sua a ideia da iatroquímica. Não se tratava realmente de uma ideia sua, mas ele tanto fez para desenvolvê-la que praticamente se apossou dela. A palavra iatroquímica origina-se do grego *iatro*, que significa "médico", e seu objetivo era estabelecer a química como o cerne da prática médica.

Na verdade, a química continuava sendo claramente alquimia. Mas Paracelso declarou sem rodeios que a alquimia estava perdendo seu tempo na tentativa de produzir ouro. Suas técnicas deveriam ser postas a serviço da medicina – para produzir remédios químicos para moléstias e doenças, com a preparação de remédios específicos para o tratamento de doenças específicas. Assim a medicina iria se tornar uma ciência, em vez da arte vagamente duvidosa que parecia ser então. O conhecimento médico poderia ser escrito em livros, e estes poderiam ser consultados por todos os médicos, que seriam depois capazes de preparar qualquer remédio de que necessitassem. Cada remédio teria um nome claro, universalmente aceito, e seria acompanhado por uma descrição simples e clara de seu preparo. Não havia lugar para a ambiguidade e a metáfora que confundiam os manuais de alquimia, graças a teorias redundantes. De agora em diante a ênfase seria posta na prática e na aplicação científica de remédios preparados. Não havia tampouco necessidade de teoria ou de superstições e remédios feitos de ervas.

É inegável que Paracelso estava se contradizendo, em dois aspectos. Primeiro, ainda acreditava que a alquimia iria produzir ouro um dia e, ao longo de toda a sua vida, empreendeu repetidos experimentos com esse fim. Continuava também a acreditar firmemente nas fábulas sobre tratamentos com ervas e plantas praticados entre o povo. A diferença aqui era que tais coisas eram aceitáveis desde que ele as divulgasse, mas não quando usadas por algum médico rival.

Como sempre, as intuições de Paracelso eram uma mistura do velho e do novo, do ousado e do tolo. Os minerais deviam ser investigados de maneira abrangente, de modo a se descobrir suas propriedades; só depois seria possível apontá-los como remédios apropriados para doenças específicas. Ele insistiu em que os compostos deviam ser preparados de maneira precisa a partir de substâncias químicas puras, não misturados de qualquer maneira, como os alquimistas tendiam a fazer. Essa insistência levaria mais tarde a um dos achados mais importantes na história da química. De fato, é tão importante que nós parece óbvio – mas ainda não fora percebido no tempo de Paracelso. Não se compreendia então que as propriedades dos compostos químicos eram afetadas pelos elementos de que eram feitos. Um fato como este deixa perfeitamente claro para nós o quanto a química embrionária de Paracelso permanecia na escuridão. A alquimia havia levado a química apenas ao ponto em que ela começava a arranhar a superfície. A substância da realidade – a própria matéria – permanecia basicamente uma incógnita.

Mais uma vez Paracelso praticou o que pregava. Seu estudo dos compostos químicos foi exaustivo e até hoje a farmácia moderna permanece bem abastecida com compostos que ele investigou e prescreveu: sais de zinco e cobre, compostos de chumbo e magnésio, preparados de arsênio para problemas de pele, e assim por diante. Ao mesmo tempo, contudo, Paracelso insistia em troçar dos avanços feitos por seus rivais. A dissecação era rejeitada como "anatomia morta"; o efeito do funcionamento interno do corpo sobre doenças era igualmente ridicularizado (exceto nos casos em que apenas ele o demonstrou).

Apesar de suas incursões superficiais pela alquimia, Paracelso foi inegavelmente um químico emergente. Acreditava que toda a vida era na realidade uma série de processos químicos. O corpo nada mais era que um laboratório químico. Quando adoecia, isso se devia a um desequilíbrio ou disfunção química. Essas coisas podiam ser retificadas pela introdução de substâncias químicas que as contrabalançassem ou iniciassem uma reação química apropriada. Até aí, muito bem. Mais uma vez, porém, um químico sagaz foi estropiado por uma teoria retrógrada. A concepção que Paracelso tinha dos elementos era uma variante de ideias tradicionais. Aceitava a terra, o ar, o fogo e a água de Aristóteles. Aceitava também o desenvolvimento árabe dos três princípios: enxofre (dando inflamabilidade ou combustão), mercúrio, dando volatilidade e seu oposto) e sal (dando solidez). Paracelso considerava esses princípios fundamentais e os justificava recorrendo à descrição tradicional de como uma madeira queima num fogo. O mercúrio incluía o princípio coesivo, de tal maneira que, quando saía na fumaça, a madeira se desintegrava. A fumaça representava a volatilidade (o princípio do mercúrio), as chamas geradoras de calor representavam a inflamabilidade (enxofre) e a cinza remanescente representava a solidez (sal). Esses três princípios não eram a matéria (que consistia dos quatro elementos), eram o modo como a matéria operava.

Em 1524 Paracelso finalmente voltou ao lar em Villach, munido de uma grande espada que afirmou ter adquirido ao servir no exército veneziano. (Desse momento em diante, levaria essa espada onde quer que fosse; ela se tornou seu talismã, sua marca registrada. Muitos retratos de Paracelso representam esse expressivo símbolo freudiano que, ao que se conta, ele portava até na cama.) Paracelso foi bem recebido em casa pelo pai, que era agora um cidadão veterano e respeitado na comunidade local. A essa altura, sobretudo através de constante autopropaganda, Paracelso começara a granjear certo renome. Mas, à medida que sua fama crescia, também lhe subia à cabeça. O calejado curandeiro-viajante logo passou a achar que podia fazer o que bem entendesse e dizer o que lhe passava pela cabeça. Em Salzburgo, em 1525, teve sorte de escapar com vida depois de anunciar publicamente seu apoio à Guerra dos Camponeses. As histórias de suas viagens estão repletas de episódios desse tipo – alguns são sem dúvida exageros, mas muitos são verossímeis, sugerindo que podem ter se baseado originalmente em acidentes genuínos. Bebedeiras homéricas e protestos imprudentes contra a autoridade são os principais temas recorrentes.

Em 1527 Paracelso apareceu em Basileia. Ali um influente vulto local chamado Johan Frobenius o chamou como último recurso para tratar sua perna direita inválida. Os médicos locais eram todos favoráveis à amputação, mas Paracelso conseguiu dissuadi-los dessa medida drástica na última hora. Efetuou então um tratamento espetacular. Como o fez precisamente permanece incerto, mas não há dúvida de que o fez.

Paracelso fizera um amigo importante. Frobenius era um editor abastado, com ideias humanistas, e seus negócios o haviam posto em contato com as principais luzes intelectuais da Europa. Enquanto Paracelso tratava Frobenius, Erasmo, o sábio do Renascimento holandês, estava por acaso hospedado na casa dele.

Erasmo era um homem de vasto saber, que se orgulhava da independência de seu ponto de vista. Este era pouco influenciado pelos ensinamentos da Igreja católica; também não coincidia com o daqueles reformadores muitas vezes tacanhos que se aliavam a Lutero. A atitude não sectária de Erasmo ajudou a abrir caminho para os avanços inovadores que teriam lugar na filosofia, na matemática e na ciência nos cem anos seguintes. Consciente de suas próprias deficiências, foi ele quem cunhou a frase: "Em terra de cego, quem tem um olho é rei." A pertinência desse dito para a situação de Paracelso é mais do que evidente – apesar de que o próprio não o teria admitido.

Erasmo e Paracelso gostaram imediatamente um do outro. É difícil imaginar o que o sábio idoso e enfermo e o alquimista viajante castigado pelo tempo e com uma queda pela farra podem ter tido em comum. É possível que Erasmo ficasse "de fronte enrugada e olhos vidrados" do começo ao fim das entusiásticas divagações iatroquímicas do amigo esfarrapado, mas evidentemente não duvidava de sua veracidade. Pediu a Paracelso que o tratasse da gota e de uma doença dolorosa nos rins, para o que Paracelso descobriu prontamente um remédio. Erasmo ficou tão impressionado com Paracelso, tanto como médico quanto como sábio, que lhe escreveu: "Não posso lhe oferecer uma paga equivalente à sua arte e conhecimento". Um cumprimento e tanto da parte do homem mais brilhante da época. Erasmo chegou a se oferecer para ajudar Paracelso a encontrar um emprego à altura de seus talentos.

Por recomendação de Erasmo e Frobenius, foi oferecido a Paracelso o cargo de superintendente médico da cidade e professor na Universidade de Basileia. Ele tinha agora apenas 33 anos. Calvo, seus traços largos e grosseiros suavizados pela falta de barba e o ar levemente andrógino, estava começando a mostrar sua idade: as viagens e a vida árduas haviam deixado sua marca. Ainda assim, finalmente estava pronto para grandes coisas – contanto que se comportasse.

Mas esse era o busílis. Paracelso era congenitamente incapaz de tal coisa. No início do período letivo, afixou o programa das aulas que daria no quadro de avisos fora do portão da universidade. Anunciou que, contrariando a tradição, suas lições seriam abertas a todos e ministradas em alemão, de modo a poder serem compreendidas por todos. Até alquimistas locais e modestos cirurgiões-barbeiros foram convidados a comparecer. Houve inevitável indignação das autoridades, que reconheceram de imediato a inspiração por trás desse gesto. Dez anos antes, Lutero pregara suas "Noventa e cinco teses" contra as indulgências e as falsas alegações da Igreja católica na porta da igreja em Wittenberg. Também Lutero não mais pregava em latim, preferindo o alemão simples e honesto do povo. "Por que me chamam de um Lutero médico?", Paracelso perguntou maliciosamente às autoridades. "Desejam nos ver ambos no fogo." Mas ele sabia que suas ideias contestavam apenas a ortodoxia médica – não corria nenhum risco de ser queimado na fogueira. O que buscava era o papel heroico. Desejava ser famoso em toda a Europa, e seu comportamento em Basileia iria garantir isso.

Apesar de seu anúncio sensacional, as aulas de Paracelso não se revelaram nenhum anticlímax. Rejeitando a beca acadêmica para sua aula inaugural, ele apareceu com seu avental de couro de alquimista. O salão estava lotado – de estudantes, gente da cidade, acadêmicos e médicos locais que tinham ido para ver que patetice aquele rebelde iria apresentar. Não se desapontaram. Paracelso começou anunciando que iria revelar naquele momento o maior segredo da ciência médica. Depois do quê, destapou teatralmente uma vasilha com excremento. Os médicos começaram a se retirar do salão, enojados. Paracelso gritou-lhes: "Se não vão ouvir os mistérios da fermentação putrefativa, são indignos do nome de médicos." Acreditava que a fermentação era o mais importante processo físico que ocorria no laboratório do corpo humano.

Continuando, passou a rejeitar a teoria acadêmica dominante da saúde corporal. (Foi a vez de os acadêmicos saírem em massa da sala.) A medicina ortodoxa da época operava segundo a teoria dos "quatro humores", que derivava de Hipócrates. Estes eram sangue, fleuma, cólera (bile amarela) e melancolia (bile negra). O equilíbrio desses humores no sangue governava suas qualidades físicas e mentais. Eles eram responsáveis tanto pelo temperamento quanto pela tez de uma pessoa. Uma pessoa colérica enraivecia-se rapidamente e estava sujeita a ter uma tez amarela (especialmente quando se enfurecia e o sangue era drenado de seus traços). Quando o sangue predominava, a pessoa estava sujeita a ter um temperamento sanguíneo (de *sanguis*, sangue em latim) e uma face vermelha. O fato de até hoje nos referirmos a pessoas como sanguíneas, fleumáticas ou biliosas é um resquício dessa teoria.

Cada humor tinha sede em um dos órgãos principais: o coração (sangue), o cérebro (fleuma), o fígado (cólera) e o baço (melancolia). Os quatro humores eram claramente derivados dos quatro elementos – sangue (fogo), bile negra ou melancolia (terra) e assim por diante. Quando uma pessoa adoecia, era sinal de que estava sofrendo de um desequilíbrio dos humores. Por exemplo, um paciente com febre tinha um excesso de calor, ou fogo. Esse elemento correspondia ao humor sangue; assim, para curá-lo, era preciso sangrá-lo, com o que se reduziria o calor em seu corpo. (Tão grande era o poder de persuasão dessa engenhosa teoria que as sanguessugas iriam continuar fazendo parte da parafernália terapêutica do médico até uma altura avançada do século XIX, muito depois de a teoria dos quatro humores ter sido desacreditada. Nenhum médico vitoriano que se prezasse chegava a um domicílio sem sanguessugas em sua maleta.)

Os quatro humores estavam ligados também, de uma maneira holística, às quatro estações, às quatro idades do homem e aos quatro pontos cardeais. Eram até controlados pelos quatro maiores planetas: a Lua, Marte, Júpiter e Saturno (até hoje uma pessoa propensa à melancolia é por vezes descrita como tendo um temperamento saturnino). Desse modo a medicina, a astrologia, a psicologia e a alquimia estavam todas unidas num mundo simbólico ricamente ressonante.

Mas Paracelso recusava tudo isso. A humanidade tinha de ser libertada dessa jaula de simbolismo metafísico e solta no ar livre da realidade. Céu e Terra não se correspondiam e a humanidade não estava situada no centro das coisas, refletindo os dois. (Ao mesmo tempo em que Paracelso dava suas aulas na Suíça, a meia Europa de distância dali, na Polônia, Copérnico estava também deslocando a humanidade do centro das coisas com seu sistema heliocêntrico dos planetas. Ele temeria, contudo, publicar sua teoria até agonizar em seu leito de morte, 16 anos depois.)

A verdade segundo Paracelso residia na iatroquímica. A doença devia ser tratada com remédios apropriados, que podiam ser preparados com fontes minerais. Os fatos verificáveis da iatroquímica iriam substituir os "humores" desenxabidos que permaneciam atados aos quatros elementos de Aristóteles. Em retrospecto, a importância dessa mudança parece crucial. O foco recairia agora sobre a investigação das propriedades reais e variadas dos compostos químicos, e não na atribuição de qualidades químicas ao equilíbrio de quatro elementos numa substância. Em vez de quatro notas, a química teria agora um teclado inteiro com que tocar.

Então Paracelso tornou-se o pai da química moderna? Lamentavelmente, não. Era exaltado e complexo demais para se limitar ao puramente científico. Num exemplo clássico de esquizofrenia intelectual, inventou uma teoria que hoje parece o epítome do medievalismo excêntrico. E, para completar, acreditou nessa teoria e a usou para fins médicos, embora ela contradissesse completamente suas teorias científicas pioneiras.

A "doutrina das assinaturas" de Paracelso afirmava a sabedoria superior da natureza. Era dever do médico procurar compreender a linguagem da natureza, que indicava de forma simples como produzir remédios particulares. As plantas tinham assinaturas, que o médico devia aprender a ler. Por exemplo, uma orquídea se assemelhava a um testículo – o que significava que era um remédio para doenças venéreas; as folhas do lilás tinham forma de coração, portanto eram boas para doenças cardíacas; a quelidônia "de sangue amarelo" era o remédio para a icterícia; e assim por diante.

A crer em Paracelso, aprendemos essa sabedoria "dos camponeses", embora até seus contemporâneos fossem céticos em relação a essa fonte, acreditando que os camponeses tinham mais discernimento. A doutrina das assinaturas tem todas as características de um dos mais altos voos da insolência de Paracelso. Não contente em atacar os medievalistas – mostraria que podia lhes passar a perna.

E certamente os atacou. Apenas três semanas após erguer a tampa da vasilha em sua primeira preleção, Paracelso conduziu um bando de animados estudantes à feira de São João, que estava se realizando na praça diante da universidade. Ali passou a queimar publicamente as obras de Galeno e Avicena – borrifando enxofre e nitro sobre as chamas. Alguns comentadores afirmaram que isso foi simbólico: Paracelso pretendia demonstrar sua fé no poder das substâncias químicas sobre as obras redundantes do passado. Qualquer pessoa que já tenha atirado uma peça pirotécnica contendo essas duas substâncias numa fogueira vai entender que a ação de Paracelso nada tinha de simbólica. O que ele buscava era efeito espetacular. Fogo do inferno e danação. "Se esses médicos ao menos soubessem que seu príncipe Galeno ... estava atolado no inferno, de onde me mandou cartas, iriam se persignar com um rabo de raposa. Da mesma maneira esse Avicena está plantado no vestíbulo do portal infernal." Aqui, pela primeira vez, ouvimos a autêntica fala bombástica do gênio-charlatão. Paracelso não costumava ser reticente em face de seus inimigos: "Ai dos seus pescoços no dia do Juízo! Sei que a monarquia será minha. Minhas também serão a honra e a glória. Não que eu me enalteça: a Natureza me enaltece." E atrás da fogueira e da fala bombástica havia uma mensagem menos explícita. As autoridades justamente indignadas viram com toda clareza do que Paracelso era capaz. Nem seis anos antes, nos portões de Wittenberg, Lutero queimara publicamente a bula papal de Leão X que o ameaçava de excomunhão. Isso basta para explicar por que Paracelso teve de rejeitar o título de "um Lutero médico".

Paracelso se regalou com seu cargo recém-adquirido e não sentia nenhum escrúpulo em dizer precisamente o que lhe parecia ser a verdade: "Todas as universidades e todos os autores antigos juntos têm menos talento que meu traseiro." Os alunos o adoravam, suas aulas tornaram-se um evento público e suas bebedeiras nas tabernas, um escândalo público. Miraculosamente, continuou também a produzir trabalho original. Oporinus, seu secretário, lembrou:

> Ele passava seu tempo na bebedeira e na glutonaria, dia e noite. Não podia ser encontrado sóbrio por uma ou duas horas seguidas ... No entanto, quando estava mais bêbado e vinha para casa ditar para mim, era tão coerente e lógico que um homem sóbrio não teria podido aperfeiçoar seus manuscritos.

Ao que parece, Oporinus passou maus momentos com seu patrão:

> A noite toda, enquanto eu ficava a seu lado, ele nunca se despia, o que eu atribuía à sua embriaguez. Muitas vezes vinha para casa tocado, depois da meia-noite, jogava-se na cama vestido e portando sua espada, que dizia ter obtido de um verdugo. Mal tinha tido tempo de adormecer quando se levantava, puxava a espada como um louco, jogava-a no chão ou contra a parede, de modo que às vezes tinha medo de que me matasse.

No trabalho, era ainda pior:

> Sua cozinha chamejava com fogo constante; seu álcali, *oleum sublimati*, *rex praecipitae*, óleo de arsênio, *crocus martis*, ou seu miraculoso opodeldoque, ou Deus sabe que concocção. Certa feita quase me matou. Disse-me para olhar a solução alcoólica em seu alambique e empurrou meu nariz para junto dele de tal modo que a fumaça me entrou pela boca e o nariz. Desmaiei com o vapor virulento ... Ele se gabava de ser capaz de profetizar grandes coisas e conhecer grandes segredos e mistérios. Assim, nunca ousei bisbilhotar seus assuntos, pois me sentia apavorado.

Vale a pena citar o testemunho do pobre Oporinus com alguma minúcia. Todos os aspectos do caráter de seu patrão transparecem nele.

> Ele era um perdulário, de modo que às vezes não lhe restava um centavo, no entanto no dia seguinte me mostrava uma bolsa cheia. Muitas vezes me perguntei onde conseguia o dinheiro. Todo mês mandava fazer um paletó novo, e dava o velho para o primeiro que aparecesse; mas em geral estava tão sujo que eu nunca quis um.

É possível que ocasionalmente Paracelso tenha se identificado com Lutero, mas sua menção de que Natureza o enaltecia, de par com sua afirmação de que no dia do Juízo "a monarquia" seria sua, bem como "a honra e a glória", sugerem delírios ainda mais grandiosos. Assim, sua atitude em face da religião não chega a surpreender:

> Nunca o ouvi rezar ou indagar sobre a doutrina evangélica que era então praticada em nossa cidade. Não só desprezava nosso pregador como ameaçava que um dia, quando tivesse liquidado com Hipócrates e Galeno, iria consertar as cabeças de Lutero e do

papa. Dizia também que nenhum dos que haviam escrito até então sobre as Sagradas Escrituras haviam compreendido seu sentido correto.

Um teólogo recordou: "Tive várias discussões religiosas e teológicas com [ele]. Se havia um vestígio de ortodoxia, não fui capaz de percebê-lo. O que ele fazia era antes falar muito de mágicas de sua invenção." Enquanto isso a fama de Paracelso continuava a se espalhar e suas palestras atraíam audiências cada vez maiores. Seus alunos mais bem-dotados não deixavam escapar uma de suas palavras: a iatroquímica era o progresso e eles se consideravam discípulos dele. Agora nada o poderia deter. Finalmente ele iria conquistar o que lhe era de direito e assumir seu lugar como um dos homens mais notáveis de seu tempo.

Em meio a tudo isso é difícil entender como Paracelso encontrava tempo para desempenhar seus encargos mundanos como superintendente médico da cidade. Mas ele encontrava algum, e logo os médicos e boticários da cidade estavam lamentando o dia em que Paracelso aparecera em Basileia. Não satisfeito em fazer preleções sobre iatroquímica, decidiu pô-la em prática. Insistiu em fazer uma turnê de inspeção de todas as boticas locais – com resultados previsíveis. As prateleiras de infusões, fumigatórios, unguentos e bálsamos foram condenadas como imprestáveis; as prescrições que os boticários preparavam foram rejeitadas como "caldos pútridos". Para deleite de seus alunos, ele declarou: "Após a minha morte, meus discípulos vão irromper e arrastá-los para a luz, e vão denunciar suas drogas sujas, causas até hoje das mortes de príncipes." Começou a misturar seus próprios remédios em sua própria "cozinha", auxiliado pelo infeliz Oporinus, e a distribuí-los gratuitamente pelos doentes e necessitados.

Os médicos não estavam em situação muito melhor. O mero fato de terem sido aprovados em exames em Nuremberg não significava que tivessem direito de esfolar seus pacientes. Mesmo os pacientes mais ricos e poderosos podiam se sentir intimidados demais para questionar suas práticas, mas Paracelso não. As sangrias e torturas que infligiam aos doentes eram absurdas. Seu modo de tratar feridas, recheando-as com musgo ou esterco seco, era positivamente nocivo. As pílulas, poções e loções que prescreviam eram desnecessárias. O objetivo dos médicos devia ser curar o paciente, não enriquecer e canalizar dinheiro para os bolsos de seus comparsas, os boticários.

Mas o conselho de Paracelso não era inteiramente negativo. Os anos passados tratando toda sorte de pacientes e seus males no curso de suas viagens por todos os quadrantes da Europa lhe haviam valido considerável perícia no tratamento prático de doenças. E suas teorias nesse campo se alimentavam de uma rica experiência – com apenas a mácula ocasional da insolência.

Até sua notória doutrina das assinaturas fazia eco de fato a uma compreensão muito mais profunda da boa clínica. A natureza tinha seus próprios poderes, o que devia permitir que operassem sem obstáculos. “Se você evitar a infecção, a Natureza curará a ferida por si mesma.”

Essa podia ser uma prática judiciosa, mas deixava os remédios e as poções dos boticários encalhados nas prateleiras. A simplicidade robusta da abordagem de Paracelso abolia também a mística onerosa da arte do médico. Anteriormente ele havia sido um mero objeto de ridículo e indignação. Agora a coisa estava ficando mais séria. Estava começando a mexer nos bolsos das pessoas. Mas a distribuição gratuita por Paracelso de remédios e conselhos médicos fez dele uma figura popular entre os pobres. E ele tinha amigos poderosos em Frobenius e seus colegas humanistas. O homem podia ter suas fraquezas, mas seu pensamento estava em conformidade com as novas ideias que estavam varrendo a Europa. Ali estava uma vassoura para varrer todos os velhos preconceitos e superstições do passado.

Foi então que ocorreu o desastre. Apenas cinco meses depois que Paracelso ministrara sua primeira aula na universidade, Frobenius morreu durante uma viagem a Frankfurt. Os inimigos de Paracelso aproveitaram a oportunidade, espalhando o boato de que ele envenenara Frobenius com suas novas substâncias químicas. Na verdade acontecera o contrário. Paracelso aconselhara insistentemente o idoso Frobenius a não viajar a cavalo para Frankfurt, percorrendo 644 quilômetros para ir e voltar. A constituição dele estava fraca demais. O prognóstico de Paracelso provara-se correto: Frobenius morrera de um derrame, não por ter tomado substâncias químicas.

Mas agora os dias de Paracelso em Basileia estavam contados. As coisas finalmente chegaram ao clímax cinco meses depois, em torno de um caso judicial. Paracelso havia sido chamado para tratar um cônego abastado, que lhe prometera honorários sensacionalmente elevados de 100 florins se tivesse sucesso. Paracelso o curou rapidamente com seu remédio. Diante disso o cônego lhe pagou seis florins, alegando que isso era suficiente pelo tempo e o esforço despendidos no caso. Paracelso levou-o ao tribunal. Os magistrados locais, entre os quais havia vários humanistas, iriam resolver o caso.

Mas a maré se voltara contra Paracelso e o veredito foi contra ele. Foi sua vez de ficar ultrajado. Num rompante característico, acusou publicamente os magistrados de corruptos e coniventes. Difamar os magistrados da cidade era um crime grave – que podia ser punido com longa sentença de prisão ou até com pena de morte. Foi emitida uma ordem de prisão contra Paracelso. Felizmente ele foi avisado e conseguiu fugir da cidade acobertado pela escuridão.

A estada de dez meses de Paracelso em Basileia foi o zênite de sua carreira. Estava de volta à estrada de novo – às vezes passando alguns meses confortáveis na casa de um admirador, outras vezes reduzido a pouco mais que um operador ambulante de "curas milagrosas". Um relato o descreve vestido em "trajes de mendigo".

Em 1528 Paracelso chegou ao florescente centro comercial de Nuremberg. Sua reputação o precedera e logo foi denunciado às autoridades como impostor. Para refutar essa acusação, diz-se que Paracelso demonstrou seus talentos curando alguns casos de elefantíase que haviam derrotado todos os médicos locais. Se de fato teve êxito nessa cura, foi um feito extraordinário – pois nenhum tratamento para esse mal foi encontrado até o final do século XIX. Contudo, segundo seu biógrafo Hartmann, testemunhos que proclamam a façanha de Paracelso "ainda podem ser encontrados nos arquivos da cidade".

Dois anos mais tarde Paracelso visitou Nuremberg novamente. (Ou talvez tenha sido a mesma visita – é difícil identificar com precisão suas viagens constantes. Há também uma semelhança com a história anterior, embora mais uma vez haja indícios que atestam sua veracidade.) Desta vez diz-se que Paracelso irritou as autoridades ao zombar publicamente dos ensinamentos de Galeno e Avicena, que ainda formavam a parte principal do currículo na prestigiosa escola de medicina local. Em consequência disso, pediram-lhe que demonstrasse a superioridade de seu novo método curando alguns doentes de sífilis, mal que estava grassando no continente durante as primeiras décadas do século XVI. (Acredita-se em geral que essa doença foi levada das Américas recém-descobertas para a Europa por marujos, embora alguns comentadores creiam hoje que a lepra mencionada na Bíblia era em alguns casos sífilis.)

Naqueles primeiros dias da doença (ou de sua ressurgência virulenta), suas manifestações eram horríveis e aflitivamente penosas. A pele do paciente ficava coberta de pústulas, que se desenvolviam em chagas abertas, enquanto a carne apodrecia a partir dos ossos em meio a um fedor de supuração. Os 14 sifilíticos de Nuremberg haviam sido confinados em quarentena num cercado fora dos muros da cidade, os médicos locais tendo perdido a esperança de curá-los. Diz-se que Paracelso curou nove desses proscritos. E, mais uma vez, há indícios de sua proeza nos registros da cidade.

Em 1530 Paracelso publicou uma descrição completa da sífilis, a primeira descrição geral verdadeiramente clínica a aparecer dessa doença. Sustentou também que podia ser curada se o paciente recebesse dosagens estritamente limitadas de compostos de mercúrio, tomadas internamente a intervalos prescritos. Sabe-se hoje que outros médicos haviam começado a usar esse tratamento anos antes. É incerto se Paracelso tinha conhecimento disso. Compostos de mercúrio continuariam sendo o tratamento padrão para a sífilis; causavam quase tanta dor quanto a doença, sendo também tão venenosos que por vezes conseguiam matar o paciente. Foi esse tratamento que inspirou o dito popular: "Uma noite com Vênus leva a uma vida com Mercúrio." Essa permaneceu a prática padrão até que, em 1909, o tratamento revolucionário pelo salvarsan a substituiu por compostos de arsênio.

Quatro anos mais tarde Paracelso estava aplicando seu método de inoculação homeopática a vítimas da peste em Stertzing. Ali, diz-se que curou pacientes (e/ou os inoculou) administrando bolinhas de pão impregnadas com uma quantidade minúscula de fezes de pacientes infectados.

Nessa época, com seus 40 e poucos anos, Paracelso decidiu que era hora de consignar por escrito, de forma sistemática, seu vasto conhecimento medicinal. Publicou essa obra finalmente em 1536 como *Die Grosse Wundartzney* ("O grande livro da cirurgia"). Essa obra logo passou a ser muito requisitada e, pela primeira vez, Paracelso se viu relativamente próspero. Estava agora tão famoso que até príncipes o chamavam para consultas. Seu comportamento infame e provocativo, porém, garantia que continuasse também uma figura de péssima reputação. Até seus discípulos fiéis o consideravam difícil: "Ele resmunga consigo mesmo por horas. Quando fala com outros, mal o conseguem entender. Passa muito tempo junto a seu fogão cozendo pós, mas não consente que ninguém o ajude. Fica irritadíssimo quando lhe falam. De repente tem um ataque e grita como um animal ferido. Fica impaciente com o mais ligeiro erro de seu copista."

A qualidade do seu trabalho, no entanto, era incomparável. Considere sua descrição das "doenças do tártaro" – com o que designava a gota, a artrite, os cálculos biliares e enfermidades similares. Elas eram todas muito comuns nos tempos medievais em razão da dieta rica mas desequilibrada. Poucos escapavam da dolorosa gota na velhice.

Segundo Hipócrates, a gota era causada por um desequilíbrio dos quatro humores, que resultava numa "defluxão", restringindo o fluxo dos humores para o pé. Para ele, a gota, a artrite e doenças semelhantes eram manifestações do processo de envelhecimento e portanto incuráveis. Paracelso discordava. Aquelas eram doenças químicas, que podiam ser tratadas pela iatroquímica. Elas resultavam de um acúmulo de tártaro – que na artrite paralisava as juntas e na gota depositava dolorosos nódulos de tártaro no pé. Isso era causado pelo mesmo processo que depositava tártaros em barris de vinho e nos dentes. O tártaro no corpo provinha da comida e dos líquidos, e era geralmente eliminado pelos processos digestivos. Em alguns casos, a digestão era deficiente, ou a água local tinha excesso de tártaro. (Paracelso se gabava de que em sua Suíça natal a água era tão pura que ninguém sofria de gota, artrite ou cálculos biliares.) Se a doença não estivesse muito avançada, era possível expelir o tártaro ingerindo uma substância que reagisse com ele, como o sal de Rochelle (tartarato de sódio e potássio). Ali estava, em detalhes impressionantes, uma descrição precursora de como o desequilíbrio físico podia causar uma doença: um dos primeiros casos de genuína etiologia médica científica.

Um dos remédios mais eficazes de Paracelso era o láudano. Este era uma concocção de ópio cru que ele usava para aliviar ampla variedade de queixas. Na verdade, em certas ocasiões ele parece ter encarado o láudano quase como uma panaceia. Afirmou ter inventado esse remédio, mas provavelmente o trouxe de suas viagens a Constantinopla. De todo modo, certamente o batizou, talvez a partir do latim *laudare*, louvar. Por muitos anos, guardou também consigo o segredo dos seus ingredientes. Quando pacientes ricos pediam para serem tratados com esse novo remédio miraculosamente sedativo, Paracelso lhes cobrava uma fortuna, afirmando que a droga continha folhas de ouro e pérolas não perfuradas. Segundo uma descrição da época, ele administrava láudano como pílulas "que tinham a forma de excrementos de camundongo". Mais tarde o nome seria usado para descrever uma solução de ópio em álcool. O láudano de Paracelso continuou sendo uma arma importante no arsenal médico até o final do século XIX, seu uso demasiado entusiástico resultando frequentemente em dependência química. Bebida predileta dos poetas românticos, era desse "ópio" que de Quincey, Baudelaire e Coleridge eram dependentes. (Paracelso esteve longe de ser o último a considerar narcóticos uma panaceia; mais de 300 anos depois o jovem doutor Freud, em Viena, cometeria o mesmo erro com a cocaína.)

Paracelso era igualmente presunçoso nas suas prescrições de remédios químicos. A confiança excessiva em sua infalibilidade levou-o muitas vezes a administrar a seus pacientes compostos de mercúrio e antimônio, apesar do fato de essas substâncias serem sabidamente tóxicas. É possível que os dignos físicos e boticários que se opunham aos seus métodos nem sempre fossem motivados por superstição ignorante e considerações comerciais interesseiras.

Em Paracelso podemos distinguir os elementos da química começando a emergir através da cortina de fumaça mefítica da alquimia. Mas, e quanto aos próprios elementos? Aí também Paracelso foi fora de série. O minério de zinco era conhecido desde tempos pré-históricos, assim como o latão, uma liga de cobre e zinco. Paracelso, contudo, foi provavelmente o primeiro a se dar conta de que o zinco era metálico. Descobriu também um método para isolar o arsênio metálico, misturando o sulfeto com cascas de ovo e descrevendo o resultado como "branco como prata" – embora provavelmente Alberto Magno o tenha precedido no isolamento efetivo desse elemento.

É possível que Paracelso tenha sido o primeiro a descrever as propriedades de dois outros elementos – bismuto e *kobold* (cobalto), embora certamente não tenha sido seu descobridor. Ele encontrou o bismuto pela primeira vez nas minas Fugger. Os mineiros austríacos da época acreditavam firmemente na teoria aristotélica da evolução metálica. Segundo esta, o longo processo de transmutação natural resultava em três tipos distintos de chumbo: o chumbo comum, o estanho e o bismuto. O último era o mais próximo da prata. Em consequência, quando encontravam um novo veio de bismuto, os mineiros tinham o hábito de exclamar: "Que pena, chegamos cedo demais." Mais alguns anos, acreditavam, o bismuto estaria transformado em prata.

Paracelso descreveu as propriedades do bismuto, mas sem atinar, é claro, que era um elemento. Simplesmente descobriu-se incapaz de decompor mais essa substância com as técnicas de que dispunha. A química ainda era mais uma proliferação crescente de técnicas do que uma ciência coerente. Estava ficando evidente, porém, que alguma coisa estava surgindo das cozinhas diabólicas da alquimia: uma matéria que era nitidamente distinta da busca de ouro. Já se afirmou que Paracelso foi o primeiro a se referir à sua disciplina como química.

Paracelso foi também o primeiro a mencionar o metal cobalto, ou *kobold*. Compostos de cobalto eram conhecidos desde os tempos antigos. Os egípcios e os gregos os usavam para colorir vidro e bijuteria, dando-lhes uma atraente cor azul translúcida; exemplos disso puderam ser encontrados no túmulo de Tutancâmon. A palavra *kobold* provém da palavra grega *kobalos*, o nome dado por mineiros supersticiosos da Antiguidade aos gnomos maliciosos encontrados em veios subterrâneos de minas. Dizia-se que essas presenças malignas causavam desabamentos e explosões e, por vezes, enfeitiçavam mineiros. (A palavra inglesa *goblin* [duende] tem a mesma origem.) Através dos séculos, mineiros acreditaram que todos os compostos de cobalto eram extremamente venenosos e postos nas minas pelos *kobolds*. Goethe chega a se referir a esses demônios em seu *Fausto*. O cobalto havia sido isolado pela primeira vez, ainda que fortuitamente, por alquimistas na Idade Média, mas Paracelso parece ter sido o primeiro a reconhecê-lo como um novo elemento metálico.

Pela primeira vez em cerca de dois milênios, novos elementos começavam a ser encontrados. As novas técnicas explicam a descoberta, por volta dessa época, de um outro elemento metálico: o antimônio. Também ele fora conhecido desde a Antiguidade, mas somente em seu composto sulfeto. Era usado por mulheres do Oriente Médio para escurecer os olhos e as sobrancelhas de modo a torná-los mais sedutores. Há várias referências a essa prática na Bíblia, a mais conhecida envolvendo a mal-afamada Jezebel, que "pintava os olhos e adornava o cabelo e se postava à janela olhando para baixo". (Janela da qual seria jogada mais tarde, seu cadáver tendo sido devorado por cães.) O nome árabe para a substância com que Jezebel pintava os olhos era *kohl*. Por uma série de mal-entendidos, essa palavra passou a ser usada para descrever líquidos destilados, e finalmente o líquido destilado *al-kohl* – que se tornou álcool. As origens da palavra antimônio são ainda mais arrevesadas. Elas envolvem o legendário abade e alquimista do século XV Basil Valentinus (que hoje se sabe ter sido o pseudônimo de um certo Johan Thölde, respeitável conselheiro municipal alemão do século XVI que praticava a alquimia mas não queria perder seu cargo). Conta-se que um dia, depois do trabalho, Valentinus esvaziou alguns cadinhos que continham antimônio pela janela de sua cela. Aquilo foi comido por porcos, que adoeceram. Quando se recobraram, os porcos comeram vastas quantidades para compensar o peso que haviam perdido. Mas, sendo porcos, fizeram jus a seu nome e comeram de maneira desmedida, adquirindo rapidamente excesso de peso. Valentinus se agarrou a isso como um excelente método para engordar os porcos do mosteiro para o Natal. Depois decidiu dar um passo adiante. Como abade, pareceu-lhe que os monges sob seus cuidados estavam também precisando de uma pequena engorda para o Natal, diante do que introduziu dissimuladamente um pouco de antimônio na dieta deles. Lamentavelmente, muitos dos ascéticos monges tinham corpos tão debilitados pelo jejum que morreram antes de terem conseguido engordar. A substância que haviam comido tornou-se conhecida como *anti-monakhos* (antimonge, daí antimônio). Uma história provável. Infelizmente, comentadores modernos desmancha-prazeres indicaram que a palavra antimônio foi mencionada, alguns séculos antes do legendário Valentino, por Constantino da África em sua tradução da farmacopeia de Avicena.

Apesar do excelente trabalho que Paracelso fez para a química, não há como escapar do fato de que ele foi em grande medida um alquimista na velha tradição da bruxaria. Ao longo de toda a sua vida, continuou a procurar avidamente a pedra filosofal, que estava certo de ser um elixir da vida. Em certa altura, sugeriu que a encontrara e provara dela. Iria viver para sempre, costumava contar à sua audiência boquiaberta na praça do mercado, antes de ser impelido a seguir para seu próximo destino.

Mesmo em sua alquimia, porém, Paracelso foi capaz de manter uma atitude extremamente científico-química. Em sua visão, o universo fora criado por um químico superior. Acreditava que o mito da criação tal como narrado na Bíblia não passava de uma alegoria química, descrevendo um macroexperimento de sete dias. (Isso pode explicar sua afirmação de que era o único a compreender as Sagradas Escrituras, bem como o silêncio que mantinha sobre o conteúdo real dessa compreensão singular. Talvez a noção de Deus o Alquimista não se enquadrasse na teologia do Vaticano.)

Por ter sido criado por um químico, o universo obedecia a leis químicas. A química consistia no desvendamento dos segredos do modo como o universo operava. Paracelso via tanto o universo quanto os experimentos alquímicos como "levando a seu termo algo que ainda não se completara". Comparou isso ao processo da digestão, ou o ato de cozinhar. Infelizmente essa perspicácia científica embrionária era também prejudicada por vastas doses do usual despautério metafísico-alegórico-místico-astrológico – acompanhado por delírios de grandeza tipicamente paracelsianos. O verdadeiro conhecimento alquímico só podia ser comunicado por um mago, um profeta-mágico dotado de poderes sobrenaturais. Esse conhecimento passara de mago para mago desde o início dos tempos. E, evidentemente, não havia dúvida alguma sobre quem era o mago daquela época particular. Tanto audiências da praça do mercado quanto discípulos ficavam sem fôlego na presença daquele ser assombroso, que às vezes dava quase a impressão de estar possuído pelo diabo. Não foi à toa que Goethe baseou seu *Fausto*, pelo menos em parte, no caráter de Paracelso.

Em 1538 Paracelso retornou mais uma vez a Villach, só para descobrir que seu pai morrera quatro anos antes. Os bons cidadãos de Villach haviam respeitado o pai de Paracelso, mas não queriam saber do seu mal-afamado filho. Paracelso foi expulso, sem poder sequer tomar posse da casa e dos bens que herdara. Sem lar como sempre, continuou a vagabundear de cidade em cidade através da Suíça, da Áustria e da Alemanha. "Não sei por onde vagar agora. Também pouco me importa, contanto que eu ajude os doentes." Mas os velhos costumes persistiam bravamente, segundo relatos de testemunhas: "Chegou a desafiar uma estalagem cheia de camponeses a beber com ele e os embebedou, enfiando vez por outra o dedo na boca como um suíno." Os anos de vagabundagem e bebedeira, desespero ocasional e pobreza habitual, para não falar de sua incansável autopromoção e grandiloquência, haviam cobrado seu preço. Tinha por volta de 45 anos, mas era um velho.

Paracelso sofria havia muito de delírios divinos e acreditava ser o único a compreender a Bíblia. Mas, afora isso, dava pouca atenção à religião convencional. Sua alquimia era a sua religião e sua metafísica incoerente supria sua teologia. Apesar disso, há indícios de que em algum estágio ele pode ter sofrido uma conversão a uma crença mais ortodoxa. Há sinais de um aprofundamento espiritual em seus escritos. "O tempo da filosofia [i.e., tanto alquimia quanto a ciência] chegou ao fim. A neve de meu infortúnio derreteu-se. O tempo de crescer terminou. O verão está aqui e não sei de onde veio." Passou a aceitar seu abandono e pobreza como um sinal. "Bendito é aquele a quem Deus deu o dom da pobreza."

Em 1540, aos 46 anos, conseguiu finalmente um emprego em Salzburgo. Velho e decrépito, Paracelso foi admitido no serviço do príncipe-arcebispo, duque

Ernst da Baviera, que, a despeito de sua elevada posição clerical, era uma espécie de diletante na arte obscura. Um ano depois Paracelso estava morto.

Como seria de esperar de um mago que sorvera do elixir da vida, as circunstâncias exatas de sua morte permanecem um tanto misteriosas. Instalara-se na Estalagem do Cavalo Branco em Salzburgo e, como de costume, parece ter-se antagonizado rapidamente com os boticários, médicos, os acadêmicos locais, e com quem mais cruzasse seu caminho intelectual. Mas o duque continuou seu amigo: uma fonte de alguma irritação local. Na noite de 21 de setembro de 1541, conta-se que sofreu uma queda grave quando voltava para a Estalagem do Cavalo Branco. Fato nada extraordinário, suspeita-se. Mas nunca se saberá ao certo o que aconteceu na rua estreita e escura naquela noite. Correu o rumor de que houvera uma briga com alguns bandidos, que podiam ter sido contratados pelo médico local para lhe dar uma surra, ou pior. Seja como for, Paracelso morreu três dias depois, em 24 de setembro.

Passados menos de dois anos, Copérnico publicou sua obra, instalando o Sol no centro do sistema planetário, e a revolução científica começou.

5. Tentativa e erro

Passaram-se vários anos antes que o pleno significado da ideia de Copérnico começasse a ser compreendido; a essa altura ela estava sendo reforçada por vários escritos científicos anteriores que até então haviam sido ignorados ou basicamente esquecidos.

A imagem que em geral se tem da Idade Média como praticamente incapaz de avanço científico genuíno não é de todo exata. Como no caso da maioria das generalizações históricas indiscriminadas, houve exceções. Essa foi a época que nos deu o carrinho de mão, as obras-primas coletivas das catedrais góticas e produziu também a primeira explicação científica do arco-íris. Esta última foi obra do monge do século XIII Dietrich von Freiberg, a cujo respeito pouco se conhece, exceto que pode ter sido aluno de Alberto Magno em Paris. Até seu nome chegou até nós numa diversidade de versões, variando de Theodorus Teutonicus de Vriberg a simples Vribergensus – e não sabemos sequer de qual Freiberg na Alemanha se tratava. Mas não há dúvida quanto a seu *De iride* ("Acerca do arco-íris"). Ali matemática e investigação científica se combinaram para produzir a primeira grande obra de óptica desde Aristóteles. (Essa era a matéria que iria inspirar às melhores mentes dos séculos posteriores parte de seu mais excelente pensamento: Descartes e Kepler no século XVII, Newton e Kant no XVIII e Gauss, "o príncipe da matemática", no XIX.)

Numa era que não tinha praticamente nenhuma ideia de experimento além das esferas do cubículo do alquimista, Dietrich von Freiberg concebeu um experimento de originalidade e percepção assombrosas. Como poderia ele compreender o que causava um arco-íris? Estudando em detalhe cada gotinha de chuva que o formava. Mas como lhe seria possível agarrar esse elusivo pote de ouro? Estudando uma gotinha suspensa no céu com a luz do Sol batendo nela. Para fazer isso, Dietrich simplesmente encheu de água um frasco esférico de vidro e acompanhou a passagem da luz difratada e refletida à medida que ela passava através do frasco para produzir o efeito de arco-íris. Por meio desse experimento, foi capaz de propor explicações teóricas que elucidavam como o arco-íris produz suas diferentes cores, porque forma um arco, porque o arco-íris primário tem frequentemente um arco superior mais pálido e porque duas pessoas postadas lado a lado não vêm de fato o mesmo arco-íris. Esse pensamento teórico, baseado em experimento, brilha como um farol num mundo de treva científica.

Um século depois apareceu um pensador científico, filosófico e matemático cujas ideias deveriam ter mudado o mundo, mas, por alguma razão, não o fizeram. Nicolau de Cusa estava demasiado adiante de seu tempo; suas ideias científicas visionárias só mais tarde seriam confirmadas. E sua técnica experimental antecipou a clareza, a precisão e a atenção ao detalhe que caracterizam o laboratório de química moderno.

Nicolau de Cusa nasceu em 1401, filho de um pescador razoavelmente próspero da Renânia. Cedo revelou uma mente excepcional, mas foi objeto da atenção pública pela primeira vez após conduzir uma investigação sobre a Doação de Constantino. Esta era um documento do século IV em que, pretensamente, o imperador Constantino transferira para o papa o poder sobre as Igrejas bizantina e romana. Era considerada a prova definitiva do direito do papa à supremacia. Nicolau de Cusa mostrou que esse documento era na verdade uma falsificação datada do século VIII.

Aos 36 anos ele foi designado para uma delegação que partiu de Roma para Constantinopla para negociar a união das Igrejas bizantina e romana, uma missão que derrotara anteriormente todos os que a haviam tentado, inclusive Tomás de Aquino. Mas a delegação de Nicolau de Cusa finalmente conseguiu abrir caminho para um acordo. (Não foi culpa dele que esse acordo só durasse pouco mais de um ano. Os bizantinos decidiram em seguida que não haviam na verdade concordado com coisa alguma – com isso pondo fim a toda esperança de auxílio do Ocidente e assegurando sua derrota pelos turcos otomanos 15 anos depois.)

Em 1440, com a idade avançada de 39 anos, Nicolau de Cusa foi ordenado padre. No entanto começou nessa época a publicar obras capitais que expressavam ideias extremamente heterodoxas. A primeira intitulava-se *Idiota de mente*, o que poderia ser traduzido como "Um idiota fala francamente". Naquela época, contudo, *idiota* designava um leigo ou uma pessoa que não ocupava nenhum cargo público. Essa obra consiste de um diálogo entre um filósofo, representando as ideias aristotélicas tradicionais, e o mencionado idiota. Curiosamente, é o idiota que apresenta as concepções de Nicolau. Estas expressam uma visão matemático-científica platônica do mundo. "A pluralidade das coisas surge disso, de que a mente de Deus compreende uma coisa de certa maneira e uma segunda de outra." A matemática é a mente de Deus, e esse é o modo como o mundo opera. "O número é a principal pista que leva à sabedoria." O uso do número conduz à descoberta científica. Pitágoras acreditara que o mundo era fundamentalmente matemático; Nicolau de Cusa introduziu a ideia de que a matemática aplicada era o caminho para o conhecimento do mundo. Isso proporciona conhecimento prático. "Só a mente conta; se a mente for removida, números distintos não existem." A medição, a equiparação de partes discretas do mundo a quantidades numéricas – ali estava a chave.

O idiota que dizia essas palavras era a salvação da Europa. Esse era o tipo de homem que resgatava a mente ocidental da estagnação. O leigo que operava no mundo real do comércio e do trabalho prático, e no entanto pensava sobre filosofia – somente um homem como esse podia dar origem à ciência. Nicolau de Cusa pode ter sido um padre, e bem versado em teologia, mas compreendeu que o pensamento secular era o progresso.

Nesse estágio a China estava muito mais adiantada que a Europa; dali em diante, contudo, o archote da civilização passaria a ser conduzido pelo Ocidente. Mas o que deu errado na China? Os filósofos e os pensadores haviam se dissociado dos leigos e dos mercadores. Os pensadores não mais se associavam aos agentes. Nicolau de Cusa foi o arauto desse congraçamento: a união que produziria o pensamento científico.

Nicolau de Cusa acreditava que um homem instruído é aquele que tem consciência da própria ignorância. Tal atitude pode acarretar perigos. Pode levar a um espiritualismo resignado (afastamento do mundo, misticismo, estoicismo e coisas semelhantes), ou à introversão (o "conhece-te a ti mesmo", e não ao mundo, de Sócrates). Mas nesse caso não o fez. Nicolau de Cusa viu-a como um aguilhão para mais conhecimento. Para ele essa atitude aludia também à natureza provisória desse conhecimento, que estava sempre aberto a aperfeiçoamento. "Como um polígono inscrito num círculo aumenta em número de lados mas nunca se torna um círculo, assim a mente se aproxima da verdade, mas nunca coincide com ela ... O conhecimento é na melhor das hipóteses conjectura." Mais uma vez, a noção profundamente científica de teoria reaparece, após uma ausência de cerca de um milênio e meio.

Nicolau de Cusa gostava de usar imagens matemáticas para ilustrar sua filosofia. Até compara a busca da verdade pela humanidade com a da quadratura do círculo. (Essa velha anedota matemática chegara a obcecar matemáticos medievais. O objetivo era construir um quadrado de área igual à de um círculo, usando somente régua e compasso. Só algum tempo depois foi finalmente provado ser isso impossível. Quando se traça um círculo com um compasso, ele terá sempre um raio de um comprimento mensurável, que pode portanto ser tomado como uma unidade de 1. Portanto sua área é $\pi \times 1^2 = \pi$. Consequentemente a borda do quadrado de área idêntica será $\sqrt{\pi}$. Mas π é irracional: seu valor é 3,141592653589793... e assim por diante, sem jamais repetir sequências de números. Em outras palavras, é por definição imensurável. É portanto impossível quadrar o círculo usando régua e compasso.)

As ideias filosófico-científicas de Nicolau de Cusa podem ter sido excepcionalmente avançadas, mas suas ideias científicas concretas foram explosivas. Ele acreditava que a Terra girava em torno de seu eixo, e isso o levou a concluir que ela se movia em torno do Sol. Compreendeu também que as estrelas eram exatamente como nosso Sol, e também elas deviam ser circuladas por mundos habitados. Mais especulações o levaram a concluir que o universo era infinito. E como não tinha ponto central, "em cima" e "em baixo" eram coisas que não existiam no espaço. Algumas dessas ideias iriam permanecer à frente de seu tempo até a aurora do século XX.

Ironicamente, Nicolau de Cusa chegou a muitas dessas conclusões aplicando um princípio de sua própria invenção que era basicamente metafísico. Tratava-se do seu *coincidentia oppositorium* – em termos simples, a confluência dos opostos. (Tome, por exemplo, opostos como o círculo e a linha reta. Segundo Nicolau de Cusa, eles se tornam coincidentes quando estendidos à infinidade: um círculo com raio infinito tem uma circunferência que é uma linha reta.) Ele aplicou esse princípio tanto geométrica quanto teologicamente – muitas vezes com os dois entrelaçados. As ideias de Nicolau de Cusa continuaram medievais na medida em que continham muita teologia. O fator significativo é que no *coincidentia oppositorium* ele empregou um novo modo de pensar para resolver problemas previamente insolúveis. O *coincidentia oppositorium* era essencialmente uma ferramenta teórica – uma que não fora usada por Aristóteles e que por isso lhe permitiu passar ao largo das ideias de Aristóteles.

As ideias cosmológicas de Nicolau de Cusa não se fundavam em dados experimentais, observações precisas ou cálculos matemáticos. Sua roupagem teológica, bem como o obscuro princípio original em que se baseavam, podem explicar em parte por que ele não teve problemas com a Igreja. Ao contrário: menos de dez anos depois de ser ordenado padre foi feito cardeal, e mais tarde bispo. Não permitiu, contudo, que esses compromissos públicos o desviassem de suas atividades intelectuais.

Muitas das ideias de Nicolau de Cusa podem ter carecido de embasamento experimental, mas isso não se devia a nenhuma falta de habilidade na esfera prática. Quando se voltava para matérias práticas, ele era inigualável – seu trabalho tendo amplitude universal. Mais uma vez, era na noção da medição matematicamente precisa que residia a chave do conhecimento. Medindo os diferentes pesos de uma bola de lã, que absorvia água do ar, era possível determinar a umidade. Derramando iguais pesos de água num recipiente quadrado e num recipiente circular era possível calcular o valor de π com elevado grau de precisão. Mas nem todos os experimentos de Nicolau de Cusa envolveram a balança. Como já o fizera Roger Bacon, ele sugeriu uma modificação muito necessária do calendário. (Nessa altura o cálculo imperfeito do comprimento do ano havia levado o calendário juliano a se desregular em quase uma semana.) Nicolau de Cusa foi um pioneiro no desenvolvimento de óculos côncavos para a correção da miopia; sugeriu a contagem do pulso como técnica diagnóstica; e traçou um dos primeiros mapas confiáveis da Europa incorporando longitude e latitude. Mas o pináculo de seus talentos práticos foi um trabalho de virtuose com a balança que haveria de ter importantes implicações para a química. Ele envolveu pesar uma planta em crescimento com grande exatidão, dia após dia. O experimento de Nicolau de Cusa foi conduzido com tal precisão que ele foi capaz de descobrir que a planta era nutrida pelo ar e também que o próprio ar tinha peso. Ali estava algo de que ninguém se dera conta antes. (Considerava-se que o ar, como um dos quatro elementos, era quase por definição sem peso.) Esse foi o primeiro experimento formal de estilo moderno realizado na biologia. Suas implicações espalharam fissuras pelas noções aceitas da física, da biologia e da química. Com o tempo ele iria transformar nossa compreensão do que é exatamente a realidade. No entanto, essas coisas quase não puderam ser entendidas na época – sobretudo porque a ciência ainda estava por desenvolver os conceitos com que apreender implicações desse tipo. É provavelmente isso, mais que qualquer coisa, que explica por que as ideias de Nicolau de Cusa passaram praticamente despercebidas por tanto tempo. Nem Copérnico ouvira falar delas quando elaborou em detalhe matemático o plano heliocêntrico do sistema solar que Nicolau de Cusa havia conjecturado.

Ali onde Nicolau de Cusa tivera um palpite – como o haviam tido vários dos gregos antigos –, Copérnico produziu um modelo científico baseado em observações detalhadas, com amparo matemático. É isso, o efeito revolucionário de sua teoria, que lhe assegura seu lugar no panteão científico. Não sem justificativa, seu biógrafo Hermann Kersten afirma que Copérnico causou "a maior revolução intelectual da história da humanidade". Aqui, somente Darwin, Newton ou talvez Aristóteles poderiam ser considerados competidores.

Compreendendo as vastas implicações de sua teoria, Copérnico adiou a publicação de seu *De revolutionibus orbium coelestium* ("Das revoluções dos orbes celestes") até o último momento. Em maio de 1543, aos 70 anos, após sofrer um derrame, ele estava em seu leito de morte. Segundo seu leal amigo Giese, "a versão publicada de seu livro foi posta em suas mãos apenas em sua última hora, no dia em que morreu".

Durante os últimos anos antes de sua morte, rumores da teoria de Copérnico haviam começado a se espalhar. Ela não ia apenas contra a ortodoxia aristotélica da Igreja, tendo sido condenada também por Lutero, cuja Reforma estava agora dividindo a Europa central. Felizmente, em maio de 1543, Copérnico estava agonizante e por isso não pôde notar que um prefácio fora inserido em seu livro por um clérigo luterano chamado Osiander, que ficara encarregado da publicação. Esse prefácio não era assinado e durante anos muita gente supôs que fora escrito pelo próprio Copérnico. Ele afirmava que a teoria contida no livro não deveria ser encarada como a verdade. Aquela não era nenhuma descrição do movimento real dos planetas, meramente um método que tornava mais fácil calcular o movimento planetário para a previsão precisa de eclipses e fenômenos semelhantes. Isso teve o efeito que fora provavelmente pretendido. O livro gerou pouca controvérsia quando de sua publicação e seus poucos leitores presumiram que o próprio Copérnico não acreditava na teoria heliocêntrica. O livro foi vendido pelo editor a um preço alto, talvez propositalmente, e logo saiu do prelo. A segunda edição não foi lançada antes de 1566, e fora impressa na Suíça. Foi quase certamente uma cópia dessa edição que caiu nas mãos de Giordano Bruno, que estava então estudando em Nápoles. Toda revolução precisa de um propagandista, e Bruno iria assumir esse papel para a revolução copernicana. (Muito embora, como veremos, seus motivos não fossem nada claros e seu feito não tenha sido exatamente o que pretendia.)

Bruno nasceu em 1548 na cidadezinha de Nola, cerca de 20 quilômetros a leste de Nápoles. (Nola, que fica na região da Campânia, é segundo a lenda o lugar onde os sinos de igreja foram inventados no século V, donde a palavra italiana *campana* e a palavra inglesa *campanile* para uma torre com sinos.) Nola fica também perto do adormecido vulcão Vesúvio. Mais tarde em sua vida Bruno recordaria ter subido o monte Vesúvio na juventude. À distância suas encostas haviam parecido "escuras e lúgubres contra o céu", mas à medida que se aproximara ele vira que eram cobertas de vinhedos florescentes, laranjais e olivais. "Assombrado ante essa curiosa transformação, dei-me conta pela primeira vez de que a vista podia enganar." Segundo seu relato, ele desenvolveu uma mente indagadora, e logo estava se perguntando: "Quais são os fundamentos da certeza?" Sua perspectiva filosófica é inegável, mas a real profundidade dessas dúvidas continua duvidosa. Como veremos.

Aos 17 anos Bruno estava estudando em Nápoles no renomado Convento Dominicano. Apesar do nome, essa instituição se conformava ao preconceito de sua era: a admissão de uma mulher no lugar de estudo teria sido impensável. O próprio Bruno logo estava contemplando outras esferas do impensável e ficou renomado por suas opiniões heterodoxas, beirando o herético. Leu e absorveu as ideias de Erasmo (que era proibido) e Paracelso (que era ridicularizado) e não temia defender suas ideias apaixonadamente. Apesar de sua evidente inadequação, Bruno foi ordenado em 1572.

A essa altura havia descoberto sua maior inspiração: Nicolau de Cusa. Bruno parece ter lido muitas das principais obras de Nicolau durante esse período. Enquanto ainda em Nápoles, adotou, e proclamou, a concepção heliocêntrica do sistema planetário de Nicolau. Isso foi confirmado por sua leitura de Copérnico. Mas Bruno levou essa ideia adiante. Como Nicolau de Cusa, acreditava que cada estrela era semelhante ao nosso sistema solar e que o universo continha uma multidão de mundos habitados. Declarou também que o universo era infinito. As ideias cosmológicas de Bruno são quase idênticas às de Nicolau de Cusa, mas sua maneira de expressá-las reflete a mudança na visão de mundo que estava gradualmente tendo lugar. A cosmologia de Bruno não é abertamente mesclada com considerações teológicas. A essa altura as ideias do Renascimento estavam se enraizando. O conhecimento podia ser expresso em termos humanistas racionais, fazendo eco à era clássica. O caminho estava se abrindo até para uma abordagem mais científica na própria ciência. Tudo isso faz Bruno parecer mais científico.

Infelizmente, o trabalho de Bruno não é tudo que parece. No fim das contas, ele não era científico, nem por temperamento nem por convicção. Suas tempestuosidades napolitanas podiam ser superadas em momentos de repouso quando escrevia suas ideias; mas com muita frequência suas crenças mais profundas permaneciam escondidas sob esse verniz científico. Durante séculos Bruno foi encarado como um grande propagandista da revolução científica. A história é o que parece ser, a aparência se transformou no homem. Só recentemente veio à luz que, na verdade, Bruno tinha um programa muito diferente do programa científico que dissimulou e disseminou com efeito tão amplo.

Em algum momento, enquanto estava em Nápoles, Bruno topou com as obras de Hermes Trismegisto, o legendário alquimista "egípcio". Estas o converteram para uma visão de mundo que ia muito além da renascentista. O Renascimento se concebia como revivendo o conhecimento clássico do mundo antigo. Hermes Trismegisto expressava um conhecimento ainda anterior, o conhecimento original – aquele que inspirara os próprios autores clássicos e que dera origem à sabedoria antiga. Hermes Trismegisto falava de conhecimento egípcio antigo. Essa era a *prisca theologia*, a teologia prístina (ou pura) que havia inspirado todos os outros. Nos escritos de Hermes Trismegisto podiam ser encontradas as ideias condutoras que mais tarde haviam emergido em Pitágoras e Platão, ideias que encontravam seu eco nos ensinamentos de Cristo. Até a Igreja reconhecia com relutância alguns aspectos disso. Por isso Hermes Trismegisto foi reverenciado como um profeta gentio – um status similar ao conferido a Platão e Aristóteles, que haviam ambos contribuído tanto para a teologia cristã mas não podiam ser considerados cristãos por razões históricas óbvias. No entanto, Bruno foi impetuosamente além disso. Secretamente, ele acreditava que o Renascimento só começara em parte. O verdadeiro Renascimento ainda estava por vir. Seria o retorno da *prisca theologia*, em que o cristianismo seria superado pela verdadeira religião original da história, a teologia pura do Egito antigo, como apresentada nos textos do mago mítico Hermes Trismegisto.

Para aqueles assim inclinados, os escritos de Hermes Trismegisto apresentavam uma argumentação impressionante em favor dessas expectativas. E não se tratava de uma interpretação abstrusa. Estava tudo lá no texto – numerologia pitagórica, ideias platônicas, crenças cristãs. Havia só um problema: o que nós sabemos, e Bruno aparentemente não sabia, é que os textos de Hermes Trismegisto não datavam do Egito antigo, como simulavam. Haviam sido compilados na verdade na época romana, quando ideias neoplatônicas e cristãs primitivas estavam muito presentes no panorama metafísico. Não era surpreendente, portanto, que essa mistura hermética de alquimia, misticismo e o que quer que fosse devesse incluir também essas noções.

À luz das crenças secretas de Bruno, é espantoso que suas ideias parecessem, e ainda pareçam, tão científicas. Mas não há como negar que parecem. E essa foi a impressão que deram a seus contemporâneos: inclusive aqueles que se consideravam seus superiores – especialmente entre os clérigos. Mas Bruno era avesso por temperamento a reconhecer superioridade em qualquer coisa, sobretudo em matérias intelectuais. Não seria dissuadido de suas "heresias científicas" por meros aristotélicos e fez pouco esforço para esconder esse fato de seus superiores no Convento Dominicano. Na altura de 1576 eles estavam fartos. Engrenagens foram postas em movimento para julgar Bruno por heresia – acusação que raramente era ineficaz e frequentemente levava à fogueira. Felizmente os procedimentos se desenrolaram num ritmo napolitano, o que permitiu a Bruno desaparecer antes que as coisas ficassem sérias.

Como podemos ver pelo caso de Bruno e Hermes Trismegisto, a química – na forma da alquimia – ainda era capaz de projetar sua sombra sobre a revolução científica. Nessa altura a química encontrava-se na posição curiosa de estar tanto à frente dessa revolução quanto à sua retaguarda. Sua dependência para com o trabalho experimental prático apontava para diante, no entanto as crenças teóricas que a enformavam recuavam ao xamã e ao bruxo curandeiro. Como tal, podia-se dizer que a química representava a humanidade completa, em todos os seus estágios de desenvolvimento. Isso seria uma façanha suprema em qualquer campo – exceto a ciência.

A revolução científica que se seguiu a Copérnico se deu sobretudo no campo da física – com o grande avanço na astronomia levando a uma profusão de descobertas tecnológicas e teóricas em outros campos da física. Essa revolução parecia nada ter a ver com a alquimia. Contudo, a predileção de Paracelso por resultados e seu estudo de causa e efeito na iatroquímica mostraram que a química (ou a alquimia) não estava inteiramente desligada da física. E agora, da maneira mais absurda, Bruno também demonstrava que as duas podiam estar relacionadas. A ciência, mesmo como uma tela para as crenças alquímicas de Hermes Trismegisto, era ciência ainda assim.

Mas o envolvimento entre essas duas ciências no pensamento de Bruno não teria sido puramente contingente? Superficialmente, ter-se-ia essa impressão. Mas é mais difícil sustentar essa visão à luz do que iria se seguir. Como veremos, a alquimia (não apenas a química embrionária, mas a feitiçaria plenamente desenvolvida) iria continuar a desempenhar um papel curiosamente anômalo. Ficaria no segundo plano ao longo de todo o curso da grande revolução científica que começou com Copérnico e terminou com Newton. De fato, o próprio Hermes Trismegisto figura nos escritos desses dois cientistas supremos. Copérnico refere-se a ele no que é quase um hino ao Sol na abertura de seu *De revolutionibus*. Essa passagem merece ampla citação, em particular porque mostra como a ciência é capaz de inspirar emoções poéticas, filosóficas e até religiosas no praticante, quando provavelmente estas não têm lugar na ciência efetiva.

> Mas no centro de tudo reside o Sol. Pois quem, neste belíssimo templo, poderia pôr essa lâmpada em lugar diverso ou melhor do que aquele de onde pode iluminar ao mesmo tempo a totalidade? Que alguns não impropriamente chamam de a luz do universo, a alma do governante. Trismegisto o chama de o Deus visível, a Electra de Sófocles o onisciente. Assim verdadeiramente o Sol, sentado no trono real, guia a família revoluteante das estrelas.

Tal lirismo pode ser perdoado por sua conexão com origens não científicas, contudo a mera menção delas nesses termos gera especulação. (No que Copérnico realmente acreditava?) Newton, por outro lado, era menos circunspecto – por vezes chegando a citar Hermes Trismegisto diretamente em seus cadernos. Neles o Hermes Trismegisto de Newton (e por inferência o próprio Newton) está se referindo à alquimia, não à ciência: "No entanto eu tinha essa arte e ciência pela exclusiva inspiração de Deus, que se dignou revelá-la a seu servo. Que dá àqueles que sabem como usar a razão os meios de conhecer a verdade, mas nunca é causa de que um homem siga o erro e a falsidade." Fé, "arte" metafísica, razão – uma corrente obscura, sempre presente sob as águas serenas da revolução científica. Até hoje permanecemos basicamente moradores de cavernas a habitar cidades modernas, segundo os reducionistas. Se esse é fisiologicamente o caso (com certo exagero reconhecido) – que dizer da mente? Pressupostos e crenças antiquíssimos nem sempre são abandonados no momento em que fica claro que se tornaram redundantes. Nossa mente, nossa linguagem, nossas ideias, até nossa inspiração – tudo isso é incitado pelo passado, o anterior, o aparentemente descartado. Tais coisas parecem desempenhar um papel canhestro no próprio pensamento que as superou. Um exemplo perfeito disso continua sendo o papel da alquimia durante o século que se seguiu.

Nesse meio tempo, o profeta da revolução científica fugiu para Roma, ao norte, tendo escapado às autoridades do Convento Dominicano em Nápoles. (Numa cena facilmente imaginável de horror santimonial, a cópia secreta de Erasmo que Bruno possuía foi encontrada escondida na latrina do convento.)

Roma em 1576 não era lugar para um pensador de ideias independentes, em especial aquele com o volátil temperamento sulista de Bruno. Em seu esforço para combater a Reforma, a Igreja católica romana instigara a Contrarreforma. Os ensinamentos da Igreja em todas as matérias eram considerados sacrossantos e inquestionáveis – incluindo o sistema geocêntrico dos planetas de Aristóteles, e seus quatro elementos. A Inquisição foi reintroduzida na Itália e no norte da Europa para eliminar protestantes e hereges.

Como não é de surpreender, Bruno logo se viu mais uma vez. em apuros. Os detalhes permanecem misteriosos. Ao que parece, ele havia sido denunciado à Inquisição romana como herege e os procedimentos para a excomunhão haviam se iniciado. Mais tarde o corpo do homem que delatara Bruno foi encontrado boiando no Tibre. O que quer que tivesse acontecido, Bruno concluiu que era melhor se ausentar, às pressas e em silêncio. Dessa vez, livrou-se até de seu hábito monástico – com isso praticamente se excomungando a si mesmo.

Bruno iniciou então vários anos de perambulação. Ao que parece, sustentou-se de uma variedade de maneiras, entre as quais dar aulas particulares de um sistema mental que havia aperfeiçoado para aumentar o poder da memória. Em essência esse sistema mnemônico envolvia "pôr" cada lembrança numa grande roda imaginária. Podia-se então girar essa roda para recuperar a memória nela depositada. Mas isso era só o começo. Dentro da primeira grande roda imaginária punham-se mais cinco rodas concêntricas. Estas também eram usadas para se depositar lembranças. Girando essas rodas umas dentro das outras, era possível formar combinações de lembranças de modo a gerar novo conhecimento.

Até aí, tudo bem (ainda que um pouco psicodélico). Mas também neste caso nem tudo era o que parecia. Sob a técnica sistemática bem-sucedida jazia uma estrutura metafísica oculta. As seis rodas de Bruno eram de fato derivadas dos ensinamentos de Raimundo Lúlio, místico espanhol do século XIV e (segundo consta) alquimista de sucesso. Nos escritos de Lúlio, essas seis rodas haviam formado um sistema místico-lógico para a combinação de todo o conhecimento – de modo que, no fim, seu usuário seria capaz de compreender todas as coisas no universo em todas as suas combinações. O sistema se refletia igualmente em práticas que levavam à transmutação do ouro.

Mais uma vez Bruno se situa no ponto crucial. Misticismo e alquimia o levaram a desenvolver um sistema mnemônico prático e bem-sucedido. Um século mais tarde, os detalhes desse sistema seriam estudados por Leibniz, o filósofo racionalista alemão – inspirando-o a construir uma das primeiras máquinas de calcular, que consistia em um sistema de rodas concêntricas. Num eco da crença de Lúlio na aplicação universal de seu sistema, Leibniz teria a convicção de que um dia seria possível construir uma máquina de calcular capaz de resolver todos os problemas matemáticos e lógicos. Seria possível até decidir questões morais: ambos os lados simplesmente introduziriam suas alegações na máquina, e esta expeliria a resposta correta. Da alquimia mística a um sistema de memória para uma máquina de calcular e as primeiras sugestões do computador moderno – cada passo acompanhado (e inspirado) por seus próprios equívocos mais ou menos ocultos. Estes persistem até hoje. A ideia de que o computador pode controlar o mundo é, em suas diferentes facetas, tanto nosso temor quanto nossa inspiração – não é difícil ver nisso um eco da inspiração alquímica de Bruno para seu sistema de memória e das ilusões éticas de Leibniz com relação à sua máquina de calcular.

Mas o sistema de memória de Bruno teria outras ramificações, ainda mais amplas. Além ser aparentado com o sistema alquímico de Lúlio, estava estreitamente ligado a um método similarmente influente desenvolvido pelo próprio Bruno. Esse método, que desempenharia um importante papel em seu pensamento, marca o começo de um desenvolvimento significativo no pensamento europeu.

Bruno viu seu novo método de pensamento sistemático como uma forma de lógica criativa: uma maneira de pensar que podia gerar novo conhecimento. Isso tinha suas origens no *coincidentia oppositorium* de Nicolau de Cusa – o método de conceber as coisas pelo qual opostos finalmente se encontram. Mas Bruno desenvolveu isso, dando um importante passo à frente. "Magia profunda é extrair o contrário após ter descoberto o ponto de união." Os dois opostos se combinam no "ponto de união" e deste é extraído seu oposto, "o contrário".

Pouco mais de dois séculos depois o filósofo alemão Hegel discerniria nesta declaração as sementes de seu próprio magnífico método dialético. Como o método de Bruno, a dialética de Hegel envolvia dois opostos que se uniam para gerar uma outra coisa. No sistema dialético de Hegel, os dois opostos tornam-se a "tese" e a "antítese", e seu "ponto de união" (Bruno) torna-se para Hegel a "síntese". Bruno depois "extrai o contrário" de seu "ponto de união". De maneira semelhante, a síntese de Hegel torna-se ela mesma uma nova tese, que gera então suas próprias antíteses. Estas se combinam então para formar uma nova síntese, e assim por diante. O método dialético de Hegel desenvolveu-se num sistema vasto, abrangente, que explicava Deus, o universo e todas as outras coisas. Mais uma vez, a contribuição de Bruno foi crucial. O que para Nicolau de Cusa havia sido um princípio místico, foi desenvolvido por Bruno como um método dinâmico de pensamento. Hegel iria depois expandir isso num vasto sistema metafísico encadeado (ecos de rodas dentro de rodas de Raimundo Lúlio). Numa elaboração final, a dialética de Hegel seria finalmente desenvolvida por Marx no materialismo dialético, uma tentativa inadequada de tornar científico esse método essencialmente não científico.

Em 1579 Bruno chegou a Genebra, um centro do calvinismo. Ali converteu-se à fe protestante. Mas os protestantes não se mostraram mais tolerantes que os católicos. Em sua guerra ideológica com Roma, também eles havia começado a impor princípios doutrinários rígidos. Buscavam retornar aos dogmas fundamentais do cristianismo – abandonando o que viam como os ouropéis e a corrupção da Igreja católica. Ironicamente, essa abordagem conservadora, de retorno ao básico, significou que, em matérias científicas, sua doutrina era idêntica à dos católicos. O universo geocêntrico e os quatro elementos básicos de Aristóteles continuavam sendo encarados como parte dos fundamentos da filosofia natural. Quando Bruno começou a pregar a revolução copernicana, logo entrou em conflito com um professor calvinista a propósito de Aristóteles. Dessa vez foi preso e trancafiado na cadeia. De novo, as coisas poderiam ter ficado feias, mas Bruno optou sabiamente por abjurar suas ideias. Em consequência, foi apenas excomungado e banido da cidade.

A essa altura, Bruno conseguira ser excomungado por ambos os lados do divisor de águas cristão. Isso deveria ter causado a um homem temente a Deus como Bruno alguma aflição com o destino de sua alma. Mas Bruno estava acima dessas coisas. Logo chegaria o tempo em que esses dois opostos cristãos se uniriam de novo. E desse "ponto de união" surgiria o "contrário", a *prisca theologia* de Hermes Trismegisto, a verdadeira e original religião do antigo Egito. Felizmente, Bruno teve a sensatez de guardar isso para si mesmo. Genericamente, pelo menos. Desse momento em diante, afora sua má fama como propagandista de gente da laia de Nicolau de Cusa e Copérnico, começamos a ouvir rumores ocasionais sobre suas crenças ocultas, acompanhados pela especulação de que era um mago.

As perambulações de Bruno o levaram depois para Toulouse, na época um baluarte católico fanaticamente intolerante. Duas razões podem explicar esse passo temerário: Raimundo Lúlio ensinara ali outrora e, atipicamente, a universidade não fazia nenhuma exigência religiosa a seus lentes. Bruno podia ter um temperamento latino, mas tinha também encanto latino. Após uma entrevista em que demonstrou suas consideráveis habilidades intelectuais e conhecimento, as autoridades lhe deram um cargo de professor de filosofia. Numa demonstração de tato pouco característica, ele evitou filosofia natural. Suas aulas permaneceram estritamente ortodoxas, concentrando-se no *De anima* (*Da alma*) de Aristóteles. Nessa obra, Aristóteles declara que a relação entre a alma e o corpo é uma união antinatural. Compara-a à tortura infligida pelos piratas tirrenos, que amarravam seu cativos a um cadáver, uma metáfora condizente com a filosofia da época, que permanecia atada ao *corpus* moribundo do aristotelismo. No final do século XVI, o renascimento nas artes se completara, o renascimento na ciência estava apenas começando, mas o renascimento na filosofia distava ainda meio século.

Curiosamente, ao mesmo tempo em que Bruno estava lecionando em Toulouse o filósofo português Francisco Sanches ali estava como residente, escrevendo

Quod nihil scitur ("Porque nada pode ser conhecido"). Essa obra-prima quase esquecida de profundo ceticismo filosófico afirma que nunca podemos realmente conhecer a verdade. É possível duvidar de nosso conhecimento sobre qualquer coisa. Exatamente essa ideia deveria ser o ponto de partida de Descartes – o pensador que desencadeou o renascimento da filosofia no século XVII. A identidade dos opostos de Nicolau de Cusa, o sistema pré-dialético de Bruno, a dúvida metódica de Sanches – novos caminhos de pensamento estavam começando a surgir, tentativas de romper o domínio da lógica e da doutrina aristotélica. Bruno e Sanches devem ter se encontrado, mas eles teriam sido opostos tanto em temperamento quanto em pensamento: o cético tranquilo e o propagandista teimoso. Dúvida e ciência – os tempos não estavam maduros. Como veremos, esses opostos iriam finalmente se unir na filosofia de Descartes.

Em 1581 Bruno apareceu em Paris, onde a fama de seu sistema de memória despertou a atenção de Henrique III. Apesar de suas ideias heterodoxas, foi nomeado para a Corte, que continuava liberal a despeito das crescentes tensões do conflito entre católicos e protestantes na França. Dois anos mais tarde viajou para Londres, onde ficou ligado à embaixada francesa. Ali, parece ter atuado como uma espécie de espião de baixo nível (e pode também ter aceito um pagamento extra para atuar como agente duplo para os ingleses). Na segurança da Inglaterra elisabetana protestante, Bruno sentiu-se em condições de expor livremente suas ideias antiaristotélicas. Foi até Oxford, onde quase reduziu uma assembleia de lentes à apoplexia com sua rejeição desdenhosa das noções antiquadas deles. Não tinham nenhuma ideia de que uma revolução científica estava acontecendo? Sentiu-se também em condições de publicar várias obras ocultistas, propondo ideias menos científicas.

Em Bruno, crenças ocultas e ciência genuína podiam ser inteiramente separadas. Mas, tal como em seu sistema de pensamento, esses dois opostos podiam ter um "ponto de união". O exemplo mais notório disso é sua atitude em relação ao sistema planetário copernicano. Aceitava inegavelmente a verdade científica desse sistema, mas ao mesmo tempo acreditava também que ele era um símbolo místico-mágico do cosmo. Como o pensamento científico de Bruno podia coexistir com esse disparate metafísico permanece quase tão misterioso quanto o próprio disparate. Mas o fato é que coexistiu. Quando Bruno falava simples ciência, falava simples bom senso. Em consequência de suas viagens pela Europa, muitos se convenceram da verdade do que ele dizia. Felizmente, a maior parte desses convertidos não tinha conhecimento de suas crenças esotéricas, ou simplesmente optava por encará-las como uma excentricidade pessoal.

Cientificamente, Bruno encontrara sua maneira de escapar do atoleiro aristotélico. Assim no pensamento, assim na vida. Em vez do ascetismo medieval, pregava o humanismo do Renascimento. Devíamos ser abertos para o mundo, não negá-lo. Bruno nunca se casou, mas relatos da época sugerem fortemente que não permaneceu celibatário. Seu detrator Mocenigo afirmou: "Ele me contou que as damas lhe agradavam bastante, mas ainda não alcançara o número de Salomão." É seguro presumir que Bruno não rivalizou com Salomão com suas 700 esposas e 300 concubinas, mas parece ter apreciado vinho e mulheres, se não cânticos. Assim na vida, assim no pensamento. Em vez de um mundo limitado sob o domo dos céus revoluteantes, Bruno pregou o sistema solar e um universo infinito de espaço cheio de sistemas similares. E em vez dos quatro elementos de Aristóteles, pregou o atomismo. Como adquiriu essa ideia é em si mesmo uma breve história.

Como vimos, a teoria segundo a qual a matéria consistia fundamentalmente de átomos indivisíveis tivera origem com Leucipo e fora desenvolvida por Demócrito na Grécia durante o século V a.C. Pouco mais de um século depois, foi adotada pelo filósofo ateniense Epicuro, que nos deu a palavra "epicurista" para designar alguém que acredita no gozo sofisticado da boa comida e bebida. Tal imagem de hedonismo refinado não é um reflexo de todo justo da filosofia de Epicuro. Este ensinou um mundo mecanicista e acreditava na busca comedida da felicidade. Conquistava-se essa felicidade afastando-se da política e seguindo uma vida tranquila – que podia ser encontrada por meio da moderação dos apetites (especialmente aqueles de que os epicuros modernos se orgulham).

O epicurismo continuou popular por sete séculos, alcançando seu ápice durante o glorioso declínio do Império Romano, quando assumiu reconhecidamente muitos de seus aspectos mais hedonísticos. Com o advento do cristianismo em Roma, a austeridade e a contrição tornaram-se a ordem do dia, levando os primeiros cristãos a identificar Epicuro com o Anticristo, a figura de malignidade monstruosa cujo aparecimento prenunciaria o fim do mundo.

A filosofia moral de Epicuro pode ter sido aberta a interpretações amplamente divergentes, mas sua filosofia natural foi clara e científica. Além de aceitar um mundo puramente mecanicista, Epicuro adotou a teoria atômica de Demócrito. O mundo era desprovido de poderes sobrenaturais e consistia fundamentalmente de minúsculas partículas materiais que não podiam ser criadas nem destruídas.

Epicuro não teria ficado surpreso ao saber que sua filosofia sobreviveria a ele por tanto tempo (embora talvez a forma que assumiu não lhe tivesse agradado tanto). Ao longo de toda a sua vida ele promoveu diligentemente suas ideias, e diz-se que escreveu mais de 300 tratados. Assim é o destino: só fragmentos deles sobrevivem. "A ideia de bem é inconcebível se não inclui os prazeres do gosto, do amor, da audição e da visão ... Mas a virtude não passa de uma palavra vazia a menos que signifique prudência na busca do prazer."

Antes de ser reduzida a fragmentos, a obra de Epicuro atraiu a atenção de Lucrécio, poeta romano do século I a.C. Os romanos pouco acrescentaram ao pensamento grego, embora vários de seus autores propagassem ideias gregas. O mais admirável destes foi Lucrécio, cuja combinação de poesia, pensamento científico e filosofia antimetafísica foi mais tarde qualificada como "quase tão rara quanto a pedra filosofal". Essas qualidades excepcionais fizeram com que ele fosse objeto de calúnias obscenas por comentadores cristãos primitivos, para quem a abordagem racional científica era anátema. Assim, somos forçados a nos basear em são Jerônimo para os poucos detalhes biográficos que se prenderam ao nome de Lucrécio. Segundo são Jerônimo, Lucrécio era sujeito a períodos de loucura, ocasionados por uma poção do amor que lhe era dada por sua mulher. Somente durante seus intervalos de lucidez era capaz de escrever poesia, que era "editada" por seu amigo, o grande orador romano Cícero. Aos 44 anos, durante um de seus ataques de loucura, cometeu suicídio. Insanidade, desregramento sexual, a sugestão de que uma outra pessoa escrevia sua obra, suicídio – isso soa um pouco demais. Mas supostamente santos não contam lorotas; e os poetas, mesmo os filosóficos, raramente vivem vidas impecáveis – de modo que talvez até a enorme calúnia de são Jerônimo tenha base num pingo de verdade.

Lucrécio acreditava que o universo evoluíra, física e biologicamente, e que a civilização era similarmente resultado de evolução sociológica. Foi o primeiro a dividir a história em diferentes idades de desenvolvimento humano. Tinha também uma rara descrença na imortalidade. "A morte, essa mais terrificante de todas as doenças, é nada para nós ... pois que quando vem já não existimos." Quando morremos nossa alma simplesmente se esvai "como fumaça". "Num breve tempo as gerações de criaturas vivas são substituídas e, como corredores, passam uma para outra a tocha da vida." A poesia é inconfundivelmente lucreciana, embora em geral seja impossível saber o quanto as ideias são lucrecianas ou puramente epicuristas. Talvez devêssemos considerar simplesmente a mais famosa observação de Lucrécio: "Nada do nada vem."

Todas essas ideias, bem como uma cornucópia de outras, aparecem em sua obra-prima *De rerum natura* (Da natureza das coisas), cujo próprio título é um eco consciente da obra perdida de Epicuro, *Da natureza*. A ideia atômica ocupa o lugar de honra nos dois primeiros livros desse poema de extensão épica. Sua precisão profética fala por si. É dito que existe um número infinito de átomos no universo. Eles são de tipos diferentes, mas há apenas certo número de tipos diferentes. Estes diferem em peso, forma e tamanho. São todos minúsculos, sólidos e indivisíveis. No entanto, consistem de partes inseparáveis, com os átomos maiores tendo mais dessas partes.

Esta última ideia, aparentemente contraditória, foi considerada por muitos uma falha em sua teoria atômica. Se os átomos têm partes, devem ser em última análise divisíveis. O advento da física subatômica no início do século XX não só apontou para uma solução dessa contradição como indicou a miraculosa presciência dessa pré-ciência. O que era de fato essa teoria atômica primitiva? Ela não tinha possibilidade alguma de justificação experimental. A teoria atômica foi o resultado de teoria pura (*theoria*: olhar para, contemplação, especulação). Essa intuição assombrosa só podia ter sido acidental. No entanto, como veremos, quando a ideia atômica ressurgiu no pensamento científico, prenunciou com muita frequência uma grande virada. É como se essa ideia possuísse alguma qualidade talismânica para a ciência.

De rerum natura de Lucrécio alcançou grande renome na era romana, chegando a inspirar gente como Virgílio, que estava se referindo a Lucrécio quando declarou: "Feliz o homem que é capaz de ler a causa das coisas." Durante o colapso do Império Romano, porém, o grande poema de Lucrécio desapareceu – as últimas cópias conhecidas foram presumivelmente incendiadas quando os visigodos saquearam a cidade eterna, tomando de assalto os salões de mármore.

Durante a Idade Média, a existência do poema foi conhecida apenas através de breves referências feitas a ele na obra de outros. Depois, em 1417, um único manuscrito remanescente veio à luz. Meio século depois, *De rerum natura* foi um dos primeiros livros seculares impressos na nova prensa de Gutenberg, e logo se tornou um sucesso de vendas. Durante algum tempo o poema de Lucrécio tornou-se mais procurado até que a *Divina comédia* de Dante. Era lido sobretudo como literatura, embora sua filosofia certamente atraísse a mente humanista. Em contraposição, sua filosofia natural, isto é, a teoria atomística, era vista como um anacronismo – até que Giordano Bruno a leu.

Depois de Nicolau de Cusa, Lucrécio foi a principal influência sobre o pensamento científico de Bruno, embora Lucrécio e Nicolau de Cusa sejam opostos em tudo exceto sua ciência. Lucrécio rejeitava todo pensamento metafísico; o pensamento de Nicolau de Cusa sobre todas as matérias era imbuído de teologia. Ainda assim, Bruno conseguiu seguir as pegadas de ambos! Durante séculos ele seria visto como sendo essencialmente um humanista nos moldes de Lucrécio, com apenas um bafejo romântico de ocultismo. Só mais tarde veio à tona que suas ideias científicas eram construídas num padrão de ocultismo obscuro e metafísico. Mas não se deveria esquecer que foi o elemento lucreciano que ele divulgou. Foi este que caracterizou a face pública tanto do homem quanto de sua ciência – do sistema copernicano ao atomismo. E isso é que seria a ruína de Bruno.

Deixando a Inglaterra antes de ser descoberto (como espião, contraespião, herético e sabe-se mais o quê), Bruno retornou a Paris. Logo, porém, "por causa dos tumultos deixei Paris e fui para a Alemanha". Suas perambulações o levaram dessa vez para tão longe quanto Marburg, Praga e Zurique, tendo ele feito amizade e depois brigado com muitos dos mais excelentes pensadores de seu tempo. Esses sábios acompanhavam as ideias de Bruno com extrema atenção, mas acabavam sendo forçados a rejeitar o homem que as produzia. A Igreja, por outro lado, estava começando a adotar o ponto de vista precisamente oposto.

Em 1591, quando visitava a feira do livro de Frankfurt, Bruno recebeu um convite de Veneza para ensinar seu sistema de memória a um nobre chamado Zuan Mocenigo. Estava com 42 anos e estivera fora da Itália por 12 longos anos. Avaliou que àquela altura era provavelmente seguro para ele retornar.

Viajou para Veneza, fazendo um desvio até a vizinha Pádua, onde ouvira falar que a cátedra de matemática estava vacante. Talvez conseguisse obter um genuíno cargo de professor, em vez de dar cursos e palestras ocasionais e ter de dar aulas particulares a nobres ignorantes. Mas não conseguiu o cargo (que foi assumido no ano seguinte por Galileu).

Em Veneza, Bruno foi instalado na mansão de Mocenigo. Desde o início, os dois não se entenderam. Mocenigo não era excessivamente brilhante. Ficou ressentido e desconfiado quando não foi capaz de compreender o sistema de Bruno, e logo tornou-se invejoso de sua reputação à medida que esta se espalhava por Veneza. Após uma série de altercações cada vez mais acaloradas, Mocenigo delatou Bruno à Inquisição veneziana por sustentar teorias heréticas. Bruno foi preso e jogado na masmorra. (Exatamente 150 anos depois, Casanova se encontraria nessa mesma masmorra sob uma acusação semelhante, embora logo tenha efetuado uma fuga espetacular.) Bruno não viu qualquer necessidade de tentar fugir. Os procedimentos do tribunal eram razoavelmente complacentes e ele se sentiu perfeitamente apto a fazer a própria defesa.

Não restou nenhum retrato de Bruno em qualquer estágio de sua vida, é somente em seu julgamento veneziano que encontramos as primeiras descrições de sua aparência. Condizentemente, elas parecem incompatíveis. O escrevente do tribunal o descreveu como parecendo de meia-idade, de constituição mediana, com uma barba castanha. Enquanto isso Ciotto, um livreiro local convocado como testemunha, descreveu-o como baixo e magro, com uma barba preta. Diz-se que em seu julgamento Bruno falou rapidamente, à maneira do sul da Itália, acompanhando suas palavras com gestos vívidos e rápidas mudanças de expressão. Pareceria provável que falasse sempre assim. Outros, em outros contextos, descreveram sua seriedade e suprema concentração quando dava palestras, por vezes empoleirando-se distraidamente numa das pernas enquanto falava. Tal conduta dá a impressão de um homem profundamente convicto do que estava dizendo. No entanto, como podia estar convencido do que dizia, agora que sabemos no que *realmente* acreditava, é uma outra questão.

No tribunal Bruno se dispôs a admitir que talvez tivesse cometido alguns pequenos erros teológicos. Mas não eram importantes, pois resultavam de suas investigações na filosofia natural. Garantiu insistentemente que não discordava em nada dos ensinamentos da Igreja. E, espantosamente, acreditava nisso.

Aqui podemos finalmente começar a decifrar as aparentes incoerências de Bruno. Era-lhe certamente possível acreditar no que estava dizendo – embora tivesse sido extremamente insensato de sua parte explicar o porquê. Seus "pequenos erros teológicos" referiam-se a seu copernicanismo, suas crenças atomísticas e coisas desse naipe. Estes não podiam ser erros teológicos sérios porque estavam intimamente relacionados, de forma simbólica, com a religião original do Egito antigo, que ele acreditava logo iria transcender o cristianismo. E nesse caso não teria podido ir de encontro aos ensinamentos de Cristo, porque também eles derivavam da "verdadeira teologia" original. Felizmente Bruno silenciou essas crenças sensacionais que calçavam seus pecadilhos científicos, e começou a parecer que a Inquisição veneziana iria tomar uma posição leniente. Então aconteceu o desastre.

As autoridades papais foram informadas do processo e Bruno foi convocado a Roma para enfrentar a famigerada Inquisição romana. Ali seria interrogado por sete dias. De início, Bruno adotou sua maneira anterior. Mas à medida que seus inquisidores foram se tornando mais e mais agressivos e insistentes, foi ficando mais e mais obstinado. Talvez sentisse que estava condenado a despeito do que dissesse, e tenha concluído que tanto fazia se sustentasse suas pequenas heresias científicas (que encobriam uma multidão de outras maiores). Ele parece ter desdenhado a ignorância e o fanatismo de seus inquisidores, que se recusaram a ouvi-lo quando tentou explicar a incompatibilidade da doutrina de Aristóteles com achados mais recentes da ciência natural. Por fim, os inquisidores exasperados exigiram que abjurasse tudo. Nada menos que uma retratação incondicional de todas as suas teorias seria aceitável. Foi a vez de Bruno se exasperar. Reafirmou que nada tinha para abjurar, e que nem sequer sabia o que se esperava que abjurasse. Ao ouvir essas palavras, o papa Clemente VIII ordenou que Bruno fosse entregue às autoridades seculares, que foram instruídas a lidar com ele "tão misericordiosamente quanto possível e sem derramar seu sangue". Infelizmente, essas belas palavras não passavam de um eufemismo hipócrita. Significavam que Bruno deveria ser queimado na fogueira como um herege impenitente.

A 17 de fevereiro de 1600, Bruno foi conduzido ao Campo de' Fiori (Campo de Flores), a boca atada e cheia com uma mordaça para que não pudesse se dirigir à multidão de espectadores. Foi amarrado ao poste no meio da pira de lenha, à qual atearam fogo, e foi assado vivo.

O que Bruno teria podido dizer que lhes infundia tanto medo? Quando tinham lido para ele sua sentença de morte, voltara-se desafiadoramente para o tribunal, declarando: "Talvez vosso medo de emitir um julgamento sobre mim seja maior que o meu de recebê-lo." No auge de sua agonia na pira em chamas, quando lhe ofereceram uma cruz para beijar, desviou a cabeça abruptamente. Parece que permaneceu fiel a suas crenças "egípcias" mais profundas. Mas se, da pira, tivesse falado dessas crenças, nenhum dos presentes o teria compreendido, muito menos acreditado nele. Não; ao que parece, o que as autoridades mais temiam era que repetisse suas heresias na filosofia natural. Tinham medo de ciência.

"O Sol não se move", Leonardo da Vinci escrevera em código, na margem de seu caderno, cerca de meio século antes. Nicolau de Cusa soubera disso e Copérnico dera finalmente fundamento matemático a essa verdade.

Mas a religião, em busca de seu próprio endosso intelectual, assimilara a filosofia. Os métodos usados para validar as verdades da filosofia natural eram agora usados para provar a teologia. Tomás de Aquino, no século XIII, produzira nada menos que cinco provas da existência de Deus. Algumas são quase-científicas. Por exemplo, o argumento a partir da Causa Primeira: Deus como o começo supremo da cadeia de causa e efeito. Mas a teologia assimilara mais do que o método da filosofia – assimilara também seu conteúdo. Junto com a lógica seguiram a ética, a cosmologia, a filosofia natural. Não foi culpa de Aristóteles que sua filosofia se transformasse na sagrada escritura. E ainda que o cristianismo tivesse aceitado os átomos de Demócrito, em vez dos quatro elementos de Aristóteles, o resultado final teria sido o mesmo. A ciência, como a ética, foi gravada em pedra.

Ora, pode-se afirmar que, no que diz respeito à moral, a humanidade progrediu pouco, ou nada, desde a Idade do Bronze. O herói homérico e o *Exterminador* de Arnold Schwarzenegger enfrentam problemas morais semelhantes. Mas suas armas, assim como os cuidados médicos que podem esperar, são dois mundos diferentes. A condição humana científica, em contraste com a condição humana moral, não é inerentemente estática e sustentar isso só leva ao absurdo. Mesmo que tivesse assimilado os átomos indivisíveis de Demócrito, a Igreja teria acabado se vendo na situação de ter de negar que Hiroshima ocorrera.

A ciência do período de Bruno, contudo, estava numa trapalhada tão grande quanto a religião. Nenhuma das duas entendia ao certo o que estava realmente acontecendo. O papa declarava que os planetas giravam em torno da Terra. Bruno via o sistema solar copernicano como um símbolo metafísico. A mente humana precisaria de tempo para se desvencilhar desses equívocos. O que era necessário era um novo modo de ver o mundo.

6. Os elementos da ciência

No sentido mais literal, um modo inteiramente novo de ver o mundo foi descoberto em 1608. A invenção do telescópio é usualmente atribuída a Hans Lippershey, fabricante de lentes holandês que as vendia como óculos. No final do século XVI, essa se tornara uma indústria em rápida expansão. A difusão da imprensa por toda a Europa havia levado a um aumento generalizado da leitura e ao aumento consequente da demanda de óculos. O *boom* na fabricação de lentes, por sua vez, incitou a descoberta tanto do microscópio quanto do telescópio. Nos primeiros anos do século XVII as mentes estavam se expandindo com o conhecimento e, num resultado oblíquo disso, o próprio mundo se expandia, tanto na escala micro quanto na macro. Por toda a Europa, muitos tipos de mudanças aparentemente não relacionadas entre si estavam começando a afetar nossa visão do mundo à nossa volta. Com essas mudanças surgiriam novas perguntas. (Muitas vezes, eram de fato velhas perguntas, formuladas pelos gregos antigos. O que é esse mundo que habitamos? Como essas novas maravilhas se conformam com os elementos que já conhecemos?)

O próprio Lippershey não foi realmente o descobridor do efeito telescópico; isso foi obra de um aprendiz anônimo. Segundo a história, esse jovem, preguiçoso e um tanto entediado benfeitor da humanidade estava um dia brincando com as lentes que deveria estar polindo. Notou que quando punha duas lentes diante dos olhos, e ajustava a distância entre elas, conseguia formar uma imagem ampliada de uma torre de igreja para além dos campos. Lippershey compreendeu imediatamente a importância dessa feliz percepção casual, montou as duas lentes num tubo e chamou esse invento de *perspicillium* (significando "instrumento para se olhar através"). O primeiro *perspicillium* foi depois vendido para o governo holandês como apetrecho militar. Com ocorre com tantos segredos militares, então como agora, o boato se espalhou rapidamente por toda parte, chegando a quem quer que tivesse interesse nessa informação. Em menos de um ano tinha chegado aos ouvidos de Galileu em Pádua.

O primeiro a promulgar os elementos da nova ciência seria Galileu. Era um homem ambicioso, sempre de olho na grande chance. Tinha sido professor de matemática em Pádua por mais de 15 anos. Embora tivesse apenas 28 anos na ocasião de sua nomeação, Galileu tivera sucesso – onde Bruno falhara antes – em grande parte através da persistência e da autopromoção, e também estimulando seus protetores bem situados a falar em seu favor. Em 1592 Bruno, aos 44 anos, era uma figura de estatura internacional, mas havia simplesmente feito indagações sobre o cargo, sendo mais conhecido no norte da Europa e não tendo outros protetores na Itália além do traiçoeiro e parvo Mocenigo.

Por volta do final do século XVI, Pádua era considerada em geral a melhor universidade da Europa, atraindo estudantes de tão longe quanto a Polônia e a Inglaterra. (Foi um desses estudantes que passou informações sobre a Itália da época para Shakespeare.) Assim que ouviu falar do novo *perspicillium*, Galileu compreendeu dois pontos decisivos acerca dessa invenção: primeiro, ninguém percebera ainda o pleno potencial científico da ideia; e, segundo, o *perspicillium* tinha grande potencial comercial.

Os primeiros *perspicillia* eram capazes apenas de uma ampliação tripla. Em meses Galileu havia aperfeiçoado um instrumento capaz de uma ampliação de dez vezes. Ofereceu então seu novo instrumento como um presente para a cidade de Veneza, que na época governava Pádua. Explicou orgulhosamente que qualquer frota que tentasse invadir Veneza poderia agora ser vista no momento em que despontasse no horizonte, o que daria às autoridades encarregadas da defesa da cidade horas extras vitais para se preparar para o ataque.

Mas esse não foi nenhum gesto altruístico de generosidade da parte de Galileu. As autoridades agradecidas imediatamente dobraram seu salário, bastante minguado, e o nomearam professor vitalício. Além disso, Galileu descobrira que *perspicillia* baratos já estavam sendo manufaturados em outro lugar na Itália, o que limitava severamente suas chances de conseguir grandes lucros no mercado. Quando esses *perspicillia* baratos chegaram a Veneza, Galileu desdenhou-os como meros brinquedos – e para distingui-los daquele que apresentava como de sua própria invenção batizou este de "telescópio". O nome vem das palavras gregas "na distância" e "ver" – embora, como a própria ideia, também isso tenha sido furtado de outrem por Galileu.

Galileu Galilei era um extrovertido esfuziante, de barba ruiva, cujo caráter pouco convencional e encantos óbvios escondiam uma natureza bastante mais complexa. Estava frequentemente sem dinheiro, em razão de extravagâncias, dívidas de família e uma mãe exigente que insistia em ser sustentada em sua Florença natal. Quando finalmente se dignou a visitar Pádua, a *mama* ficou horrorizada ao constatar que seu professor de matemática favorito estava vivendo ilegalmente com uma veneziana chamada Marina, que era quase 15 anos mais jovem que ele e já lhe dera dois filhos. Galileu fugiu para a vizinha Veneza para se hospedar no palácio de seu aristocrático camarada Sagredo, enquanto as duas mulheres de sua vida trocaram guinchos até que uma começou a arrancar os cabelos da outra. Galileu era um companheiro espirituoso e erudito para seus amigos nobres, mas em casa preferia evitar os xingamentos e as provocações de chocante domesticidade. Refugiava-se em seu gabinete durante horas, por vezes dias, a mente imersa em ciência.

Galileu foi talvez o primeiro a compreender que a nova ciência estava realmente próxima. (Essa compreensão seria aplicada quase exclusivamente à física: ao modo como as coisas operavam. Somente depois poderia se propagar para a química: o estudo da matéria e dos elementos.) Reveladoramente, a compreensão de Galileu estava fundada numa habilidade prática excepcional. Suas intuições do que podia ser feito, e de como fazê-lo, faziam dele um inventor magnífico. Suas invenções foram do primeiro termômetro a um instrumento para a medição do pulso, de uma bomba d'água operada por cavalo a um setor para o cálculo da trajetória de balas de canhão. Lamentavelmente, em razão de inépcia financeira e da falta de leis de patentes, ou simplesmente porque suas invenções estavam à frente de seu tempo, os brilhantes aparelhos de Galileu nunca tiveram de fato o enorme sucesso financeiro imaginado por seu inventor. Essas façanhas práticas lhe deram, contudo, uma profunda percepção teórica da operação da física.

Cerca de 1.500 anos antes, alguns pensadores gregos isolados, em particular Arquimedes, haviam produzido vários fatos mecânicos e teoremas independentes – mas não havia nenhuma concepção global da mecânica como tal. Foi preciso Galileu, que descobriu a noção central de "força", para mostrar que havia ali todo um ramo unificado de conhecimento teórico e prático a ser investigado. Mas por que a ideia de força foi tão importante? Parafraseando um experimento de um manual do século XVII, imagine um homem refreando um cavalo. A energia necessária para isso não podia ser medida. Agora, amarre a rédea do cavalo num pedra suficientemente pesada. A energia humana imensurável pode agora ser lida como uma força, mensurável em termos do peso da pedra requerida para refrear o cavalo. Todo movimento (ou impedimento de movimento) era resultado de uma força em ação, e podia ser medido. Aqui estava um modo inteiramente novo de medir o mundo, ganhar novas luzes sobre o modo como ele operava e adaptar essas luzes para o benefício humano.

Galileu tornou-se o explorador pioneiro desse novo campo de conhecimento, que chamou de *meccaniche* (ou mecânica, do grego antigo para "um aparelho ou máquina"). Mas mesmo aqui velhos hábitos custam a morrer: tipicamente, Galileu "aperfeiçoou" a noção de *momentum* de Arquimedes proclamando-a sua. Ao mesmo tempo, porém, suas obras indicam que compreendeu nada menos que três leis do movimento, que Newton só iria formular mais de 70 anos mais tarde. Em parte por causa de sua abordagem da ciência, e em parte por causa do modo como a ciência se via na época, Galileu não produziu nenhuma definição real de força; nem sintetizou sua compreensão do movimento na forma de leis.

Essas omissões, no entanto, parecem triviais quando comparadas com seu desenvolvimento máximo, que expressou da mais clara maneira possível. Este é a chave de sua realização, e contudo é tão espetacularmente simples que hoje nos parece óbvia. Galileu combinou a matemática e a física. Até então esses dois campos do conhecimento haviam sido tratados como amplamente separados.

Essa separação já era acentuada no século IV a.C., quando a Academia de Platão punha sua ênfase na realidade abstrata e na matemática "pura", enquanto o Liceu de Aristóteles se concentrava na realidade material, que era analisada por meio de seleção, comparação e classificação. Poderia parecer que Copérnico antecipou a aplicação da matemática à física feita por Galileu, mas não foi assim. Copérnico havia encarado os movimentos do céu como um problema puramente matemático. Noções mecânicas como peso, *momentum* e força não entraram em seus cálculos.

Somente quando Galileu combinou a matemática e a física foi possível conceber a noção de força mensurável. E com isso a ciência moderna nasceu. A aplicação da análise matemática aos problemas da física deu origem à ciência experimental no sentido moderno. Pela primeira vez, eventos práticos puderam ser avaliados, divididos em suas partes componentes e medidos, tudo em termos matemáticos exatos. Eventos similares podiam assim ser comparados – e quando se correspondiam, leis podiam ser formuladas. Galileu chamou esses testes de *cimento*, italiano para "provação". Um experimento era um teste, para ver como (ou se) certo procedimento funcionava. A palavra inglesa *experiment* deriva similarmente de uma palavra do francês antigo que significava "pôr à prova".

Tudo isso representou uma revolução absoluta. Representou de fato? Isso não era exatamente o que os alquimistas tinham feito durante séculos? Realmente tinham – e aliás nem todos os experimentos alquímicos eram desprovidos de matemática. A maioria das receitas para experimentos alquímicos incluía pelo menos uma indicação das "medidas" dos ingredientes necessários, juntamente com uma descrição detalhada dos procedimentos a serem seguidos. Até aí, a alquimia era inegavelmente uma ciência experimental. A bifurcação dos caminhos surgia com os resultados desses experimentos. Na maioria dos casos, um único resultado era buscado – ouro. Tendo fracassado em conseguir isso, o experimentador raramente sentia necessidade de registrar o que conseguira. E outros, que o faziam, tendiam a se arrogar resultados espúrios, fantasiosos ou metafísicos. Nenhuma ciência podia ser construída sobre esses fundamentos fantásticos.

Afirmou-se, porém, que Galileu sequer foi o primeiro a conduzir experimentos de estilo moderno, com matemática e física combinadas. Vários contemporâneos, alguns anos antes de Galileu, teriam começado a usar métodos experimentais similares. Esta afirmação tem alguma base. Como vimos, toda a disposição mental do mundo medieval estava desmoronando. As velhas certezas atribuídas a autoridade (isto é, Aristóteles) estavam sendo vistas como cada vez mais incertas, o que estimulava todo tipo de novas ideias para substituí-las. A aplicação da matemática à realidade foi apenas uma dessas novas ideias. Essas noções estavam "no ar", e muitos estavam pensando em linhas similares. A ciência moderna estava nascendo por toda a Europa, a criação de vários indivíduos que pensavam, independentemente, de maneira científica.

É comum dizer-se que esse pensamento estava "à frente de seu tempo". Isso não faz justiça ao que, precisamente, estava acontecendo no início do século XVII na Europa. Esses pensadores e experimentadores científicos individuais, muitas vezes trabalhando isolados uns dos outros, estavam não tanto à frente de seu tempo quanto criando um tempo inteiramente novo. Por toda a Europa, da Polônia ao sul da Itália, uma nova disposição mental estava se plasmando. Uma indicação disso é que várias descobertas importantes foram feitas, quase simultaneamente, por diferentes indivíduos que não teriam podido ter conhecimento do trabalho uns dos outros, muito menos recorrido ao plágio. Ali estava realmente um novo desenvolvimento. A ciência não avançou meramente em decorrência de grandes descobertas de grandes homens. Tão importante quanto esses gênios individuais foi o advento de um novo modo de pensar – que podia levar vários pensadores à mesma descoberta ao mesmo tempo. (Ao passo que, sem um novo modo de pensar, não teria sido possível fazer nenhum avanço definido: como os quatro elementos já haviam sido descobertos, não havia necessidade de mais exploração nesse campo.) Sem esse novo pensamento, qualquer indagação sobre coisas tais como os elementos estava moribunda. Com ele, as mentes científicas logo estavam fazendo toda sorte de descobertas simultâneas.

Um exemplo bastará. Galileu concluiu seu setor geométrico para o cálculo da trajetória de projéteis (balas de canhão) em 1579. Apenas um ano depois, um instrumento extraordinariamente semelhante foi produzido em Londres pelo matemático elisabetano Thomas Hood, embora isso não o tenha livrado da penúria. Nesse meio tempo o matemático holandês Dirk Borcouts, que se correspondia com Descartes, estava também trabalhando em seu próprio setor de bronze para o cálculo de projéteis. (Ele ainda pode ser visto no museu local.)

Por que então Galileu é tão importante? Foi como se uma chusma dessas diferentes tendências se reunisse em sua mente – que se revelou superior em qualidade e em alcance. A aplicação que Galileu fez da análise matemática a seus experimentos, sua originalidade conceitual (por exemplo, a noção de força), sua habilidade técnica consumada, para não falar de seus golpes de gênio – foi isso que o distinguiu de seus contemporâneos. Galileu não foi sempre o primeiro a chegar a uma ideia (mesmo quando pensava genuinamente que fora), mas a sua mente em geral o fazia da maneira mais exímia. E isso se revelava nos resultados. Nada o ilustra melhor que o uso que Galileu fez do telescópio.

O tosco *perspicillium* original produzia uma imagem de cabeça para baixo, bem como dotada de uma ampliação de menos de três. Quando Galileu terminou seu trabalho, havia aperfeiçoado um telescópio que produzia uma imagem sem inversão e capaz de uma ampliação de mais de 30. E enquanto outros viam o telescópio como um instrumento militar, Galileu compreendeu o pleno potencial de sua "invenção aperfeiçoada". Ergueu-a para o céu noturno, e imediatamente todo um novo universo se revelou. (Mais uma vez, Galileu não foi o primeiro a fazer isso. O inglês Thomas Herriot já estava usando um telescópio para mapear a superfície da Lua. Esse pioneiro elisabetano geralmente esquecido foi um homem de muitos talentos. Cruzou o Atlântico e empreendeu um dos primeiros estudos antropológicos jamais feitos, uma investigação sobre "os habitantes naturais" da Virgínia. Com Sir Walter Raleigh e o dramaturgo Christopher Marlowe, esteve envolvido na Conspiração da Pólvora. Suas atividades intelectuais foram igualmente amplas: depois de mapear a Lua, estabeleceu-se como um dos mais notáveis astrônomos da Europa; iria inventar uma notação simplificada que transformou a álgebra; e tornou-se um entusiasta da prática de "beber" fumaça de tabaco como uma panaceia. Herriot foi típico dos "gênios amadores" que naquela altura eram vomitados pelo abalo sísmico que ocorria na mente europeia.)

Onde quer que a liberdade de pensamento prevalecesse – em especial na Holanda e na Inglaterra – o avanço e a excelência intelectuais logo se tornavam evidentes em campos que haviam sido relativamente negligenciados durante o Renascimento. Os feitos da filosofia, literatura, matemática e física começavam agora a superar os da pintura, escultura e arquitetura. Depois da estética, a ciência: a forma estava sendo agora preenchida com conteúdo.

Quando apontou seu telescópio para a Lua, Galileu ficou surpreso ao ver que sua superfície tinha inconfundíveis montanhas e vales. Fazendo um uso engenhoso das sombras projetadas pelas montanhas, foi capaz até de calcular a altura delas. Depois virou o telescópio para o grupo de sete estrelas conhecido como Plêiades. (Elas foram nomeadas pelos gregos antigos segundo as sete filhas do deus Atlas, que se mataram de pesar após a morte de suas irmãs, que formavam a constelação vizinha, as Híades.) Quando olhou através de seu telescópio, Galileu descobriu que as sete Plêiades visíveis a olho nu tornavam-se agora mais de 40 estrelas.

Mas foi só quando começou a estudar Vênus que Galileu fez sua descoberta capital. Logo se tornou claro para ele que Vênus tinha fases similares às exibidas pela Lua. Em certas ocasiões era um crescente, em outras uma semiesfera, depois ficava cheia. Como no caso da Lua, a luz de Vênus era obviamente refletida do Sol – e aquelas fases mostravam que aquele corpo girava em torno do Sol. Ali estava um indício incontestável, fundado na observação, de que Copérnico tivera razão acerca do sistema solar.

Como o filósofo da ciência do século XX Paul Feyerabend assinalou, as observações telescópicas de Galileu foram ainda mais ousadas do que ele próprio percebeu. "Elas não só aumentaram o conhecimento; mudaram sua estrutura." Combinados, Nicolau de Cusa e Giordano Bruno haviam sugerido que o universo era infinito, que as estrelas eram outros sistemas solares e que havia outras terras – mas tudo fora mera especulação. Até as mentes mais avançadas tendiam a acreditar que – mesmo que Copérnico estivesse certo – os corpos celestes eram diferentes da Terra, tal como Aristóteles sustentara. Galileu forneceu prova de que não era assim. A Lua era similar à Terra, Vênus era similar à Lua, e havia incontáveis estrelas que permaneciam invisíveis a olho nu. Todos esses eram imensos corpos sólidos que se moviam através da vastidão do espaço. Quando Galileu apontou seu telescópio para o céu noturno, toda a estrutura do universo se transformou perante seus olhos. As coisas nunca mais poderiam ser as mesmas.

Galileu foi o primeiro filósofo da ciência verdadeiramente original desde Aristóteles. Seguindo Pitágoras, acreditava que o mundo podia ser descrito em termos de matemática, e que a matemática encerrava a chave da investigação do mundo. Considerava, porém, que apenas certos aspectos do mundo podiam ser descritos em termos matemáticos. Chamou-os de "qualidades primárias – forma e tamanho, número, posição e movimento". Todas essas qualidades eram objetivas e eram propriedades de corpos. Por exemplo, era possível medir o tamanho, a forma, a velocidade etc. de uma bala de canhão. Mas havia qualidades secundárias – como paladar, cheiro, cor e som. Estas não eram mensuráveis, porque não pertenciam aos próprios corpos. Essas qualidades só existiam na mente da pessoa que observava o corpo, eram um mero efeito do corpo.

Essa distinção foi crucial. A ciência poderia avançar com o que era mensurável. Outras qualidades, claramente não mensuráveis, seriam desprezadas como meros fenômenos subjetivos. Em retrospecto, podemos ver que as qualidades primárias pertencem à física. As qualidades secundárias pertencem mais à química. Para se definir, para elucidar sua visão, a ciência tinha de se limitar. Para estabelecer os elementos da ciência moderna, o que podia ser pensado claramente tinha de ser separado do que não podia. Galileu restringiu a ciência à pergunta: "O que acontece?" Ignorou a pergunta concomitante da ciência: "O que é isso?" A física pode operar sem esta última pergunta, mas ela é uma percepção central da química. No entanto, nesse estágio a visão da química tornara-se irremediavelmente embaçada. É possível afirmar que seu único uso relevante era a manufatura de remédios. Qualquer avanço significativo era frustrado pela teoria dos quatro elementos e as confusões da alquimia. Antes que a química pudesse avançar, os homens tinham de entender, através da física, o que era a ciência.

A ciência avançava agora para um mundo sem cor, sem cheiro, sem gosto, sem som – um universo realmente árido. Para que qualquer ramo do conhecimento se torne uma ciência, parece que essa redução drástica é invariavelmente necessária. Na era contemporânea, quando a economia aspira a se tornar uma ciência, ela foi forçada a reduzir as riquezas da natureza humana ao *Homo economicus*. Essa espécie limitada é definida puramente pelo que consome, o que produz e sua constante cobiça por mais. Parece que somente reduzindo o ser humano a um mero trato digestivo a economia pode ter a esperança de alcançar sua salvação como ciência.

Tais reduções do mundo a um esquema de coisas podem ter consequências sérias para nossa visão da condição humana. (Não passaríamos nós em última análise de consumidores? Meras estatísticas em diagrama de fluxo da existência humana?) A redução científica que começou com Galileu iria se provar altamente ofensiva à psique humana e continua até hoje pelo menos em parte inaceitável.

Comparado com o mundo árido e sem cor da nova ciência, o velho mundo medieval era excepcionalmente rico. Para começar, tinha um significado global. O mundo existia para ser contemplado, seu significado mais profundo refletido. Havia um programa espiritual e ético oculto. O universo podia ser lido como uma obra de literatura: o livro de Deus. Metáfora e simbolismo permeavam todos os seus funcionamentos. Mas a nova ciência não era crítica literária. Aqui o mundo não tinha nenhum propósito pedagógico, não punha almas à prova nem ilustrava crenças metafísicas. Não tinha nenhuma bagagem cultural aparente. O novo mundo científico era raso e filisteu. Buscava verdades simples, em vez de "a verdade". Aqui estava um universo despojado de seu significado supremo.

Também isso foi em parte um renascimento do antigo pensamento cosmológico grego. A própria palavra "cosmo" deriva da palavra grega que significa simplesmente "ordem". A filosofia natural, como praticada pelos gregos antigos, entre os quais Aristóteles, buscava ordem no universo, não significado. Ironicamente, foi exatamente essa ausência de conteúdo teológico que iria torná-la aceitável para o cristianismo.

Em consequência, na época de Galileu o mundo já fora plenamente explicado e interpretado – pela combinação de uma filosofia natural quase-aristotélica e teologia cristã. A Bíblia era a chave do mundo científico. Ali era simplesmente declarado que as estrelas haviam sido criadas por Deus para fornecer iluminação para a humanidade. Portanto não era possível que houvesse estrelas invisíveis ao olho humano, como Galileu afirmou após olhar por seu telescópio. Tais estrelas seriam supérfluas, sem sentido, absurdas, epítetos que dificilmente podiam ser aplicados às obras de Deus. E quanto à heresia copernicana, que Bruno pregara... Galileu foi chamado a Roma para se explicar.

A altercação se prolongou por vários anos. Nem todos na Igreja eram inteiramente avessos à nova ciência; muito sentiam que seria preciso chegar a uma conciliação mais cedo ou mais tarde. Galileu sugeriu a saída do impasse. A Bíblia não deveria ser encarada como literalmente verdadeira. Era, na realidade, apenas um documento histórico antigo, destinado à orientação moral. Seus autores jamais haviam pretendido que fosse uma obra de fato científico. Mas a discussão em Roma não estava sendo conduzida inteiramente em terrenos científicos, ou mesmo em terrenos religiosos. Uma batalha política estava sendo disputada por facções rivais. O poder e também a alma da Igreja estavam em jogo.

Em 1632 Galileu, com seus 68 anos, foi novamente convocado a Roma. Dessa vez viu-se diante da Inquisição – perfeitamente ciente de que Bruno enfrentara esse mesmo corpo apenas 32 anos antes, e sob a mesma acusação. A exuberância e a fanfarronice de Galileu sempre haviam sido alimentadas por profundas incertezas internas: ele não era feito do estofo dos mártires. Quando interrogado acerca da heresia copernicana, logo começou a titubear. Finalmente capitulou, antes que houvesse qualquer apelo à tortura. (Na peça *Galileu Galilei*, de Bertolt Brecht, Galileu é levado até a porta de uma masmorra por seu inquisidor, que aponta os instrumentos de tortura lá dentro. Embora sem base em fatos, essa cena é metaforicamente precisa.) De joelhos, Galileu foi obrigado a proferir que "abjurava, amaldiçoava e detestava" sua nova ciência. Copérnico estava errado, a Terra era o centro do universo. Contudo, dizem que, no momento mesmo em que se levantava, Galileu teria murmurado baixinho "*Eppur si muove!*" ("E, no entanto, se move.") O idoso e adoentado Galileu pode ter escapado da fogueira, mas foi condenado à prisão perpétua – que na prática se converteu em prisão domiciliar em sua casa nos arredores de Florença.

As ondas de choque se propagaram rapidamente pela Europa. Na Holanda, o filósofo francês René Descartes estava dando os toques finais a seu *Tratado do mundo*, em que havia chegado de maneira independente a muitas das mesmas conclusões que Galileu. A abordagem de Descartes era diferente do experimentalismo de Galileu. Para o filósofo francês, a ferramenta primordial na busca do conhecimento era a razão. Para alcançar uma clara visão científica do mundo, requeria-se nada menos que um método de pensamento inteiramente novo.

Desde muito jovem, Descartes decidira dedicar sua vida à busca da verdade. Para isso sentiu necessidade de uma existência solitária, não perturbada pelo alarido da vida cotidiana – para não falar dos eventos históricos tumultuosos que estavam se desdobrando então na Europa. O colapso do Sacro Império Romano em Estados protestantes e católicos havia fragmentado a Alemanha, deixando um vácuo de poder no coração do continente. Rivalidades comerciais, dinásticas e religiosas explodiram na Guerra dos Trinta Anos (1618-48), que logo envolveu países da Suécia e Rússia à França e Espanha. Esse cataclismo iria acabar devastando grandes áreas da Europa central desde o Báltico até a Baviera. A Alemanha foi reduzida a cidades enegrecidas pela fumaça e campos não semeados infestados por corvos, sua população remanescente vagando a esmo pelas estradas à mercê dos bandos de salteadores.

A reação de Descartes a tudo isso mostra-se um tanto surpreendente. Em busca da vida tranquila, a mais excelente mente racional da Europa resolveu que sua melhor opção era entrar para o exército. Em 1618, exatamente o ano em que o continente foi mergulhado na guerra, Descartes se alistou no exército do príncipe de Orange na Holanda. Mas Descartes não tinha apenas uma magnífica mente racional, era também muito astuto. Alistou-se no exército somente quando soube que ele não entraria em guerra; e como um cavalheiro e oficial voluntariamente alistado, sabia que seria deixado em paz na maior parte do tempo. Nada ilustra melhor o quanto logrou seu intento que o fato de ter mantido o hábito estrito, que cultivou a vida inteira, de nunca se levantar antes do meio-dia. Suas manhãs eram devotadas a ficar na cama pensando.

Em 1620 Descartes se viu anexado ao exército de Maximiliano, duque da Baviera. Este estava acampado em seu acampamento de inverno na zona rural coberta de neve da Baviera. (Como a caça, tudo tinha sua estação: no século XVII nenhum exército digno desse nome sequer pensava em lutar depois que o tempo ficava ruim.) Nas palavras do próprio Descartes: "O inverno chegou e me vi num local onde não havia nenhuma sociedade de qualquer interesse. Na época eu estava livre de quaisquer cuidados ou paixões, de modo que desenvolvi o hábito de passar meu tempo sozinho com meus pensamentos, sentado num fogão." A última observação não deve ser tomada literalmente: Descartes provavelmente se referia ao quartinho numa casa bávara que contém um grande fogão forrado de azulejos.

Nessas circunstâncias confortáveis, Descartes passou então a empreender um exercício mental que iria revolucionar a filosofia ocidental. Começou a submeter toda a sua existência ao escrutínio da razão. Como sei alguma coisa sobre o mundo à minha volta? Pelo uso de meus sentidos. Mas posso ser enganado por meus sentidos. Uma vara reta parece curva quando é mergulhada na água. Como sei se estou sequer desperto, que toda a realidade não é um sonho? Como posso saber que ela não é uma trama de ilusão tecida por um demônio malicioso e velhaco simplesmente para me enganar? Por um processo de questionamento persistente e abrangente é possível pôr em dúvida toda a urdidura de minha existência e do mundo à minha volta. Nada permanece certo. No meio de tudo isso, porém, há uma coisa que permanece certa. Por mais que eu possa ser enganado em meus pensamentos sobre mim mesmo e o mundo, ainda assim sei que estou pensando. Somente isso prova minha existência para mim mesmo. No mais famoso comentário da filosofia, Descartes conclui: "*Cogito ergo sum*" ("Penso, logo existo.")

Tendo estabelecido essa única certeza suprema, Descartes passou a reconstruir sobre esse fundamento tudo de que duvidara. O mundo, as verdades da matemática, o inverno bávaro confinado pela neve, a natureza de sua existência – todas essas coisas retornaram, testadas pela dúvida, mas mais indubitáveis que nunca, agora que eram edificadas sobre esse fundamento indubitável.

Como resultado de suas profundas meditações em meio ao inverno bávaro, Descartes concebeu a ideia de uma ciência universal. Esta seria um método de pensamento capaz de abranger todo o conhecimento humano. Esse método cognitivo não apenas incluiria todo o conhecimento, mas o uniria. Tal sistema seria baseado unicamente na certeza. Livre de todas as ideias preconcebidas e pressupostos injustificados, começaria de princípios básicos, que seriam evidentes por si mesmos, e os desenvolveria.

Descartes foi um matemático original e esplêndido. (As coordenadas cartesianas, para plotar objetos num espaço tridimensional, foram concepção sua e receberam seu nome.) Assim, talvez não surpreenda que sua abrangente visão científica tenha forte semelhança com a matemática. Descartes buscou rigidez, racionalidade e certeza para a ciência. Compare-o a Galileu, que pôs sua ênfase no experimento, a que aplicou a matemática. Até a divisão teórica que Galileu estabeleceu entre qualidades primárias e secundárias foi induzida por considerações experimentais: o que podia ser medido, e o que resistia a esse método experimental? Enquanto Galileu buscou um método de experimentação, Descartes buscou um método de pensamento. O que era possível – em contraposição ao que era certo. Ambos estavam atacando o mesmo problema (verdade científica), mas a partir de ângulos opostos (prática/teoria).

Mas o que era precisamente o novo método de pensamento de Descartes? Ele o resume em seu tratado *Regras para a direção do espírito*. Só se pode descobrir a ciência universal pensando de determinada maneira. Esta consiste em duas regras básicas de operação mental: intuição e dedução. Ele define a primeira como "a concepção, desprovida de dúvida, de uma mente desanuviada e atenta, que é formada unicamente pela luz da razão". A dedução foi definida como "inferência necessária de outros fatos que são conhecidos como certos". O célebre método de Descartes – que veio a ser conhecido como método cartesiano – reside na aplicação correta dessas duas regras de pensamento.

Ali estava um método lógico para o progresso científico. Ele justificava a posição teórica do conhecimento científico, que se fundava em "fatos conhecidos como certos", isto é, fatos que derivam da observação e do experimento.

Descartes passou então a se debruçar sobre estes últimos, aplicando seu método ao mundo. O livro que resultou disso foi chamado *Tratado do mundo* (*Le monde*). Neste, e em obras subsequentes, Descartes enfrenta uma ampla variedade de problemas científicos. Em lugar da confusa ideia aristotélica de movimento como uma espécie de "potencialidade" que existia num corpo, Descartes formulou três leis claras estabelecendo a inércia, o *momentum* e a direção. Investigou também problemas práticos, como a refração da luz quando ela passa do ar para a água, derivando um princípio que depois aplicou à questão da formação dos arco-íris. (Pelo uso cintilante apenas da razão, Descartes chegou à mesma resposta a que Dietrich von Freiburg, com seus modestos experimentos, chegara três séculos antes.)

Descartes chegou à conclusão de que o mundo operava de maneira mecânica. Os objetos colidiam uns com os outros e ricocheteavam; o corpo humano e os corpos celestes funcionavam como um mecanismo de relógio; uma vez postos em movimento, as engrenagens de causa e efeito iam avançando aos poucos irreversivelmente. Como Galileu, Descartes perguntou como as coisas funcionam, não o que elas são. Descartes evitou esta segunda pergunta encarando a matéria como, em última análise, "consistindo meramente de seu comprimento, largura e profundidade". Isto é obviamente a matéria vista sob a clara visão da física, não das receitas confusas da química. Curiosamente, contudo, Descartes parece ter acreditado em certa altura nos quatro elementos de Aristóteles: "A mescla primária desses quatro compostos resulta numa mistura que pode ser chamada de o quinto elemento." Esse quinto elemento era a própria matéria. Descartes estava convencido de que qualquer consideração dos quatro elementos de Aristóteles logo se tornaria irrelevante: as propriedades físicas e o comportamento da matéria eram o que importava num universo mecânico. Galileu concebeu a noção de força, e criou a mecânica. Descartes tentou explicar o mundo inteiro em termos de uma "filosofia mecânica". Por um caminho ou pelo outro, era inevitável que ambos logo chegassem à conclusão de que Copérnico estivera certo.

Ao saber do destino de Galileu nas mãos da Inquisição romana, Descartes juntou imediatamente as páginas soltas de seu *Tratado do mundo* e trancou-as numa gaveta. Como Galileu, estava convencido de que a Terra e os planetas orbitavam o Sol. Era só uma questão de tempo até que a Igreja chegasse à mesma conclusão. (O papa João Paulo II iria fazer um pedido de desculpas póstumo a Galileu em 1997.)

Galileu procurou formular pautas experimentais; Descartes procurou desenvolver uma filosofia matemático-mecânica. Enquanto isso, um homem já estava produzindo uma ciência de pensamento e prática que combinava, e até superava, essas tentativas. E essa combinação é que iria apontar o caminho à frente. O pioneiro responsável por isso foi o inglês Francis Bacon. Homem de talentos excepcionais mas desequilibrados, Bacon viveu quando o brilhantismo da Inglaterra elisabetana estava ingressando nas esferas mais soturnas da era jacobiana. Isso lhe forneceu um palco adequadamente glorioso mas cheio de perigos em que encenar seu destino caprichoso. (Os talentos de Bacon eram tais que alguns acreditaram que fora ele, e não o relativamente pouco instruído Shakespeare, que produzira o corpo de peças que este assinou. Essa teoria convenceu através dos séculos pensadores da estatura de Freud e Disraeli.)

Francis Bacon nasceu em 1561, quando seu pai, Sir Nicholas Bacon, era *lord keeper of the great seal*, um cargo oficial equivalente ao de ministro atual. Sir Nicholas era um homem competente e íntegro que ascendera a partir de condições modestas em meio à nova meritocracia elisabetana. Seu exemplo foi sempre profundamente admirado pelo filho Francis, embora este parecesse decidido a seguir as pegadas do pai sem seguir seu exemplo meritório. A mãe de Francis era uma mulher determinada e intrometida, de princípios puritanos, constantemente preocupada com a saúde moral do filho (e com razão). As contradições de Francis Bacon, de início não aparentes, estiveram sempre presentes. Aluno brilhante, ele abandonou Cambridge aos 15 anos, declarando seu desagrado com o aristotelismo "infrutífero" que ali prevalecia. Há um retrato do jovem Bacon datado desse período, de autoria do excelente miniaturista Nicholas Hilliard, o primeiro grande pintor inglês. Essa miniatura mostra um rapaz de cabeleira revolta com uma altivez ligeiramente insegura, usando uma gola de tufos engomados. Hilliard, ele próprio um homem de espírito e alguma arrogância, parece ter simpatizado com seu talentoso jovem modelo. Em torno do retrato oval, escreveu em latim o moto: "Pudera eu pintar sua mente."

Bacon entrou na cena política elisabetana cheio das aspirações que suas qualidades promissoras autorizavam. Essas aspirações, porém, sofreram um golpe quando seu pai morreu sem deixar-lhe herança, deixando-o com pouco dinheiro. Bacon, que já tinha um temperamento extravagante, passaria o resto de sua vida atormentado pela falta de dinheiro suficiente, com consequências desastrosas. A aspiração logo se cristalizou em ambição.

A era elisabetana foi a primeira hora de grandeza na história da Inglaterra. País essencialmente provinciano, na periferia da Europa, o papel anterior da Inglaterra nos negócios internacionais havia sido em grande parte o de importunar os franceses. O pai de Elizabeth, Henrique VIII, cortara acintosamente os laços com a Roma católica, declarando-se chefe de uma Igreja Protestante da Inglaterra quando o papa se recusou a lhe permitir um divórcio (da primeira de suas seis mulheres). Um quarto de século depois a jovem Elizabeth ascendeu ao trono. Inteligente, fluente em cinco línguas, de uma beleza glacial, mas ainda assim "talhada para conquistar os corações das pessoas", Elizabeth introduziu uma era de autoconfiança nacional. O Renascimento já chegara à Inglaterra, mas sob Elizabeth ele floresceu – de uma maneira peculiarmente inglesa, que mesclou elementos de humanismo e medievalismo (condensados no *Macbeth* de Shakespeare, com seu Macbeth maquiavélico e suas feiticeiras medievais). O país floresceu como nunca antes cultural, social e economicamente. A grande armada de Elizabeth, com marinheiros como Raleigh e Drake, começou a esculpir um império além-mar; dramaturgos do calibre de Christopher Marlowe e Ben Jonson só eram eclipsados pelo próprio Shakespeare; e no coração de tudo isso estava a esplêndida corte da Rainha Virgem, que se demonstrou tão astuta na manipulação de seus conselheiros políticos quanto caprichosa na de seus favoritos (com frequência os mesmos homens).

Na altura em que Francis Bacon se tornou um jogador de peso na cena política, a Inglaterra havia sobrevivido ao ataque de uma armada que representava o poderio da Espanha católica; mas agora o país estava atormentado por resmungos de descontentamento. A impressionante cabeça ruiva que ascendera ao trono 30 anos antes tornara-se uma solteirona fútil, velhusca, de cabelo pintado, o rosto branco como giz, com pó compacto, seus vestidos extravagantes enfeitados de pérolas. A corte de Elizabeth estava crivada de intrigas e seus jovens favoritos eram cada vez menos confiáveis.

Havia pouco espaço para honra e dignidade num mundo como esse, e Bacon logo aprendeu a prescindir de ambas. Leu *O príncipe* de Maquiavel e sentiu-se fatalmente atraído pelo oportunismo inescrupuloso mascarado de filosofia política do italiano. Após ofender Elizabeth inadvertidamente, Bacon se insinuou junto ao conde de Essex, seu favorito no momento. Felizmente, não estava envolvido na trama quando o desapontado, irascível Essex comandou uma insurreição contra Elizabeth. Genuinamente chocado com a traição de Essex, Bacon não viu nenhum conflito de interesses quando redigiu a declaração judicial que levou à decapitação de seu amigo de outros tempos.

Em 1603 Bacon negociou com sucesso a transferência do poder de Elizabeth para Jaime I, façanha que exigiu igual medida de sangue-frio e falta de escrúpulos. Com uma obsequiosidade que revirava até os estômagos de seus contemporâneos servis e ambiciosos, Bacon passou a tentar conquistar com lisonjas a simpatia de Sir George Villiers (mais tarde duque de Buckingham), o novo favorito da rainha. Como o próprio Bacon declarou friamente: "Por meio de indignidades os homens chegam a dignidades." Logo estava galgando os degraus mais altos das nomeações políticas, com um alto cargo em vista. Em 1618 havia chegado mesmo a superar o pai, tornando-se *lord chancellor*, o presidente da Câmara dos Pares, o mais alto cargo oficial do país. Agora tinha dinheiro para satisfazer suas fantasias extravagantes – o que no entanto o levava indefectivelmente a gastar demais. Sua casa de campo em St. Albans, 32 quilômetros ao norte de Londres, tornou-se proverbial. Segundo seu amigo, o biógrafo da época John Aubrey: "Quando o lord estava em sua casa em Gorhambury, em St. Albans, tinha-se a impressão de que a corte estava lá, tão nobremente ele vivia. Seus criados usavam librés com seu brasão (um javali)... Nenhum de seus criados ousava aparecer diante dele sem botas de couro espanhol."

"O mundo foi feito para o homem", como o próprio Bacon observou, "não o homem para o mundo". O bajulador floresceu, tão extravagante ao dar quanto era em tomar. Contudo, sob todo o servilismo, e consequente ostentação, existia um indivíduo mais dissimulado. Como seu médico William Harvey comentou: "Ele tinha um olho avelã vívido e delicado... era como o olho de uma víbora." Sua mãe, previsivelmente, tinha outras coisas a dizer – repreendendo-o por não frequentar a igreja. Mas ela estava ciente também de desmandos mais graves em Gorhambury. Censurou-o violentamente por causa de certo "sujeito profano e dispendioso" que Bacon mantinha "como companheiro de coche e companheiro de cama". A seus olhos puritanos, Gorhambury estava cheia de "sedutores rapaces e instrumentos de Satã". Não há dúvida de que Bacon era homossexual. O casamento que contraiu aos 45 anos com Alice, a filha de rosto comprido de um rico edil, teve propósitos transparentemente mercenários. O casamento nunca se consumou, e Alice foi impelida a uma vida de constante infidelidade. (Mais tarde Bacon a eliminaria de seu testamento, deixando Gorhambury para seu intendente-mor. Não importa: dez dias depois da morte de Bacon, Alice havia se casado com o intendente, tendo acabado por deixá-lo "surdo e cego com Vênus em demasia", segundo o fantasioso Aubrey.) Em vão a mãe de Bacon lhe suplicou que renunciasse a seu "mais abominável e amado pecado". Nos tempos elisabetanos, a homossexualidade era considerada contrária tanto à natureza quanto à educação: um crime hediondo que podia levar a algo mais cortante que o opróbrio público. No entanto a homossexualidade de Bacon nunca foi usada por nenhum de seus inimigos, e ele os fizera em quantidade em seu caminho sinuoso para o topo. Pode-se apenas supor que o mexerico da história era um segredo bem guardado em seu próprio tempo, por mais improvável que isso possa parecer.

Muitos consideraram difícil entender como semelhante homem podia ter-se tornado um grande ornamento de uma era grandiosa – o que ele sem dúvida foi. A vida e a interioridade do homem parecem ter coexistido sem que uma mudasse a outra. Certamente se chocavam uma com a outra (por vezes de maneira catastrófica), mas o homem essencial e a mente essencial permaneceram de certo modo separados. Isso, bem como a natureza da época, torna difícil emitir um juízo sobre o comportamento de Bacon, mesmo em suas manifestações mais indecorosas. Ninguém no país tinha um feixe de talentos similar e, numa época diferente, ele teria podido se tornar *lord chancellor* por mérito. Tal como eram as coisas, é difícil ver de que outro modo teria conseguido ascender a posto tão eminente. E tendo finalmente "ascendido a dignidades", implementou vastas reformas que tiveram o efeito de acelerar o sistema legal obsoleto e corrupto, além de ter encontrado tempo para se dedicar a seus escritos. Como veremos, foi durante esse período num cargo de autoridade que produziu grande parte da filosofia pela qual ainda é lembrado. Ali estava o homem do Renascimento exercendo a plenitude de seus poderes. Contudo, sendo um homem do Renascimento inglês, ele preferiu conservar alguns costumes medievais esquisitos – como aceitar subornos daqueles cujo caso estava julgando. Como *lord chancellor* Bacon era o juiz supremo no país. O cargo significava também que era seu servidor civil mais graduado. Quando o rei viajava para o norte em visita à sua Escócia natal, Bacon era deixado como regente. Durante esse tempo, era na prática o rei da Inglaterra.

Como tombaram os poderosos.* Em 1621 Bacon foi acusado de aceitar subornos. Sua defesa foi característica de sua dignidade pessoal não corrompida, bem como de sua desonestidade e falta de princípios. Confessou espontaneamente que aceitara subornos – chegando a admitir que por vezes aceitara subornos dos dois lados num caso. Insistiu, contudo, que nunca permitira que nada disso afetasse seu julgamento legal, que sempre permanecera distante dessas considerações mercenárias. As autoridades e o rei não se deixaram impressionar. Bacon foi despojado do cargo e jogado na Torre de Londres. Ao mesmo tempo, foi proibido de ocupar

* Palavras tomadas da versão inglesa da Bíblia Hebraica: "How are the mighty fallen in the midst of the battle!... How are the mighty fallen, and the weapons of war perished!" *2 Samuel* 1:25, 27. (N.T.)

qualquer outro cargo público e multado em 40.000 libras (uma soma colossal, suficiente para a compra de quatro propriedades rurais de bom tamanho). Dois dias depois, porém, o rei mandou que fosse libertado da torre e suspendeu sua multa. Isso sugere que reconhecia as excelentes qualidades de Bacon e sua contribuição para seu cargo, compreendendo que ele fora de fato derrubado por seus inimigos.

Em desgraça, Bacon se recolheu à sua propriedade de Gorhambury, onde devotou seus talentos a atividades intelectuais. Tinha agora 60 anos, e lhe restavam cinco. As obras que produziu durante esse período indicam que todos os seus esforços na política, e mesmo seu sucesso final, haviam sido pouco mais que um desvio de seus talentos supremos – a fraqueza (e desperdício) de um dos intelectos supremos de sua era.

Mesmo antes de sua queda, Bacon produzira ensaios, poesia, filosofia e história do mais alto calibre. De fato, sua mais importante obra de filosofia científica, o *Novum organum*, foi escrita enquanto era *lord chancellor*. O título se refere diretamente ao *Organon* de Aristóteles, a obra em que este descrevera como se chegava ao conhecimento pela dedução lógica. O objetivo de Bacon foi nada menos que estabelecer um método inteiramente novo de acesso ao conhecimento. Ele superaria o método aristotélico, que fora considerado bom por dois milênios, e estabeleceria pela primeira vez um fundamento seguro para o avanço do conhecimento científico.

Até então a ciência se caracterizara por duas abordagens. "Aqueles que trataram de ciência foram ou homens de experimento ou homens de dogma. Os homens de experimento são como a formiga; apenas colhem e usam; os raciocinadores assemelham-se a aranhas, que fazem teias com sua própria substância. Mas a abelha adota o meio-termo; colhe seu material das flores do jardim e do campo, mas o transforma e digere por um poder que lhe é próprio." Elaborar: o primeiro método era seguido pelos "empiristas", que simplesmente construíam um corpo embaralhado de fatos não relacionados. (Para Bacon, a alquimia recaía nessa categoria.) O segundo, a abordagem aristotélica, era mais sistemático, mas igualmente equivocado. Os aristotélicos fiavam-se na lógica dedutiva, em que uma conclusão se segue necessariamente de certas premissas. Por exemplo, dadas as duas afirmações:

Todos os planetas orbitam o Sol.
A Terra é um planeta.

Por lógica dedutiva, seguia-se necessariamente que:

A Terra orbita o Sol.

Aqui o raciocínio se move de afirmações gerais para particulares. Bacon estava convencido de que o conhecimento científico só podia se mover na direção oposta – de casos particulares para princípios gerais. Casos particulares são testados em experimentos e, a partir deles, uma teoria geral pode ser formada. Por exemplo: quando observados num vácuo, objetos de diferentes pesos sempre caem precisamente na mesma velocidade. Disso deduzimos que todos os objetos num vácuo caem na mesma velocidade. Previamente Aristóteles sustentara que objetos pesados caem mais depressa que objetos leves – uma conjectura plausível que foi aceita por mais de dois mil anos. Isso só foi refutado depois que Galileu conduziu seu célebre experimento de deixar cair objetos de peso diferente da Torre de Pisa. (A prova completa da conjectura de Galileu, porém, só foi obtida depois que foi possível conduzir esse tipo de experimento num vácuo.)

Bacon sustentou que a ciência podia desenvolver um corpo de conhecimento apenas por lógica indutiva. Caracterizou esse método como a inferência de princípios gerais a partir da observação de muitos casos particulares. Por exemplo, após observar que o Sol nasce a cada manhã, induzimos o princípio de que nascerá a cada manhã. Mesmo aqui, porém, era necessário avançar com cautela. Aristóteles havia assinalado falácias na lógica dedutiva. Bacon mostrou que a lógica indutiva podia ser igualmente vítima de "noções falsas" e "ideias preconcebidas". Esses "ídolos da mente", como os chamou, se apresentam em quatro categorias distintas.

"Os Ídolos da Tribo têm seu fundamento na própria natureza humana... o entendimento humano é como um espelho falso, que, recebendo raios irregularmente, distorce e descolore a natureza das coisas ao misturar sua própria natureza com ela." Por exemplo, há uma propensão universal à supersimplificação. Presumimos nas coisas maior ordem do que de fato existe. Da mesma maneira, ocorrências espetaculares ou sensacionais, que podem de fato não ser representativas, tendem a influenciar nosso julgamento mais do que as rotineiras. (Ao contrário do que reza o mito popular, as cobras venenosas são em sua maior parte criaturas retraídas.)

"Os Ídolos da Caverna são os ídolos do indivíduo." São as ideias preconcebidas e as peculiaridades intelectuais que resultam de nossa criação, instrução e experiência particulares. Por exemplo, ao avaliar coisas, uma pessoa pode se concentrar em semelhanças, outra em diferenças; uma em detalhes, outras no todo. Cada um de nós "tem uma caverna ou antro próprio, que refrata e descolore a luz da natureza."

Os Ídolos do Mercado resultam de nossa interação com os outros, em que "a escolha má e inadequada dos termos obstrui assombrosamente a compreensão". Esses são os erros devidos ao nosso uso da linguagem. Tais erros não resultam necessariamente do uso impróprio da linguagem, podem mesmo resultar da própria linguagem. "As palavras simplesmente forçam e revogam a compreensão e jogam tudo em confusão, e conduzem homens a inúmeras controvérsias vazias e ilusões vãs." Essa compreensão do modo como a própria linguagem pode nos desencaminhar estava três séculos à frente de seu tempo. Só com Wittgenstein esse problema foi plenamente contemplado pela filosofia. (Um único exemplo da época será suficiente. Exatamente no mesmo ano em que Bacon estava redigindo estas palavras, Descartes estava sentado em seu fogão duvidando de toda a trama do mundo e de sua existência nele. A única coisa que encontrou de que não podia duvidar foi "Penso, logo existo". De fato, a única coisa de que não podia duvidar era o próprio processo de pensamento – a anexação do "eu" a esse processo lhe foi imposta pela sintaxe da língua em que estava escrevendo.)

Bacon chamou sua quarta falsa noção de "Ídolos do Teatro". Esses consistiam dos "vários dogmas das filosofias". Ele declarou: "Todos os sistemas aceitos não passam de peças teatrais que representam mundos de sua própria criação." Incluiu entre esses ídolos "muitos princípios e axiomas da ciência que por tradição, credulidade e negligência tornaram-se consagrados". O ataque aos axiomas incontestes da ciência aristotélica é evidente. O conhecimento "consagrado" é antitético à ciência, que avança através da descoberta. Esse era um achado importante para qualquer nova filosofia da ciência, e não foi por coincidência que ocorreu numa época em que outros ramos do conhecimento estavam se expandindo como nunca antes. A essa altura, a combinação do Renascimento com a difusão das máquinas impressoras havia gerado uma nova população urbana instruída (em Londres, o público que apreciava o espírito e as referências de Shakespeare). Ao mesmo tempo os horizontes físicos também estavam se expandindo, tendo a Europa se lançado numa era de descoberta geográfica sem precedentes. (Em 1522 a expedição de Magalhães completou a primeira circunavegação do globo. Quase cem anos depois, na época em que Bacon estava escrevendo o *Novum organum*, 80% das costas navegáveis das

Américas, África e Índia haviam sido mapeados por exploradores europeus, a Austrália fora avistada e a única massa de terra considerável ainda por ser descoberta era a Antártida.) Para as fronteiras do conhecimento científico, essa expansão miraculosa ainda pertencia ao futuro – mas Bacon estava construindo os instrumentos de navegação. Aqui estava a filosofia a que cada um dos cientistas em toda a Europa, à sua própria maneira prática fragmentada, estava procurando chegar às apalpadelas. O conhecimento científico era cumulativo; era por natureza progressivo, não conservador.

Bacon compreendeu bem, entretanto, que a razão dedutiva só podia funcionar se propriamente aplicada. De nada valia fazer generalizações prematuras a partir de um pequeno número de casos. Cada generalização tinha de estar bem fundada em observação relevante. Somente depois podia ser aceita, permitindo à ciência avançar por "ascensão gradual" para generalizações de natureza cada vez mais geral. A indução, contudo, sempre se fundava na "força maior do caso negativo". Um caso particular falso sempre refutava qualquer generalização. Na ciência, o particular era mais forte do que o geral. Isso foi decisivo.

O método indutivo de Bacon era ótimo – na prática, porém, o experimentador muitas vezes primeiro formula uma teoria e só depois a testa pelo experimento. O palpite, a intuição, o pressentimento súbito: na realidade, esse é frequentemente o ponto de partida. Por muitos anos, comentadores se perguntaram como Bacon pôde deixar escapar esse simples detalhe. Só recentemente ficou claro que, apesar de toda a sua insistência, Bacon não foi ele próprio um grande experimentalista. Realizou experimentos, mas hoje se sabe que muitos dos que descreveu eram "derivados" de outras fontes – embora seus floreios literários consumados (e intuições extremamente perspicazes) muitas vezes disfarçassem esse fato. A compreensão que Bacon tinha do "experimentalismo", contudo, era sem paralelo. Considere-se, por exemplo, suas observações sobre a alquimia. Ele reconhecia que a investigação da matéria (ou o que teria chamado de química) era uma atividade fundamentalmente prática, e que, em seu tempo, as únicas pessoas que realmente sabiam alguma coisa sobre esse campo eram os alquimistas. Portanto, para que a alquimia fosse algum dia exercida de maneira racional, e transformada numa ciência, isso teria de ter por base as técnicas e as descobertas dos alquimistas. Não poderia se fundar em algum esquema racional de princípios imposto e em leis importadas de alguma outra esfera. Aqui estava o caminho para o avanço da química.

Apesar de sua profunda compreensão do experimentalismo, Bacon permaneceu surpreendentemente alheio aos avanços experimentais que estavam sendo feitos à sua volta. Havia agora vários experimentadores de primeira ordem trabalhando na Inglaterra. Entre eles estava o médico e físico William Gilbert. Após a demonstração de Galileu na Torre de Pisa, Gilbert mostrou novamente como o experimento podia destronar a autoridade. Segundo uma sabedoria amplamente aceita, o alho tinha o poder de destruir o magnetismo. Gilbert demonstrou a falácia disso simplesmente esfregando um ímã com dentes de alho esmagados e mostrando que ele ainda continuava capaz de atrair pregos. Demonstrações desse tipo eram constantemente necessárias para que a teoria progressista do conhecimento superasse a conservadora. É quase impossível para nós conceber a profundidade da mudança envolvida aqui. Um paradigma, uma disposição mental, uma episteme – chame-a como quiser – teve de ser virado pelo avesso. Anteriormente a ciência fora vista muito como um jogo, como a paciência, em que cada jogada era feita segundo um conjunto de regras. Mas agora as regras não se aplicavam mais. Imagine quão difícil seria aceitar um jogo em que as regras fossem inventadas à medida que você avançasse.

Os gregos antigos haviam descoberto que âmbar esfregado com velocino era capaz de atrair objetos e materiais leves. Gilbert foi o primeiro a investigar essa propriedade de maneira científica, descobrindo que o cristal de rocha e certas pedras semipreciosas também a possuíam. Gilbert chamou essa força de "eletrônica", a partir da palavra grega *elektron*, que significa âmbar. Essa é a origem da palavra eletricidade. Gilbert notou também que as agulhas de bússola, além de girar em torno de seu eixo horizontalmente, mergulham verticalmente, o que levou a sugerir que a própria Terra era um imenso ímã esférico, com as agulhas das bússolas apontando para o pólo magnético do planeta.

Por muito anos Gilbert morou sozinho em sua casa de Londres, que usava como laboratório. Meio século após sua morte, essa casa pegou fogo no Grande Incêndio de Londres, e muitas das anotações dele desapareceram. Felizmente, sobreviveram indícios suficientes para dar uma ideia da estatura pouco celebrada de Gilbert. Dois séculos antes de Faraday, ele teve um vislumbre do grande papel oculto que as forças eletromagnéticas desempenhavam no mundo. Embora Copérnico tivesse demonstrado convincentemente que os planetas orbitavam o Sol, e Kepler tivesse mostrado matematicamente que essas órbitas eram elipses, ninguém sabia realmente como os planetas eram mantidos nessas órbitas. Foi Gilbert quem sugeriu que algum tipo de força magnética podia ser responsável por isso. Em retrospecto, podemos ver que a espetacular ideia da gravidade de Newton, apresentada meio século mais tarde, foi de certo modo uma extensão dessa simples sugestão não verificada, lançada por Gilbert. Seu nome haveria de ser imortalizado na unidade da força magnetomotriz, que por muitos anos foi conhecida como gilbert – embora hoje esse nome tenha sido substituído por ampère.

Surpreendentemente, Bacon criticou e ignorou o trabalho experimental de Gilbert em igual medida. Há, contudo, algumas razões compreensíveis para isso. Parece que, em suas teorias, Gilbert foi muito além dos resultados de seus experimentos, desenvolvendo um construto científico-metafísico a partir de seus *electrics*.* Talvez Bacon tenha acreditado que a própria "eletricidade" era quase metafísica – um mero fenômeno marginal, de pouca relevância para a ciência. Pode-se argumentar que estava certo ao se opor a essa forma de ciência, ainda que estivesse de certo modo equivocado com relação a seus conteúdos. A ciência precisava repelir as influências metafísicas de Aristóteles, e na verdade toda metafísica, antes de poder avançar. Somente então poderia chegar a uma explicação abrangente do mundo – como a gravidade – que se assemelhasse à metafísica em sua universalidade.

A outra falha de Bacon é simplesmente assombrosa. Sir William Harvey, que descobriu a circulação do sangue, foi por algum tempo médico pessoal dele. No entanto Bacon simplesmente não ficou sabendo da descoberta de Harvey – que foi o dobre de finados por Galeno e a medicina medieval. Já se afirmou que Harvey não publicou seu *Exercitatio anatomica de motu cordis et sanguinis* ("Sobre os movimentos do coração e do sangue") até 1628, dois anos após a morte de Bacon. No entanto, estivera trabalhando sobre esse assunto por muitos anos, tendo até começado a dar palestras públicas a respeito uns 12 anos antes de publicar o livro. Fica-se pensando sobre que diabos essas duas notáveis figuras científicas conversavam quando se encontravam para uma consulta. Harvey fez suas descobertas por meio, precisamente, das técnicas de observação e experimento que Bacon preconizara. Galeno havia ensinado que o sangue flui para trás e para a frente. Quando Harvey amarrou uma artéria, viu-a ficar bojuda de sangue no lado que levava ao coração. Quando

* Designação arcaica, em inglês, de substâncias não condutoras de eletricidade, como o âmbar ou o vidro. (N.T.)

amarrou uma veia, ela ficou bojuda do lado oposto ao do coração. Concluiu que o sangue passava para o coração através das veias, era bombeado através do coração (e não filtrado através de minúsculos buracos invisíveis em suas paredes, como Galeno sustentara) e emanava do coração por meio das artérias.

Mas a omissão não esteve toda do lado de Bacon. Harvey prezava Bacon por seu espírito e estilo, mas, desconcertantemente, concluiu: "Ele escreve filosofia como um *lord chancellor*". Em outras palavras, suas teorias científicas (ou filosofia natural) não passavam de disparate pomposo. Mas Harvey era um esquisitão. Anos mais tarde, durante a Guerra Civil, ele presenciou a batalha de Edgehill como médico de Carlos I. Conta-se que, enquanto a batalha campeava à sua volta, passou o tempo lendo um livro tranquilamente, à espera de algum chamado real.

Bacon, por outro lado, era muito mais impetuoso. Parece que, quando de fato empreendia seus experimentos, era um tanto desajeitado. E foi isso que ocasionou sua morte. Em março de 1626, quando viajava pela neve em sua carruagem, teve uma ideia para um experimento. Podia a refrigeração deter a putrefação da carne? Saltou do carro, comprou uma galinha de uma mulher na porta de sua cabana e começou a recheá-la de neve. Em consequência, pegou um resfriado que rapidamente se transformou numa pneumonia. Dentro de duas semanas estava morto.

* * *

Enquanto Copérnico iniciou a revolução científica, Bacon desencadeou a revolução mental que haveria de acompanhá-la. Seu estilo e largueza de mente iriam se provar uma inspiração para as gerações vindouras, que promoveram as principais realizações dessa revolução. "Se um homem começar com certezas, terminará em dúvidas; mas caso se contente em começar com dúvidas, terminará em certezas." "São maus descobridores os que pensam que não há terra ali onde não conseguem ver senão mar." "O silêncio é a virtude dos tolos." No entanto, a despeito de todo o brilhantismo de Bacon, foi seu exemplo que se revelou mais influente. Enquanto era *lord chancellor*, ele foi feito par do reino e adotou o título de lord Verulam. Se aquela nova ciência, com seus experimentos prosaicos, era boa o bastante para um lord, era boa o bastante para qualquer cavalheiro. A ciência tornou-se aceitável, até chique, entre as classes inglesas instruídas. (Sim, houve tempo em que o esnobismo realmente encorajou a ciência!)

Bacon tinha certeza de que um dia a ciência proporcionaria imensos benefícios à humanidade. Os primeiros estágios da revolução científica, durante o século XVII, produziram várias invenções importantes – como o telescópio, o microscópio e a máquina de calcular, para citar só algumas. Em sua maioria, porém, esses inventos ajudaram apenas a ciência; ocasionaram grandes realizações no campo do conhecimento, mas não no mundo em geral. A ciência teve pouco efeito naqueles primeiros anos. A ideia de Bacon de que a ciência iria melhorar o mundo estava muito à frente de seu tempo. (Quase dois séculos se passariam antes que a máquina a vapor ajudasse a ocasionar a Revolução Industrial.) E como seu xará do século XIII, Roger Bacon, Francis Bacon também tinha uma ideia prodigiosamente precisa do que seriam esses benefícios. Em *A nova Atlântida*, que só foi publicado postumamente, Bacon delineia em algum detalhe sua visão prototípica de uma utopia científica. A própria palavra *utopia* só entrara na língua meio século antes, quando sir Thomas More publicara *Utopia*, título derivado da palavra grega para "nenhum lugar". A Utopia de More era um paraíso social, legal e político. Bacon foi o primeiro a conceber o papel que a invenção científica iria desempenhar nesse admirável mundo novo.

Em *A nova Atlântida*, o narrador descreve como seu barco é arrancado de seu curso e acaba por naufragar numa costa desconhecida. Ali ele descobre a Nova Atlântida, onde a ciência produziu benefícios espetaculares para os habitantes. Há máquinas que podem viajar debaixo d'água, outras que podem voar. Foram descobertos remédios que podem curar doenças e prolongar a vida. Há iluminação artificial; e as pessoas podem falar umas com as outras a longas distâncias por meio de som transportado através de tubos. Condições meteorológicas artificiais podem ser produzidas; desastres naturais como terremotos e inundações podem ser previstos; animais são cruzados para formar novas espécies, que são usadas para o teste de novos medicamentos e substâncias químicas; e haviam sido erguidos edifícios que alcançavam grande altura na atmosfera.

O mais intrigante, contudo, é o elemento da visão em que ele se equivocou. A saber, a sociedade científica. Ali, em meio aos benefícios da ciência, as pessoas viviam em harmonia. Ninguém roubava do vizinho, ou usava de violência contra ele. O sexo só tinha lugar no casamento, e a sociedade era "livre de toda poluição ou infâmia" (infelizmente Bacon estava falando aqui no sentido moral, não no ecológico).

De fato, não havia crime de nenhuma espécie, e absolutamente nenhuma promiscuidade.

Uma história provável. O teor das observações morais de Bacon pode de fato ter decorrido de suas lamentáveis prescrições para as mulheres, proféticas apenas de alguma república fundamentalista islâmica. Em eventos públicos, e mesmo em celebrações familiares, esperava-se que uma mulher permanecesse oculta sob uma tela, "onde ela fica, mas não é vista". Podemos apenas supor que a homossexualidade de Bacon e suas dificuldades com a mãe tiveram alguma coisa a ver com isso. Atitudes semelhantes, contudo, não estivaram limitadas a homens com mães dominadoras e um fraco por criados com "botas de couro espanhol". Como a historiadora da ciência Margaret Wertheim deixou claro recentemente, essa tendência funesta e desnecessária iria se tornar mais e mais disseminada nos círculos científicos.

É difícil entender como alguém com uma compreensão tão profunda dos vícios humanos (a partir de dentro, tanto quanto de fora) pode ter acreditado em toda essa tolice utópica. Mas talvez ela fosse apenas uma ideia – a direção moralmente benéfica em que a ciência nos estava conduzindo. Afinal, essa foi a primeira visão abrangente do futuro científico. E não seria a última a exibir esse otimismo ingênuo. Somente na última parte do século XX abandonamos os últimos resquícios de nossa fé na ciência como uma força moral para o bem. E até hoje, quando a sociedade depende mais que nunca da ciência, temos dificuldade em aceitar que a ciência é ela própria moralmente neutra. É somente a ação humana que a investe de poder para o bem ou para o mal – utilizando-a para criar um tratamento para a AIDS ou para clonar Saddam Husseins.

Em sua noção central, no entanto, *A nova Atlântida* mergulha em total fantasia. Essa sociedade é mantida em funcionamento por uma ordem quase monástica de cientistas altruístas e completamente inverossímeis, que são tratados com reverência e respeito pelo comum dos mortais que se beneficia de seu gênio. Esses cientistas vivem e trabalham em paz e harmonia na Casa de Salomão, onde são auxiliados por assistentes de laboratório extraordinariamente prestimosos, enquanto todos se empenham em descobrir novos benefícios científicos para transmitir à sociedade. Ironicamente, foi esse cerne melífluo do ideal utópico impossível de Bacon que teve o efeito mais profundo. A Casa de Salomão seria a inspiração dos fundadores da Royal Society, que se tornaria durante o século seguinte, sob a presidência de Newton, a principal instituição científica da Europa.

7. Uma ciência renascida

A ciência estava depurando sua imagem e até nas esferas sombrias da química a influência desse processo não tardou a se fazer sentir.

O físico flamengo Jan Baptista van Helmont nasceu em 1577. Após formar-se em medicina e viajar pela Europa, recolheu-se à sua propriedade em Vilvoorde, logo ao norte de Bruxelas. Ali viveu uma vida em grande parte solitária, dedicando-se a seus interesses científicos, ao mesmo tempo em que permanecia um místico devoto, que acreditava que todo conhecimento era uma dádiva de Deus. Referiu-se a si mesmo como "filósofo pelo fogo".

Embora guiado por ideias místicas, em geral van Helmont não permitia que elas interferissem em seus experimentos. Essa separação entre religião e investigação científica estava se tornando mais e mais preponderante. Pode ser notada em Galileu, Descartes e Bacon, que escreveram todos sobre ciência e filosofia realizando-se num mundo em que não havia essencialmente necessidade alguma de Deus. Apesar disso, todos os três conservaram sua crença. Como Bacon expressou: "O conhecimento do homem é como as águas, algumas descendo de cima, e outras brotando de baixo; umas plasmadas pela luz da natureza, outras inspiradas por revelação divina." A ciência que faziam muitas vezes conflitava com a religião oficial, mas eles permaneciam convencidos de que era a ciência que estava certa. A religião acabaria se ajustando a seus achados, pensavam. Sua atitude era semelhante à dos primeiros filósofos muçulmanos: as leis da natureza e da matemática eram o modo como a mente de Deus operava. Compreender mais sobre elas era compreender mais sobre Deus.

O profundamente místico van Helmont persistiu nessa tradição, embora fosse dado a lapsos ocasionais. Isso não surpreende, pois sua principal inspiração era Paracelso. A propensão de van Helmont para o aspecto místico das atividades de seu mentor levou-o a afirmar que deparara com "a Pedra" e até conseguira usá-la para a transmutação. É difícil conciliar uma lorota como esta com suas atividades científicas genuínas, que foram um modelo de exatidão e conclusões escrupulosas. Talvez lhe parecesse que isso aumentava seu prestígio como místico.

O experimento mais memorável de van Helmont foi uma variante daquele empreendido dois séculos antes por Nicolau de Cusa. Ele pôs 200 libras [90,72 quilos] de terra seca num grande vaso de cerâmica; em seguida regou a terra e plantou nela uma muda de salgueiro que pesava precisamente 5 libras. O vaso foi protegido de modo a ficar a salvo do acúmulo de poeira e a rega diária continuou, usando apenas água destilada. Essa ênfase na medição exata, em condições de trabalho limpas e na pureza dos ingredientes era certamente influenciada pela prática alquímica de Paracelso (van Helmont estando portanto, sem o saber, em conformidade com a recomendação de Bacon de que a química só poderia avançar aprendendo com a prática alquímica.) Após cinco anos de rega, o salgueiro se transformara numa árvore considerável, que van Helmont então desenraizou e pesou. Constatou que a árvore pesava 169 libras e 30 onças. Depois secou a terra remanescente, pesou-a, e descobriu que só perdera 2 onças. Sendo o mecanismo do crescimento biológico desconhecido na época, van Helmont chegou à conclusão compreensível de que a árvore e toda a sua considerável folhagem consistiam inteiramente de água. Esta fora simplesmente convertida pela árvore em sua própria substância. Em consequência, van Helmont abandonou a ideia de três elementos de Paracelso (mercúrio, enxofre e sal), rejeitou a teoria aristotélica dos quatro elementos de que ela derivara, e retornou às próprias origens da teoria dos elementos. Acreditou que seu experimento com o salgueiro provava que, em última análise, tudo era feito de água, a conclusão a que Tales chegara mais de dois milênios antes. O experimento de van Helmont é amplamente considerado a primeira aplicação da medição a um experimento que envolvia ao mesmo tempo química e biologia, marcando o começo da bioquímica.

Por um daqueles caprichos do entendimento humano, a conclusão errada que van Helmont tirou desse experimento levou a um dos mais significativos desenvolvimentos na química. Van Helmont logo concluiu que, embora a água fosse o único elemento, o ar devia desempenhar um papel importante na transformação dela. Isso o estimulou a empreender uma investigação do ar e suas propriedades. O que era exatamente o ar? Até aquele momento ninguém abordara essa questão de maneira completamente científica. Como se poderia investigar uma substância insubstancial como essa? Ar era ar, e ponto final. Alquimistas debruçados sobre seus caldeirões borbulhantes e malcheirosos haviam tomado conhecimento de outros "ares", e haviam também percebido que certas substâncias, como perfumes e vários óleos, produziam "vapores". (Qualquer cidadão medieval que morasse numa rua com um esgoto aberto teria se dado conta disso perfeitamente: a marcha adiante da ciência e a do senso comum raramente estiveram no mesmo passo.) Os alquimistas reconheciam que esses vapores não eram o mesmo que o ar e muitas vezes se referiam a eles como "espíritos". Esse nome, com suas evidentes conotações metafísicas, logo se associou a líquidos que se vaporizavam facilmente. Pouco a pouco, o uso habitual estreitou isso para um dos líquidos mais voláteis num laboratório usual, a saber, o álcool. Essa é a origem do uso da palavra *spirits* para designar bebidas alcoólicas destiladas.

Van Helmont compreendeu a significação desse conhecimento alquímico um tanto atrapalhado sobre "ares", "vapores" e "espíritos". Havia várias substâncias distintas semelhantes ao ar. No curso de suas investigações, conduziu um experimento que envolveu a queima de 28 quilos de carvão. Isso produziu um vapor com uma aparência física idêntica à do ar, mas com propriedades muitos diferentes. Por exemplo, quando era encerrado num frasco, uma vela não queimava nele. Após queimar o carvão, Helmont ficou com apenas 500 gramas de cinzas. Concluiu que o carvão original contivera 27,5 quilos dessa substância semelhante ao ar, a que chamou de *spiritus sylvester* (o espírito da mata) – hoje conhecida por nós como dióxido de carbono.

Van Helmont descobriu que o *spiritus sylvester* tinha as mesmas propriedades que a substância semelhante ao ar produzida pela fermentação do vinho e da cerveja, pela queima do álcool e por diversos outros processos. Concluiu que todos esses vapores eram uma só e mesma coisa. Outros experimentos o levaram a compreender que havia ampla variedade dessas substâncias semelhantes ao ar, cada uma com propriedades distintivas. Algumas eram combustíveis, outras tinham odores acres característicos, algumas eram absorvidas por líquidos. Mas van Helmont foi impedido de desenvolver qualquer investigação profunda dessa aparente variedade de substâncias semelhantes ao ar, sobretudo pela falta de algum dispositivo hermético convenientemente sofisticado em que acumulá-los e estudá-los. Permaneceu na dúvida com relação à identidade deles, acabando por chegar a mais uma conclusão errônea que se provaria extremamente frutífera para a química.

Van Helmont concluiu que esses vapores, que permaneciam desprovidos de forma, cor e por vezes até de cheiro, eram de fato uma forma de pré-matéria. Eram a substância amorfa a partir da qual a matéria era feita. Segundo a mitologia grega antiga, o cosmo (ordem) havia sido criado originalmente a partir de um substância informe, desordenada, chamada caos – assim, van Helmont decidiu chamar esses vapores ou substâncias semelhantes ao ar de "caos". Em flamengo a primeira consoante dessa palavra é pronunciada de maneira fortemente gutural, e essa é a origem da palavra "gás".

Princípios fundamentais distintos com relação à natureza da matéria estavam agora começando a surgir. Primeiro houvera líquidos e sólidos, agora havia gases. Os experimentos de van Helmont o levaram ao limiar de outra importante divisão da matéria. Em conformidade com sua insistência na exatidão experimental, van Helmont tornou-se um grande perito no uso de balanças para medir perda ou ganho de peso. Descobriu que certos metais podiam ser dissolvidos em várias águas fortes (ácidos). Produziam-se então "águas saborosas" (soluções que tinham cor ou gosto passíveis de ser "saboreados"). Finalmente, era possível até recuperar dessa solução exatamente o mesmo peso de metal que nela havia sido dissolvido. Isso levou van Helmont a uma compreensão da propriedade fundamental da matéria. Apesar de sua transformação durante experimentos, a matéria nunca era destruída.

O trabalho bioquímico pioneiro de van Helmont o levou a investigar também a digestão humana. Ele concluiu que o "ácido faminto" no estômago reagia com o alimento, e que a digestão era um processo de fermentação (produzindo o mesmo gás que a fermentação alcoólica e a queima de madeira). Van Helmont estava à beira de uma descoberta vital aqui, mas ela só seria feita alguns anos depois por seu discípulo Franciscus Sylvius, que, em 1658, tornou-se professor catedrático de medicina em Leyden, então uma das principais universidades da Europa.

Durante o século XVII os recém-independentes Países Baixos tornaram-se um porto de tolerância religiosa e liberdade de pensamento. A força social propulsora era a classe média protestante ascendente, que estava mais interessada em comércio do que em mover guerras destrutivas contra os católicos. Aqui mais uma vez, como no caso da Grécia antiga e das cidades-Estado da Itália renascentista, parece haver uma ligação entre democracia (de um tipo inferior) e desenvolvimento intelectual. Foi na Holanda (e até certo ponto na Inglaterra) que o renascimento intelectual produziu suas primeiras grandes realizações. Os filósofos Descartes e Spinoza viveram ali, os filósofos ingleses Hobbes e Locke publicaram ali, e o enciclopedista Bayle refugiou-se ali da opressiva França de Luís XIV. Os holandeses locais também contribuíram para a revolução intelectual internacional que florescia dentro do porto seguro de suas fronteiras. O cientista holandês Huygens iria despontar como o único quase rival de Newton no campo da óptica. E Sylvius levou a abundância de ideias químicas estimulada por van Helmont à sua plena realização.

Sylvius viu a digestão como um processo químico "natural", envolvendo saliva ácida, bile alcalina e os recém-descobertos sucos pancreáticos, que por reação e gosto eram considerados como ácidos. (Como no caso das "águas saborosas", o paladar continuava sendo um importante auxiliar no laboratório.) A digestão era vista como uma guerra química. Os ácidos e álcalis produzidos pelo corpo decompunham o alimento ingerido, reagindo com os álcalis e ácidos contidos nele, essas forças oponentes finalmente se neutralizando uma à outra. Nesse processo, produzia-se efervescência gasosa (como todos sabemos), e o calor gerado por essas reações aquecia o sangue. Sylvius reconheceu que uma "fermentação" similar ocorria quando vinagre acidífero era derramado sobre greda alcalina: produzia-se gás e os dois finalmente se neutralizavam um ao outro. Observando atentamente essas reações, e tirando conclusões, Sylvius estendeu os limites da compreensão química. Reconheceu que muitos sais que ocorriam naturalmente resultavam da reação entre ácidos e álcalis. Sendo compostas, essas substâncias eram diferentes de substâncias químicas que não podiam ser decompostas. Mais uma vez, o experimentalismo estava procurando às apalpadelas uma distinção essencial (a distinção entre elementos e compostos como os compreendemos hoje).

O trabalho de Sylvius deu um passo adiante com seu discípulo, o obscuro boticário alemão Tachenius – que talvez tenha vivido uma vida extremamente interessante antes de sua morte em Veneza por volta de 1670. (Tudo que se sabe sobre ele são vários detalhes registrados por seus inimigos, e estes são uniformemente enfadonhos.) Tachenius convenceu-se de que seu mestre Sylvius deixara passar um ponto vital em seu trabalho com ácidos e álcalis. Ali residia a chave de tudo! Estava convencido de que ácido e álcali eram os princípios que abarcavam todas as reações químicas. De fato, tendia a acreditar que esses eram os dois elementos básicos. Aquela era uma distinção importante, mesmo que não fosse tão fundamental quanto Tachenius sugeriu. Infelizmente, na época mostrou-se de difícil utilização como ferramenta analítica, principalmente porque não havia qualquer definição real do que era um ácido ou um álcali. Uma substância era classificada como ácido segundo efervescesse ou não com um álcali, e vice-versa, numa definição puramente circular.

Apesar da tentativa de seu ambicioso discípulo alemão de se apoderar de seus achados, Sylvius continuou lecionando em Leyden, produzindo trabalho experimental e teórico de grande qualidade. No entanto, era seu destino imortalizar-se por uma brilhante impostura, quando afirmou ter inventado uma panaceia para todas as doenças do rim. Esta consistia de uma solução alcoólica destilada de cereais temperada com bagas de zimbro – que em holandês são chamadas de *genever*. Nossa versão abreviada disso é "gim".

A distinção ácido-álcali encerrava a chave de uma ciência da química prática. Mas Sylvius reconheceu também uma distinção adicional, que teria ramificações na química teórica e, de fato, em toda a filosofia natural. Descartes concebera o corpo como sendo essencialmente um dispositivo mecânico. Agora tornou-se claro para Sylvius que ele podia ser igualmente visto como um dispositivo químico. Em decorrência do trabalho de van Helmont, Sylvius e Tachenius, a química estava começando a emergir como uma ciência distinta.

Mesmo antes da morte de Helmont, cientistas haviam começado a investigar o ar. Já em 1643, o físico italiano Evangelista Torricelli conduziu um experimento decisivo. Em palavras simples, pegou um longo tubo de ensaio de vidro e encheu-o de mercúrio. Após pôr o polegar sobre a extremidade aberta, inverteu o tubo e colocou-o num vaso também cheio de mercúrio. Constatou que o mercúrio no tubo baixou para certo nível. Este era sempre aproximadamente 76cm mais alto que a superfície de mercúrio fora do tubo, que permanecia aberta para o ar. Torricelli concluiu que devia ser o peso do ar exterior que forçava o mercúrio dentro do tubo para um nível mais alto que o do mercúrio do lado de fora. Havia descoberto a pressão do ar. Ao longo dos dias seguintes, notou que a altura do mercúrio dentro do tubo variava ocasionalmente num pequeno grau. Inventara o primeiro barômetro do mundo, para medir a pressão do ar. Notícias da descoberta de Torricelli logo chegaram ao célebre matemático, fanático religioso e hipocondríaco francês Blaise Pascal, que compreendeu imediatamente sua relevância. Sugeriu a realização de um experimento similar ao de Torricelli no alto do Puy de Dôme, um monte quase 1.500m acima do nível do mar nas montanhas da França central. Infelizmente, Pascal considerou-se incapaz de conduzir ele próprio esse experimento, temendo que o ar da montanha pudesse agravar seu precário e cuidadosamente tratado estado de saúde. Assim ele foi levado a cabo por seu paciente cunhado Périer, que descobriu que, naquela altitude, a coluna de mercúrio no tubo era consideravelmente menor que no nível do mar – provando que a pressão do ar diminuía em altitudes maiores. Em outras palavras, a quantidade de ar fazendo pressão para baixo era menor quanto mais alto fôssemos. Assim, três séculos antes que os primeiros foguetes fossem lançados no espaço, soube-se que a atmosfera da Terra se estendia apenas por certa distância finita a partir de sua superfície. Pode-se sustentar que o experimento de Torricelli levara à descoberta do próprio espaço.

Estava claro agora que os gases eram exatamente o mesmo que os sólidos e os líquidos. Como eles, os gases tinham peso. Eram simplesmente muito mais difusos (ou menos concentrados). Também os gases eram uma forma de matéria.

A recém-descoberta pressão do ar seria demonstrada de maneira espetacular pelo engenheiro e inventor alemão Otto von Guericke, que se estabeleceu em Magdeburg com a jovem esposa e a família em 1627. Quatro anos depois foi obrigado a fugir, quando a cidade protestante havia sido invadida e totalmente arrasada em meio a cenas de selvageria e devastação pelo exército católico do sacro imperador romano. Terminada a Guerra dos Trinta Anos, Guericke retornou e aplicou suas habilidades de engenheiro à tarefa de supervisionar a reconstrução de Magdeburg, mais tarde tornando-se prefeito da cidade e mantendo-se no cargo por mais de um quarto de século. Guericke foi o primeiro de uma nova linhagem: o cientista *showman*. (Um remanescente dessa linhagem foi meu professor na sexta série: era famoso em toda a escola por suas demonstrações espetaculares de explosão hidrogênio-oxigênio, que regularmente acionavam todos os alarmes e traziam os bombeiros para a escola.)

Guericke tinha a intuição e a inventividade profundas de um experimentador de extrema competência e um talento para o espetáculo eletrizante que seria a inveja de qualquer dono de circo. Mas os "números" de Guericke ilustravam questões científicas sérias. Talvez compreensivelmente numa Alemanha que fora reduzida a uma terra devastada, o grande tópico filosófico da época era a natureza do vácuo. Podia tal coisa existir? Segundo Aristóteles, não podia, e isso fora aceito como "inquestionável" por filósofos posteriores, que nos legaram o dito, "A natureza abomina o vácuo". Guericke decidiu resolver essa questão por experimento. Em 1650, inventou uma bomba de ar que consistia de um êmbolo e um cilindro com válvulas reguláveis de um só sentido. Esse dispositivo puxava o ar de um recipiente do modo oposto àquele pelo qual uma bomba de bicicleta moderna força o ar para dentro do pneu. A força para a operação dessa máquina era fornecida pelo ferreiro local (ajudado mais tarde por seus assistentes, quando a operação ficou mais árdua). Guericke usou sua nova bomba para retirar o ar de um vaso de ferro. Em seguida, como numa provocação, recorreu ao raciocínio aristotélico para provar que o vaso continha um vácuo. Segundo Aristóteles, se algo como o vácuo existisse, nenhum som seria jamais capaz de se deslocar através dele. Guericke demonstrou que uma sineta tocando dentro de seu vaso não podia ser ouvida. Mais tarde, demonstrou também que uma vela não podia arder num vácuo e que um cão morria quando confinado em um. (Embora fossem se passar alguns anos antes que alguém realmente compreendesse por que Rover se tornara um mártir da ciência.)

O mais famoso espetáculo de Guericke aconteceu em 8 de maio de 1854 diante do imperador Ferdinando III e atraiu vastas multidões de toda a Saxônia. Dessa vez seu experimento envolveu dois grandes hemisférios ocos de cobre que haviam sido precisamente moldados para que suas bordas se encaixassem hermeticamente uma à outra. (Eles passariam a ser conhecidos como hemisférios de Magdeburg.) O imperador sentou-se em seu trono sobre a plataforma, acima da multidão reunida na praça iluminada pelo Sol diante do prédio do parlamento. Todos observaram impacientes enquanto Guericke lubrificava as bocas dos dois hemisférios e os encaixava cuidadosamente. Em seguida o ferreiro começou a bombear vigorosamente o ar de dentro do globo hermético de cobre. Após algum tempo, quando girar a manivela da bomba foi ficando cada vez mais laborioso, seus assistentes se juntaram a ele. A multidão viu então, bestificada, oito cavalos atrelados juntos serem conduzidos para a praça e presos a um dos hemisférios do globo de cobre. Outro grupo de oito cavalos foi então preso ao outro hemisfério. A um sinal de Guericke, os dois grupos de cavalos fizeram força para a frente em direções opostas, tentando separar os dois hemisférios. O silêncio caiu sobre a multidão enquanto os possantes cavalos arfavam; porém, por mais que fossem chicoteados, foram incapazes de separar os hemisférios. Guericke dirigiu-se então ao imperador e à turba. Aquilo não era um truque, disse-lhes. Tudo que estava segurando os dois hemisférios juntos era a pressão do ar à volta deles. O vácuo dentro do globo significava que não havia nenhuma pressão oposta para equilibrar essa imensa força externa – que era ainda mais poderosa que a de 16 cavalos. O imperador ficou assombrado, uma emoção que se refletiu claramente nos rostos boquiabertos de seus súditos reunidos, que começaram a aplaudir. Mas Guericke ergueu a mão, silenciando a turba. O experimento ainda não terminara. Os cavalos foram desatrelados e levados embora. Guericke começou a brincar com a bomba. A multidão esticava o pescoço para a frente, curiosa. De repente ouviu-se um som sibilante quando a pressão do ar exterior precipitou-se no globo oco para encher o vácuo. Então, inesperadamente, os dois hemisférios de cobre simplesmente se desprenderam por si mesmos. Agora que já não havia vácuo e a pressão no interior era a mesma que no exterior, não havia nada para mantê-los juntos.

O experimento de Guericke logo se tornou tão famoso que ele passou a demonstrá-lo por toda a Alemanha. Relatos de sua façanha com os hemisférios de Magdeburg se espalharam pela Europa; fizeram-se desenhos dele; e quando uma versão truncada cruzou o canal da Mancha e chegou à Inglaterra, diz-se que ela deu origem aos versinhos infantis sobre Humpty Dumpty:

> Humpty Dumpty sat on a wall,
> Humpty Dumpty had a great fall.
> All the king's horses and all the king's men
> Couldn't put Humpty together again.*

---

* Numa tradução livre: *Humpty Dumpty num muro se aboletou,/ Humpty Dumpty lá de cima despencou./ Todos os cavalos e os homens do rei a arfar/ Não conseguiram o Humpty remendar!* (N.T.)

Não pela primeira vez, nem pela última, a Inglaterra parece ter se equivocado por completo quanto ao que estava se passando na Europa.

Em decorrência do trabalho experimental de gente como van Helmont, Torricelli e Guericke, as propriedades desconhecidas da matéria, para não falar de seus poderes ocultos insuspeitados, estavam por fim começando a aparecer. A imaginação do público foi atiçada, assim como a imaginação privada de muitos cavalheiros com mentes inquisitivas na Inglaterra, e em outras partes, havia sido inspirada pela filosofia natural de Milord Verulam (Francis Bacon). Parecia que toda a ciência estava escondida na própria matéria. O campo da química agora estava maduro para a intervenção de um excelente talento científico. Este apareceu pontualmente na forma de Robert Boyle.

Considerado por muitos o fundador da química moderna, Robert Boyle nasceu em 1627 num castelo longínquo no sudoeste da Irlanda. Foi o décimo quarto filho do irascível e idoso conde de Cork, que, como *lord chancellor* da Irlanda, estava adquirindo diligentemente uma fieira de propriedades – que iria finalmente se estender sem quebras do mar da Irlanda ao Atlântico. (As práticas que haviam recentemente apeado Bacon do cargo de *lord chancellor* na Inglaterra ainda estavam florescendo do outro lado do canal.)

O jovem Robert logo deu mostras de um talento excepcional, tornando-se fluente em latim e grego aos oito anos. Depois do que foi despachado, com seu irmão de 12 anos, para a Inglaterra, onde estudaria em Eton. Ali a criança prodígio sofreu da combinação de uma constituição enfermiça e uma gagueira nervosa com o método educacional preferido pelo mais prestigioso internato particular da Inglaterra: surras entusiásticas regulares para todos os alunos, fosse qual fosse sua idade, posição social ou capacidade intelectual. Como consequência, o traumatizado Boyle "esqueceu" boa parte do seu latim e foi reduzido a acessos de melancolia suicida, que continuaram até que chegou à adolescência. A essa altura Boyle e o irmão foram enviados com um preceptor para uma prolongada turnê pelo continente. Aos 14 anos, quando estava em Genebra, o jovem Boyle passou por uma experiência que transformaria sua vida. No meio da noite foi despertado por uma violenta tempestade de verão, que logo ganhou proporções escatológicas na sua mente. Tremendo em sua cama, imaginou do lado de fora das persianas "Ataques daquele Fogo que deverá consumir o Mundo... Temores do Dia do Juízo prestes a se realizar". Foi tomado pelo medo de que sua alma não estivesse pronta para encontrar uma ira ainda maior que a do pai ou a do professor de Eton. Em sua angústia, jurou "que caso seus temores se mostrassem vãos naquela noite, todas as adições ulteriores à sua vida seriam mais religiosa e vigilantemente empregadas". De maneira reveladora, Boyle refere-se a si mesmo na terceira pessoa ao longo de todas essas memórias de seus conturbados primeiros anos. Seu voto de adolescente soa relativamente sensato, mas não foi. Essas palavras foram acompanhadas por um surto de religiosidade fervorosa e do usual voto de castidade. Em geral essas impetuosidades de juventude logo são esquecidas, mas a religiosidade e a castidade de Boyle seriam um traço permanente de sua vida.

Essa combinação de devoção fanática e pensamento científico original não era incomum na época. E esse tipo de fé obsessiva tampouco era uma simulação autoprotetora de gênio. Van Helmont, Pascal, Spinoza e Newton consideravam todos que o pensamento religioso era sua contribuição mais relevante. Uma aberração curiosa, que os levava a supor que seriam lembrados não por sua filosofia, matemática ou ciência (das melhores jamais produzidas), mas por sua teologia (que em geral certamente não era). De maneira semelhante, todos parecem ter permanecido celibatários. Embora muitos possam considerar este último padrão de abstenção um ponto fraco inofensivo, que não é da conta de mais ninguém, seus efeitos contradizem essa atitude. Combinado com a heterofobia de Bacon, o celibato suscetível, a misoginia e a hipocrisia sexual que predominavam em meio à comunidade científica (especialmente na Inglaterra) teriam um efeito incalculável sobre a nova revolução no conhecimento. As mulheres tornaram-se tão temidas que eram impiedosamente excluídas. Metade da população era impedida de dar qualquer contribuição que fosse. Basta que pensemos nas gafes que poderiam ter sido evitadas, nas teorias inovadoras que teriam podido aparecer antes... O dobro da força de trabalho poderia ter sido aplicado a esses problemas.

Robert Boyle continuou seu *grand tour*, recebendo durante todo o tempo excelente instrução de seu preceptor particular. Gostava do fato de seu preceptor dar muito mais atenção à sua "Proficiência Acadêmica que aos ganhos que ele poderia derivar do tedioso e moroso método de ensino comum" que experimentara na escola. Livre das coações do currículo ou da ortografia, Boyle teve condições de seguir seu próprio padrão de leitura. Sua precocidade retornou, desta vez sob uma roupagem científica. Na Itália, ele teve oportunidade de ler as obras de Galileu apenas alguns meses antes que este morresse. Desde muito moço, Boyle compreendeu a importância fundamental do experimento. Leu também Descartes, absorvendo sua visão de mundo mecânica. Tivesse Boyle sido formado em qualquer universidade na Europa, não teria tido acesso a tal instrução. Mesmo nesse estágio avançado, o aristotelismo continuava sendo a ordem do dia acadêmica. A falta de instrução formal ortodoxa de Boyle iria se provar a chave de seu sucesso. Mas até um jovem celibatário tão aplicado deve ter suas diversões. Ao chegar a Marselha ele perdeu uma viagem de barco até os recifes de coral que naqueles tempos do delfim eram a principal atração turística. No entanto, "teve o prazer de ver a Frota de Galés do Rei levantarem velas e cerca de 2.000 pobres escravos labutarem no Remo para propeli-las".

Boyle voltou à Inglaterra para encontrar o país mergulhado no conflito entre os parlamentaristas e os realistas. A classe média ascendente, que procurava obter mais poder para o Parlamento, opunha-se à monarquia, que acreditava no "direito divino dos reis" para governar como bem lhe parecia. A Guerra Civil iria resultar na execução de Carlos I em 1649 e no estabelecimento da Commonwealth: a primeira revolução bem-sucedida na Europa. Na família de Boyle, quase todos eram realistas, mas sua irmã predileta, Katherine, era uma ardorosa parlamentarista. O próprio Boyle fez o possível para evitar a guerra, estabelecendo-se no Dorset rural.

A essa altura Boyle era um rapaz alto, um tanto frágil e com a vista ruim, seus traços longos e macilentos emoldurados por uma peruca encaracolada na altura dos ombros, à maneira do período. Em Dorset, ele lançou-se a seus primeiros experimentos químicos sérios e também escreveu ensaios – um dos quais, ao que se diz, teria inspirado Jonathan Swift a escrever *As viagens de Gulliver*. Ocasionalmente viajava à Irlanda para administrar as propriedades que herdara do pai. Durante essas viagens, não tinha como continuar com seus experimentos químicos, pela simples razão de que não existia nenhuma aparelhagem química na Irlanda. Em 1556, aos 29 anos, mudou-se para Oxford. Essa cidade havia sido um baluarte realista durante a Guerra Civil, atraindo muitos refugiados importantes da Londres parlamentarista. Entre eles havia alguns estudiosos que estavam interessados no novo experimentalismo, que agora, em decorrência dos escritos de Bacon, estava na moda. Estes, e outros filósofos naturais, começaram a se reunir em bases informais, irregulares, para discutir os últimos empreendimentos científicos. Boyle logo estava frequentando os encontros desse grupo, que serviam como foco, incentivo e troca de informação. O grupo tornou-se conhecido como o Invisible College. Em 1662, dois anos após a restauração de Carlos II, esse grupo de estudiosos em grande parte realistas obteve uma carta conferindo-lhe existência legal e tornou-se conhecido como a Royal Society. A sociedade pregou suas cores antiaristotélicas no mastro com seu moto: "*Nullius in verba*" (nada pela palavra apenas, isto é, nada por mera autoridade). Ela depositaria sua fé na abordagem científica, com o experimentalismo como palavra de ordem.

Em Oxford, Boyle passou a residir numa casa na High Street, onde montou um laboratório. Para assisti-lo em seu trabalho, contratou um jovem graduando de Oxford suscetível e sem vintém, com o rosto marcado pela varíola, chamado Robert Hooke. Apesar de suas diferenças, o aristocrata de 29 anos e o difícil filho de clérigo de 21 formaram imediatamente uma profunda relação de trabalho, que iria durar pelo resto de suas vidas. Pela primeira vez, Boyle encontrara seu igual no plano intelectual.

Hooke iria prosseguir para se tornar um físico notável, eclipsado apenas por Newton, uma situação que haveria de lhe causar grande dissabor. Sete anos antes de Newton publicar sua obra sobre a gravidade, que marcaria época, Hooke lhe escrevera sugerindo uma teoria da gravitação de sua própria lavra – embora de todo modo ela tenha se provado falha, e tivesse pouco embasamento matemático real. Num campo diferente, o trabalho pioneiro de Hooke sobre organismos vivos usando o microscópio o levou a cunhar a palavra "célula".

Boyle ouvira falar dos experimentos públicos de Guericke com os hemisférios de Magdeburg e, com a ajuda de Hooke, pôs-se a projetar uma bomba de ar ainda melhor, que ficava presa a um balão de vácuo. Usando este último, Boyle provou a previsão de Galileu de que no vácuo dois corpos cairiam precisamente na mesma velocidade. Na ausência de qualquer resistência do ar, uma pluma caía na mesma velocidade que um pedaço de chumbo, ao contrário do que Aristóteles afirmara. Boyle e Hooke confirmaram também a descoberta de Guericke de que o som não se deslocava através do vácuo. Mas fizeram de fato duas descobertas surpreendentes: uma corrente elétrica podia ser sentida através do vácuo e os insetos não morriam nele. Outros animais, no entanto, morriam. Esses experimentos na ausência do ar levaram Boyle a conjecturar sobre a natureza do próprio ar. Conduzindo experimentos com camundongos e aves, chegou à conclusão de que o ar era inalado e depois exalado dos pulmões dos animais para remover impurezas do corpo. Boyle conduzia seus experimentos de maneira metódica, visando investigar e esgotar todas as possibilidades. Assim, provou de uma vez por todas que o ar nada tinha de

Robert Boyle

uma entidade mística que permeava de algum modo o mundo inteiro. O ar não era um elemento essencial da natureza como Aristóteles acreditava; era simplesmente uma substância com propriedades definidas próprias. Por exemplo, ele enferrujava o ferro e tornava verde um domo de cobre. Além disso, quando comprimido, parecia ter elasticidade. Boyle concluiu nesse estágio que o ar era semelhante a um fluido elástico com partículas reativas flutuando nele.

Van Helmont e outros tinham percebido que havia diferentes gases (como o *spiritus sylvester*), mas Boyle foi o primeiro a coletá-los e estudá-los como entidades inteiramente distintas do ar. Notou que todos possuíam essa propriedade da elasticidade. Nessa ocasião Hooke estava conduzindo seus famosos experimentos com molas de metal, o que daria origem à Lei de Hooke sobre a elasticidade dos corpos. Isso inspirou Boyle a chamar sua elasticidade gasosa de "mola do ar", e projetou um experimento para medir esse efeito.

Pegou um tubo de vidro em forma de J com 5,18m e vedado na extremidade inferior. Usando mercúrio, aprisionou algum ar na extremidade vedada. Descobriu então que, se dobrasse o peso do mercúrio no tubo, o volume do ar capturado era reduzido à metade. Se triplicasse a pressão, o volume do ar era reduzido a um terço. Mas se reduzisse a pressão pela metade, removendo metade do mercúrio, o volume do ar dobrava. Disso induziu a Lei de Boyle, que declara que o volume de um gás varia na proporção inversa de sua pressão. Boyle se deu conta então de que, uma vez que era possível comprimir um gás, ele devia consistir de partículas separadas que se moviam num vazio. Quando a pressão era aumentada, isso simplesmente comprimia as partículas, deixando-as mais juntas.

Quinze anos mais tarde a Lei de Boyle foi também descoberta, de maneira independente, pelo cientista-sacerdote francês Edmé Mariotte, mas com a importante cláusula adicional de que a temperatura do gás deve permanecer constante ao longo de todo esse processo. Se um gás é aquecido, ele se expande por si só; quando é esfriado, contrai-se. Boyle quase certamente percebeu isso, mas num descuido atípico deixou de mencioná-lo no relato de seu experimento. Uma lição salutar: por essa razão a Lei de Boyle é conhecida como Lei de Mariotte em toda a Europa.

Na verdade, sabe-se hoje que tanto Boyle quanto Mariotte foram precedidos pelo último dos grandes cientistas gregos antigos, Herão de Alexandria, que viveu por volta do primeiro século d.C. Contradizendo as ideias aristotélicas sobre os quatro elementos que tudo impregnavam, Herão demonstrou que o ar era de fato uma substância distinta. Mostrou como a água era incapaz de penetrar num copo emborcado cheio de ar: ela só subia pelo copo na medida em que se permitia que o ar escapasse. Percebeu também que o ar era compressível, e disso deduziu que devia ser feito de partículas individuais separadas por espaço, exatamente como faria Boyle um milênio e meio depois. Herão compreendeu também que, quando o vapor era aquecido, as partículas de que consistia tornavam-se mais agitadas. Em outras palavras, quando vapor era aquecido, sua pressão aumentava. Esse é o princípio da máquina a vapor. Herão compreendeu rapidamente as possibilidades dessa fonte de força, e chegou a demonstrá-las projetando a primeira máquina a vapor do mundo. Esta consistia em uma esfera oca que continha um pouco de água, com dois tubos curvos inseridos nos dois lados dela. Quando a água na esfera era aquecida ao ponto de fervura, vapor fluía rapidamente dos tubos, fazendo a esfera girar. (Esse princípio ainda é usado para girar regadores para gramados.) A máquina de Herão não só estava muitíssimo além de seu tempo, como, à semelhança de muitas invenções desse tipo, foi considerada totalmente inútil e desnecessária por seus contemporâneos. Por que cargas d'água desenvolver uma máquina para trabalhar quando é muito mais fácil arranjar um escravo para isso?

A originalidade de Boyle revela-se no modo como desenvolveu essas ideias independentemente redescobertas. Se o ar e outros gases consistiam de partículas separadas por um vazio, que dizer dos líquidos e sólidos? Quando a água evaporava, estava se transformando num gás, o que significava que também este consistia em partículas separadas por um vazio. Se era esse o caso quando a água era um gás, então parecia provável que fosse também o caso quando á água era um líquido, e até quando era gelo sólido. E se isso aplicava-se à água, então possivelmente aplicava-se a todas as substâncias. O raciocínio de Boyle era tênue, e tinha pouco ou nenhum apoio experimental – mas confirma suas qualidades como pensador científico original. Sem plena consciência do que fazia, ele estava preparando terreno para a reintrodução da teoria atômica.

A obra-prima de Boyle foi *O químico cético*, publicada em 1661. Essa obra é considerada em geral o início da nova química. De fato, seu próprio título levou ao abandono generalizado do "al" de alquimia, para dar química. A nova ciência iria se despir de seu passado esotérico oriental.

Por volta dessa época, Boyle iniciou também a prática de anotar seus experimentos de maneira clara e facilmente compreensível, de modo que pudessem ser entendidos, repetidos e confirmados por outros cientistas. Isso era exatamente o oposto do sigilo alquímico e provou-se um grande avanço para a ciência como um todo. Ao dar esse exemplo, Boyle estava fazendo para a ciência o que os gregos antigos haviam feito para a matemática. As verdades da matemática, alcançadas por raciocínio dedutivo, eram confirmadas por provas. Agora as verdades da ciência, alcançadas por raciocínio indutivo, tinham seus próprios meios de verificação. De uma prática sigilosa num cubículo sombrio, a nova química foi transformada numa ciência universal que podia ser praticada em qualquer laboratório de qualquer lugar.

O químico cético empreende um ataque à teoria dos quatro elementos de Aristóteles e também à teoria paracelsiana dos três elementos dela derivada. Contrariando-as, Boyle afirma que os elementos são partículas primárias. Nas palavras de sua famosa definição, por elementos ele entendia "certos corpos primitivos e simples, ou perfeitamente sem mistura; que, não sendo feitos de quaisquer outros corpos, ou uns dos outros, são os ingredientes de que são imediatamente compostos todos aqueles corpos chamados perfeitamente misturados, e nos quais estes se decompõem em última análise". Em outras palavras, qualquer substância que não pudesse ser decomposta numa substância mais simples era um elemento. Aqui, pela primeira vez, está uma compreensão dos elementos que corresponde à ideia que temos hoje.

Boyle seguiu adiante então para fazer uma outra distinção fundamental. Esses elementos podiam se combinar em grupos ou feixes para formar um composto. (Esta é a primeira ocorrência da noção que iria se desenvolver na ideia moderna de molécula.) Boyle não estava simplesmente teorizando aqui. Sua longa prática e perícia no laboratório o haviam levado a compreender que esses feixes de moléculas existiam na forma de compostos estáveis. (Por exemplo, quando o ferro era dissolvido num ácido e dava origem a um sal composto, este era uma substância estável; no entanto podia também ser decomposta e o ferro recuperado.) Boyle concluiu que as propriedades de todas essas substâncias compostas dependiam do número e da posição dos elementos que continham. Mais uma vez, essa descrição é fantasticamente precisa: o lampejo de intuição que levaria mais tarde à teoria molecular.

Apesar de seu pendor para a teorização brilhante, Boyle, como seus colegas, acreditava fundamentalmente no experimentalismo. "*Nullius in verba*", como ditava a Royal Society. Não nos livros, mas no laboratório. Eles rejeitavam todos os sistemas, como os quatro elementos. No entanto Boyle e seus colegas acreditavam na realidade em seu próprio sistema global. Este ditava que o mundo era composto de corpúsculos, que se comportavam de maneira mecanicista. Embora talvez menos metafísico que as noções aristotélicas, tal sistema mecânico-corpuscular era ele próprio, ainda assim, fundamentalmente metafísico. Como semelhante ideia poderia jamais ser testada num laboratório? Ela era, estritamente falando, não científica. No entanto tinha uma vantagem relevante – que seria adotada pela ciência dessa época em diante. Em contraste com os quatro elementos, o sistema mecânico-corpuscular explicava imensa variedade de fenômenos científicos. Em outras palavras, funcionava (ainda que a ciência não soubesse ao certo por quê).

Contudo, quando atentamente examinada, a noção de "elemento" de Boyle, juntamente com a de composto, apenas insinua o caminho rumo a nossas ideias modernas. Não era plenamente articulada. Por que não? Segundo a definição de Boyle, um elemento era uma substância que não podia ser decomposta em substâncias ainda mais primárias. Isso significava que, quando se constatava que uma substância era um elemento, essa podia ser apenas uma situação provisória. Era sempre possível que alguma outra pessoa encontrasse uma maneira de decompor ainda mais a substância. (Só a ciência nuclear do século XX forneceria à química uma definição inflexível do que é precisamente um elemento.)

Isso deixou Boyle numa posição anômala. Embora tivesse definido elemento, não sabia de fato o que era um. Ironicamente, era perfeitamente possível que, com o aperfeiçoamento das técnicas químicas, todas as substâncias até aquele ponto consideradas elementos indivisíveis acabassem por ser decompostas em apenas quatro elementos – muito semelhantes a terra, ar, fogo e água! Boyle estava convencido de que esse não era o caso, e aquilo certamente parecia improvável. Mas essa posição anômala o levou a um engano grotesco – um engano que poderia de fato ter solapado toda a sua contribuição para a ciência. Como resultado de sua experiência de laboratório, Boyle formou a convicção de que os metais não eram de fato elementos. Ainda teria de encontrar um meio de decompô-los em suas substâncias primárias, ou elementos, mas tinha certeza de que um dia isso se provaria possível. Ora, isso coincidia precisamente com a crença dos alquimistas. Se os metais não eram substâncias primárias, um metal podia ser decomposto em seus elementos constituintes e congregado novamente – ou transmutado – em outro. O chumbo podia se tornar prata, a prata podia se tornar ouro.

Seria tranquilizador se, nesta altura, pudéssemos dizer que Boyle compreendeu a possibilidade teórica dessas atividades alquímicas e simplesmente deixou isso de lado. Mas não. Como Paracelso, Bruno, van Helmont e tantos outros pioneiros da química antes dele, Boyle também fora contagiado pela febre da alquimia. Por muitos anos os historiadores da ciência preferiram fazer vista grossa a esse fato desagradável, mencionando-o apenas de passagem – como se esse fosse um lamentável acidente ocupacional para os químicos na época. E de fato era. É difícil imaginar Galileu, Descartes, Spinoza ou Pascal entregando-se a tais práticas; os físicos, matemáticos e filósofos parecem ter permanecido imunes a esse contágio metafísico particular. (Embora isso não fosse ser sempre assim, como veremos.)

Infelizmente, um recente exame acurado dos papéis de Boyle indica que sua alquimia não foi nenhuma aberração extravagante. Ele acreditava inegavelmente no que estava fazendo. Cadernos secretos, codificados, revelam uma busca persistente e vasta da pedra filosofal. Diferentemente de van Helmont, porém, ele nunca realmente afirmou ter encontrado essa entidade imponderável. Ao contrário, Boyle empreende seus experimentos alquímicos com seu rigor científico usual, tentando repetir, um a um, todos os experimentos alquímicos bem-sucedidos que chegam ao seu conhecimento. Recorrendo à razão indutiva, sustenta que, se tiver êxito, "esse único caso positivo provará melhor o que eles chamam de a pedra filosofal do que todos os embustes e ficções com que os químicos iludiram os ineptos e os crédulos". Boyle era um cientista bom demais para se deixar enganar por toda a alquimia: "pois assim os textos nos apresentam, juntamente com diversos experimentos substanciais e nobres, teorias que, como penas de pavão, parecem espetaculares, mas não são sólidas nem úteis, ou que, como macacos, se dão alguma impressão de ser racionais, são viciadas por algum absurdo ou outro que, quando atentamente considerado, as faz parecer ridículas". Mas sua crença no aspecto "substancial e nobre" da alquimia persistiu. Ele chegou até a usar sua influência na Royal Society para fazer pressão em prol da revogação da lei antialquimia sancionada quatro séculos antes por Henrique III, que proibia expressamente a manufatura de ouro por transmutação. Sugestivamente, Boyle não era contra essa lei por causa da inanidade da atividade que ela proibia. Ao contrário, parecia-lhe que a manufatura de ouro por esse método seria de grande benefício para o país. Inspirado pela costumeira combinação de ignorância e avidez, o Parlamento revogou devidamente a lei em

1689. De imediato, Boyle exortou os cientistas de todo o país a levar adiante essa importante busca.

A chave da intrigante obsessão de Boyle parece residir em sua religiosidade fervorosa. Além da filosofia natural, a religião foi tema de várias obras que publicou. Usou sua fortuna privada para financiar traduções da Bíblia para o irlandês e o turco – visando dissuadir os irlandeses do catolicismo e os turcos do islã, ambos heresias perniciosas na sua visão. Da mesma maneira, criou um fundo para estabelecer, em bases regulares, as Boyle Lectures, até hoje ministradas na Royal Society. Apesar do foro em que tinham lugar, o propósito dessas conferências era "defender a religião cristã contra infiéis notórios".

Boyle acreditava que o mundo operava segundo "aqueles dois princípios nobres e mais universais, matéria e movimento". Esse universo maquinal fora posto em movimento pelo Criador. Por isso o estudo científico da natureza era um dever religioso. Mas Deus e a alma humana eram incorpóreos, o que os distinguia do mundo mecânico-corpuscular. Boyle parece ter acreditado, contudo, que a pedra filosofal interagia de alguma maneira com ambos esses mundos. Ela era capaz de atrair anjos, por exemplo. E, se encontrada, haveria de se provar uma arma eficaz contra o ateísmo. À medida que ficou mais velho, Boyle tornou-se cada vez mais obcecado pelo ateísmo, do qual estava continuamente detectando indícios em lugares públicos e nas tendências da sociedade em geral. Isso significava que o exercício da alquimia era também um dever religioso, tal como a ciência.

Em 1668 Boyle mudou-se para Londres, onde morou com sua irmã favorita, Lady Katherine Ranelagh, numa casa em Pall Mall. Nessa época Pall Mall era um subúrbio arborizado entre os pomares de Bond Street e os jardins reais. Nell Gwynn, a amante do rei, morava a umas duas portas de distância, onde "chamava a atenção sobre si mesma" quando Carlos ia caminhar com seus cães no parque real. Mas a essa altura Boyle granjeara grande renome. Haviam até lhe oferecido a presidência da Royal Society, mas ele fora obrigado a recusar essa grande honra porque a natureza do juramento do presidente conflitava com seus princípios religiosos. Sua casa era uma meca para visitantes estrangeiros ilustres, como o filósofo racionalista alemão Leibniz e até um dignitário chinês que havia se convertido ao cristianismo. Leibniz, o Leonardo do renascimento intelectual, venerava Boyle, mas o repreendia por não publicar seu trabalho o suficiente. Apesar de sua diligência em registrar seu trabalho experimental, Boyle era curiosamente negligente no que dizia respeito à publicação. Sua influência e sua estatura teriam sido consideravelmente ampliadas se tivesse apenas dedicado mais de seu tempo a uma exposição sistemática de suas descobertas.

O trabalho de Boyle continuou da mais alta qualidade até o fim. Sua maior contribuição para o laboratório de química foi a descoberta de um método para a distinção de ácidos e álcalis. Ele descobriu que o xarope de violetas tornava-se vermelho com ácidos, verde com álcalis e permanecia da mesma cor com soluções neutras. Finalmente fora descoberta uma definição apropriada de ácidos e álcalis. Tipicamente, ela fora encontrada no laboratório, não elaborada em teoria. A distinção analítica mais influente da química era uma definição operacional.

Quando Boyle morreu em 1691, aos 64 anos, Newton já havia publicado os *Principia*, sua obra revolucionária sobre a gravidade. Esta forneceu a primeira explicação abrangente do funcionamento do mundo mecânico-corpuscular, das forças que o mantinham coeso. Mas a gravidade dizia respeito unicamente às propriedades físicas da matéria. Newton tinha plena consciência disso, e procurou remediar a deficiência. À sua obra sobre a luz, *Óptica*, anexou várias indagações relacionadas com uma gama mais ampla de tópicos científicos. Estas apontavam o caminho a seguir, sugerindo futuras linhas de investigação para a ciência, inclusive a química. "Não têm as pequenas Partículas dos Corpos certos Poderes, Virtudes ou Forças, pelas quais eles atuam à distância ... uns sobre os outros para produzir uma grande Parte dos Fenômenos da Natureza?" Esses "Poderes atrativos" pareciam ser mais do que as forças pelas quais "os Corpos atuam uns sobre os outros pelas Atrações da Gravidade, Magnetismo e Eletricidade".

O problema era que a visão inovadora do mundo de Newton estabelecera um novo padrão para a ciência. Esperava-se que quaisquer avanços científicos incorporassem o rigor mecânico e a exatidão matemática da física newtoniana. No entanto, Newton estava tratando do mundo da quantidade, não do mundo da qualidade a que a química ainda pertencia. E até em seus conceitos fundamentais a química ainda permanecia em grande parte não quantificada. A ideia de elemento químico de Boyle apenas acabara de surgir e estava longe de ser bem compreendida. Nessas circunstâncias, não se podia esperar uma análise quantitativa exata das complexas reações químicas por que esses elementos passavam.

Isto é o que pode ser dito sobre a abordagem ortodoxa de Newton da química, cuja significação ainda residia no futuro. Sua outra abordagem dos problemas qualitativos da matéria foi um total desastre. Não é exagero dizer que esse foi provavelmente o maior desperdício de uma mente notável na história da ciência.

Newton mergulhou na alquimia. Em contraste com as atividades alquímicas de Boyle, que tinham uma partícula de justificação teórico-científica, as de Newton não tinham nenhuma. Sua impetuosa incursão no ínfero da alquimia foi metafísica do início ao fim. Da inspiração ao resultado desejado, o objetivo nunca foi científico. Como Boyle, Newton era obcecado pela religião. Seu campo de interesse particular era a Santíssima Trindade, que acreditava ser uma concepção errônea. Isso era uma heresia grave. (Embora tivesse também seu lado menos sério. Newton pertencia ao Trinity College de Cambridge. Como membro congregado do Trinity foi solicitado a jurar que defenderia a instituição e tudo que ela representava. Prudentemente, Newton optou por jurar sua crença na existência de seus empregadores.)

Pelo menos metade da vida intelectual de Newton foi desperdiçada em investigações não científicas. Além de suas ideias heréticas sobre a Santíssima Trindade, ele despendeu anos em cálculos matemáticos abstrusos relacionados com o Antigo Testamento e com a mitologia – descobrindo as datas precisas de eventos como a criação, a arca de Noé e a viagem dos argonautas. Aprendeu também hebraico para poder ler todo Ezequiel, versículo por versículo, de modo a ser capaz de reconstituir um projeto exato do Templo de Jerusalém. (Embora passasse de bom grado para traduções latinas ou gregas quando estas convinham a seus propósitos.) Depois, usando o simbolismo encerrado no Templo e descrições do Apocalipse, considerou-se capaz de profetizar as datas exatas de eventos como o Segundo Advento de Cristo e o fim do mundo. Um dos talentos matemáticos mais brilhantes de todos os tempos, Newton estava convencido de que era essa a mais importante obra por que seria lembrado por uma posteridade agradecida.

Tudo isso estava intimamente relacionado com as aspirações alquímicas um tanto menos elevadas de Newton. Era pela alquimia que a "*Magick*" da esfera espiritual penetrava no mundo; compreender isso era compreender o funcionamento do mundo espiritual. Comparada à barbaridade de suas profecias, a alquimia de Newton poderia parecer um pecadilho. Isto é, até que os fatos emergissem. Ele possuía nada menos que 138 livros sobre alquimia e iria escrever mais de 650.000 palavras sobre o assunto. Evidentemente isso não era um mero *hobby*. Seu envolvimento experimental foi igualmente imenso. Apesar de sua abordagem sigilosa do assunto, chegou a construir seu próprio forno no jardim de seus aposentos em Trinity para poder levar adiante suas investigações alquímicas. Segundo seu desesperado assistente, era "tão sério em relação a seus estudos que comia muito frugalmente, muitas vezes se esquecia por completo de comer... muito raramente se deitava antes das três ou quatro horas, às vezes só às cinco ou seis... costumava passar cerca de seis semanas em seu laboratório, o fogo raras vezes se apagando dia ou noite, ele ficando acordado uma noite, como eu fiquei em outra, até que tivesse acabado seus experimentos químicos... Qual poderia ser seu objetivo é algo que não consegui penetrar." A julgar pelos cadernos de Newton, seus motivos para esses experimentos eram totalmente metafísicos. Até a transmutação de metais inferiores em ouro era encarada do ângulo metafísico. Aquilo não era química, era feitiçaria.

Ainda assim, Newton estava convencido de que algum tipo de estrutura residia no coração da matéria. Tinha de haver leis supremas governando essa substância, o próprio material do mundo que habitamos. Mas, como vimos, a ciência da química ainda não estava de fato suficientemente avançada para enfrentar questões como essas – diferentemente da física, em que Newton tivera mais êxito que ninguém. E, é claro, os motivos químicos de Newton eram não científicos, sua abordagem mental questionável, para dizer o mínimo. Em seus melhores dias, Newton tinha uma estabilidade mental precária, mas foi o fracasso de suas investigações alquímicas, combinado com uma paixão não declarada por um jovem matemático suíço, que finalmente o fez perder as estribeiras. Em 1693, aos 50 anos, Newton sofreu "um distúrbio que afetou muito sua cabeça, e o deixou acordado por cerca de cinco noites ao todo", segundo um colega de Cambridge. Depois ele fugiu de Cambridge e desapareceu por completo por vários meses. A primeira notícia que se teve dele foi uma carta garatujada, com borrões de tinta, escrita na Bull Tavern em Shoreditch, a leste de Londres, para seu amigo o filósofo John Locke. Nela, desculpava-se por "ser da opinião de que você tentou me envolver com mulheres". Semelhante tentativa teria irritado particularmente Newton, que vivia uma vida de estrito celibato, assegurando assim não ter de admitir suas inclinações homossexuais reprimidas nem para si mesmo.

Tudo isso teve seu efeito no mundo científico em geral. O exercício da presidência da Royal Society por Newton assegurou que a misoginia fosse sacralizada nessa venerável instituição científica. Essa tendência já fora encorajada por Hooke, o secretário da sociedade, que fizera voto de nunca se casar. Parece que, para membros daquela augusta instituição, mesmo a mais ligeira perspectiva de se envolver com uma mulher era intolerável. Como a historiadora da ciência contemporânea Londa Schiebinger observou: "Por quase três séculos a única presença feminina na Royal Society foi um esqueleto preservado na coleção anatômica da sociedade."

A senda da alquimia levou à loucura – não só para a química. Os elementos que Boyle definira teriam agora de ser descobertos num sentido estritamente literal.

8. Coisas nunca vistas antes

Como vimos, nove elementos já eram conhecidos pelos antigos e três novos foram descobertos no final da Idade Média. Apesar disso, é evidentemente apenas em retrospecto que podemos reconhecê-los como elementos. Seus descobridores não os viram como tais, porque não sabiam o que era um elemento. Foi somente em 1661 que Boyle produziu sua definição de elemento como uma substância que não podia ser decomposta em substâncias mais simples.

Cerca de oito anos depois, o primeiro novo elemento foi descoberto por Hennig Brand em Hamburgo, quando isolou o fósforo. Esse foi um evento excepcional na história da química – e não só por ter sido a primeira descoberta de um novo elemento desde a Idade Média (do que Brand não teria podido saber). De maneira mais significativa, foi a primeira vez que se descobriu um elemento que não existira previamente em seu estado isolado. Ali estava algo que nunca fora visto na Terra. (Na verdade o fósforo ocorre em estado livre na Terra, mas apenas em algum meteorito ocasional.)

O próprio Hennig Brand era em certa medida uma raridade. É intitulado tanto o último alquimista quanto o primeiro químico. Nascido em Hamburgo no início do século XVII, serviu o exército como suboficial, possivelmente no final da Guerra dos Trinta Anos. Ao deixar o exército estabeleceu-se como médico, embora não tivesse quaisquer qualificações. Uma fonte o descreve como "um médico desajeitado que não sabia uma palavra de latim". Brand teve a sorte de se casar com uma mulher rica, o que lhe permitiu perseguir seu verdadeiro interesse – manipular substâncias em seu laboratório. Se essa manipulação envolvia simplesmente passar o tempo remexendo com velhas receitas alquímicas ou se exigia análise química habilidosa ainda é matéria de discussão. Seja como for, Brand certamente endossava a visão baconiana de que havia muito a aprender com os alquimistas. Como tantos antes dele, chegava a suspeitar que podia haver uma pontinha de verdade naquela história da transmutação. Começou a estudar a doutrina paracelsiana das assinaturas, que sugeria que a Natureza revelava seus segredos de forma simbólica. Segundo essa maneira de pensar, um objeto natural de cor dourada podia de fato conter ouro. Por um golpe de sorte (ou por uma intuição inventiva), Brand veio a associar essa ideia com um fragmento de velho saber alquímico que afirmava que a pedra filosofal para a confecção do ouro estava contida nos resíduos do corpo humano. Eureca! Só havia uma substância possível que correspondia a ambas as pistas – a urina.

Brand iniciou uma prolongada e ampla investigação das propriedades da urina humana, que deve ter posto intensamente à prova a paciência de sua abastada mulher, para não mencionar a dos vizinhos. Coletou 50 baldes de urina humana, que em seguida deixou evaporar e putrefazer-se até que "engendrou vermes". Depois ferveu isso até ficar um resíduo pastoso. Deixando-o no porão por alguns meses, constatou que havia fermentado e se tornado preto. Sem dúvida com a vizinhança inteira em pé de guerra, Brand passou a aquecer o concentrado preto de urina fermentada com o dobro de seu peso de areia numa retorta cujo longo gargalo estava mergulhado num béquer contendo água. O destilado final acumulado sob a água no béquer foi uma substância pegajosa e transparente. Quando removida da água, ela brilhava no escuro, e por vezes se inflamava até espontaneamente, desprendendo densos vapores brancos. Brand resolveu chamar essa nova substância de fósforo, do grego *phos* ("luz") e *phoros* ("o que dá").

Por difícil que seja acreditar, o prolongado experimento descrito acima foi um dos segredos mais bem guardados da ciência do século XVII. Brand demonstrou orgulhosamente sua nova substância para os amigos em Hamburgo, mas recusou-se a divulgar o segredo de como a produzira. Notícias dessa descoberta e do poder miraculoso daquele novo fósforo logo começaram a se espalhar por toda a Alemanha.

As demonstrações espetaculares de Guericke com os hemisférios de Magdeburg haviam desencadeado uma mania popular por experimentos científicos na Alemanha. A essa altura, vários químicos estavam ganhando a vida fazendo turnês pelas várias cortes, demonstrando as últimas maravilhas científicas. O fósforo era ideal para esses espetáculos. Outros até tiveram o palpite de que devia haver um uso militar para essa nova substância.

Finalmente Brand foi visitado em Hamburgo por um certo Dr. Johann Krafft, de Dresden, que o convenceu a revelar o segredo do fósforo por 200 táleres. Dali em diante Krafft passou a fazer demonstrações com o fósforo em cortes de toda a Europa. Quando visitou a corte de Carlos II, em Londres, Boyle foi convidado para assistir ao experimento. Krafft se recusou a divulgar o segredo para Boyle, mas, através de um comentário casual que ele deixou escapar e da observação atenta de seu experimento, Boyle colheu certas pistas. No intervalo de alguns meses, ajudado em parte por um químico alemão chamado Ambrose Godfrey Hanckwitz, Boyle havia descoberto independentemente como preparar o fósforo. Escreveu uma clara descrição passo a passo de seu experimento, lacrou-a num envelope e confiou-a à guarda da Royal Society. Nesse meio tempo, Godfrey abandonou a parte alemã de seu nome, estabeleceu um laboratório em Londres e passou a produzir fósforo para distribuir por toda a Europa. Dentro de poucos anos havia feito uma fortuna e tornou-se tão famoso que uma carta endereçada simplesmente a "Sr. Godfrey, Famoso Químico de Londres" chegava às suas mãos.

Mantendo o processo em segredo, Boyle deu enorme ajuda a Hanckwitz (que, é claro, o ajudara). Esse não foi, contudo, um gesto característico dele. Sua prática de registrar todos os seus experimentos de maneira clara e compreensível estava em conformidade com seu desejo de que todo conhecimento em ciência pudesse ser partilhado, de preferência através de instituições como a Royal Society. Desse modo os cientistas de todas as partes poderiam se beneficiar dos últimos avanços: o sonho utópico de Bacon, a Casa de Salomão, iria se concretizar em instituições científicas espalhadas por toda a Europa.

Tudo isso estava muito bem para Boyle, que era um homem rico, com uma renda privada, mas outros, compreensivelmente, buscavam ganhar com suas descobertas. Estava a ciência fadada a se tornar um comércio, ou deveria existir para o benefício de todos? Essa questão continua relevante até hoje (por exemplo, no tocante às patentes para os genes de novos animais "criados"). A essas dificuldades somavam-se também questões de prioridade. A revolução científica do século XVII significou que um número crescente de cientistas se viu confrontado com os mesmos problemas, chegando às suas próprias soluções e descobertas semelhantes independentemente umas das outras. Quem descobrira o que primeiro? Se uma pessoa publicava sua descoberta, ganhava o crédito, mas nesse caso todos ficavam sabendo sobre ela. Se não publicasse, ela poderia ser feita independentemente por outro, que poderia então reivindicar o crédito.

As leis do patenteamento continuavam em sua infância. Anteriormente, o direito exclusivo a algum processo era em geral assegurado pelo monarca reinante ou pelo governante. Galileu obtivera do doge de Veneza direitos exclusivos sobre uma bomba d'água que inventara. Esses direitos eram assegurados em perpetuidade, mas somente dentro da República Veneziana. Com a difusão da revolução científica pela Europa, arranjos desse tipo tornaram-se cada vez mais impraticáveis. Em 1623 o governo britânico aprovou um Estatuto dos Monopólios que decretava que "cartas patentes" cobrindo "invenções de novas manufaturas" podiam ser asseguradas por um período de até 14 anos. Enquanto isso, academias científicas haviam proliferado pela Europa. A Royal Society foi precedida pela Accademia dei Lincei (Academia dos Linces) na Itália; mais tarde, em Paris, a Académie Royale des Sciences desenvolveu-se a partir dos encontros informais frequentados por gente como Descartes e Pascal; e Leibniz teve um papel na criação da Academia de Berlim. Os cientistas demonstravam suas novas descobertas diante dos membros reunidos dessas academias e, em certa medida, essas instituições atuavam como repositórios e coordenadores de novo conhecimento. Mas isso tornava-se cada vez mais difícil quando esse conhecimento era teórico ou permanecia inédito.

O caso mais notório desse tipo foi indubitavelmente a disputa entre Newton e Leibniz pela prioridade na invenção do cálculo. Quando publicou sua *Óptica* em 1704, Newton acrescentou um apêndice em que descrevia o "método das fluxões" (cálculo) que inventara 30 anos antes. Lamentavelmente, seu arquirrival Leibniz havia publicado sua própria versão do cálculo 20 anos mais cedo. Acusações de plágio começaram a voar de um lado para outro. Pena que as reações de ambos os pretendentes logo tenham submergido calamitosamente abaixo do nível de comportamento esperado de gênios (que nem sempre era elevado nos melhores momentos). Os fatos eram simples. Newton havia de fato mostrado a Leibniz alguns papéis mais antigos que aludiam a esse método das fluxões. Mas o cálculo de Leibniz era decisivamente diferente, inclusive em sua notação (que é a que usamos hoje). Leibniz cometeu o erro tático de acusar Newton de desonestidade. Este sempre fora particularmente paranoide em relação a esse tipo de acusação, vivendo no terror secreto de ser um dia acusado de heresia com relação à Santíssima Trindade. Ao saber das acusações de

Leibniz, ficou literalmente doente de raiva. Mesmo assim, prontificou-se honrosamente a permitir que um comitê da Royal Society arbitrasse a questão. Leibniz concordou, aparentemente sem se incomodar com o fato de Newton ser na época o presidente da Royal Society. Newton então se apossou do relatório do comitê e o reescreveu a seu próprio favor (embora não em seu próprio nome). Leibniz continuou a contestar acrimoniosamente esse veredito até sua morte em 1714. Mas a fúria de Newton, uma vez despertada, não se deixava apaziguar tão facilmente. Ele continuou a difamar o nome de Leibniz em todas as oportunidades. Visitantes falaram de Newton explodindo em invectivas espontâneas contra o filósofo alemão e os artigos científicos que ele escreveu posteriormente incluíam invariavelmente um parágrafo irrelevante furioso desancando seu falecido adversário.

Se era assim que a matemática procedia, que esperança havia para a ciência? Nesse aspecto a química se encontrava em grande desvantagem. A física e as propriedades físicas eram facilmente mensuráveis de maneira exata. As mudanças e os procedimentos químicos eram menos passíveis de descrição precisa. Em retrospecto, podemos ver agora que, em muitos casos, os químicos estavam operando às cegas. Simplesmente não sabiam ao certo o que estava acontecendo em seus experimentos. Tudo que sabiam era que alguma coisa acontecia, um produto aparecia.

Foi basicamente isso que ocorreu com Brand e seu método para produzir fósforo. Ele não podia ter tido nenhuma ideia da constituição química da urina. Sua intenção inicial fora "concentrar" o ouro presente nela (por evaporação e destilação), e depois "reforçá-lo" misturando-o com uma outra substância dourada que, segundo uma antiga suspeita dos alquimistas, devia conter ouro (isto é, areia). O fósforo fora em grande parte um subproduto acidental de uma técnica sofisticada, ainda que mal orientada. Ironicamente, Leibniz teve um papel nisso também. Alguns anos depois de Krafft ter comprado o segredo de Brand, Leibniz apareceu em Hamburgo, viajando a serviço do duque de Hanover (pai de Jorge I). Ali, convenceu Brand a pôr seu segredo à disposição de seu empregador e despachou-o para Hanover, onde deveria produzir fósforo em massa. O que precisamente Leibniz tinha em mente no tocante às quantidades de fósforo que esperava produzir não é claro. Em certa altura ele havia sugerido que a substância poderia ser usada para iluminar cômodos à noite, mas fora informado de que isso era impraticável. (Se não tivessem sido envenenados pelos gases tóxicos, os ocupantes do cômodo teriam certamente ficado cegos.) Sem se deixar abater, Leibniz conseguiu para Brand grandes suprimentos regulares de urina humana vindos de um acampamento militar próximo, cujos soldados eram renomados pela quantidade de cerveja que tomavam. Depois Leibniz ouvir falar que os operários das minas das montanhas Harz eram ainda mais renomados pelas quantidades de cerveja que consumiam durante seu trabalho quente e árido. Após obter permissão do bestificado duque, conseguiu que suprimentos extras de urina das montanhas Harz fossem transportados em barris por cavalo e carroça ao longo dos 100km de trilhas precárias até o local em que o infeliz Brand foi posto para trabalhar. Infelizmente, nesse estágio Leibniz se afastou para tratar de uma negociação diplomática para seu patrão e, ao que parece, esqueceu tudo sobre seu projeto do fósforo. O que foi feito de Brand em seu lago cada vez maior de urina humana permanece um repulsivo mistério.

O segredo da produção de fósforo seria finalmente comprado em 1737 pela Académie Royale des Sciences de Paris, que imediatamente o tornou disponível para todos os cientistas. Meio século mais tarde, o químico sueco Karl Scheele descobriu que o fósforo era um constituinte dos ossos e criou um método mais simples, menos repugnante, de extração. Logo o fósforo estava sendo usado nos primeiros palitos de fósforo e, em 1855, o fabricante sueco J.E. Lundström patenteou os fósforos de segurança, que rapidamente lhe valeram uma fortuna. Tudo isso, porém, veio tarde demais para que Scheele se beneficiasse de sua descoberta: ele morrera mais de meio século antes, na casa dos 40 anos.

Scheele foi talvez o descobridor científico mais azarado de todos os tempos. Durante sua vida relativamente curta, desempenhou um papel capital na descoberta de mais elementos que qualquer outro cientista antes ou depois. No entanto, no caso de todos os sete elementos que descobriu, seu papel foi eclipsado, ou contestado, ou ignorado.

Não que Scheele parecesse se importar. Era um homem modesto, sem igual no seu ofício, o de um humilde farmacêutico. Nasceu em 1742 em Stralsund, no que é hoje a costa nordeste da Alemanha. Durante o período inicial do século XVIII essa região ainda era a Pomerânia sueca, território que fora conquistado um século antes, durante a Guerra dos Trinta Anos. Apesar de seu nome alemão, Scheele se considerava sueco e escreveu seus artigos científicos nessa língua.

Scheele era o sétimo de 11 filhos. Não havendo dinheiro para sua educação, tornou-se aprendiz de um boticário aos 14 anos. Foi uma escolha feliz. Seu interesse obsessivo pelas matérias-primas da química significava que nunca esquecia uma propriedade, e sua intuição no tocante aos constituintes dos elementos químicos era insuperável. Scheele logo chamou a atenção e acabou por obter um cargo como assistente de boticário na capital, Estocolmo. Pode parecer pouco, mas em 1775, aos 32 anos, ele foi eleito para a Academia Sueca de Ciências – o primeiro (e último) assistente de boticário a alcançar essa honra insigne.

Pouco tempo depois Scheele se mudou para uma cidadezinha provinciana à beira de um lago, Köping, na Suécia central. O farmacêutico local dali morrera, deixando a farmácia para sua viúva, Sara Pohl. Scheele comprou a farmácia e instalou um laboratório onde pudesse desenvolver seus experimentos. Indiferente ao tédio provinciano sufocante de Köping, enterrou-se no trabalho, enquanto a viúva Pohl e a irmã dele cuidavam da casa e assumiam o comando da farmácia. Ocasionalmente, eminentes químicos suecos e estrangeiros lhe faziam uma visita, despertando grande desconfiança entre os moradores do lugar. Ofertas de cátedras em Berlim, Estocolmo e Londres chegavam pelo correio, mas eram esquecidas. O supremo farmacêutico não sentia nenhuma inclinação a se tornar um mero professor entre professores.

Durante muitos anos Scheele sofreu de um reumatismo crônico e uma série de outros males. Estes eram quase certamente ocasionados por suas práticas de laboratório. Scheele acreditava firmemente que analisava em primeira mão as propriedades das muitas substâncias que isolava e descobria. Suas notas de laboratório incluem um descrição precisa do gosto de ácido cianídrico, que é extremamente tóxico e pode causar uma morte horrível e dolorosa mesmo quando inalado ou absorvido através da pele. (Elas mostram também que ele pode ainda ter se envenenado ao identificar pelo paladar e o cheiro as propriedades do ácido sulfúrico, um gás cujas propriedades olfativas e letais poderiam ser comparadas às de um cruzamento de gambá com cascavel.)

Esse foi talvez o período mais empolgante da exploração química. Livres da camisa de força da alquimia, os químicos do século XVIII tiveram condições de se expandir e explorar as possibilidades de uma ciência inteiramente nova. Os elementos ainda por descobrir estavam diante deles como as notas do teclado de um piano. Podiam tocar algumas dessas notas elementares, bem como vários acordes compostos. À medida que suas mãos exploravam o teclado, porém, eles tomavam consciência gradualmente, pela primeira vez, da vasta amplitude de possibilidades tonais que tinham à sua frente. Scheele ampliou as possibilidades desse teclado mais do que qualquer outro em seu tempo. Identificou uma série de ácidos animais, vegetais e minerais, bem como descobriu e identificou os conteúdos de grande variedade de compostos importantes.

Mas o intrépido Scheele sobreviveu, o que lhe permitiu voltar sua atenção para os elementos. Em 1770, tornou-se o primeiro químico a produzir o elemento gasoso cloro. Quem quer que tenha visitado uma piscina terá experimentado, nos olhos lacrimejantes, a acidez mesmo de um cloro muito diluído: seus efeitos no aparelho de testagem individual de Scheele podem ser apenas imaginados. Infelizmente, dessa vez a intuição química de Scheele o abandonou. Ele não reconheceu o cloro como um elemento, permanecendo convencido de que o gás que produzira era um composto que continha um dos gases do ar. Somente 30 anos depois o químico inglês Humphry Davy (inventor da lâmpada do mineiro) compreendeu que esse gás era um elemento. De fato, foi Davy quem primeiro o chamou de cloro (do grego para "verde-claro"), por causa de sua aparência.

Davy tornou-se uma espécie de nêmesis de Scheele. O inglês levou a melhor sobre ele também no caso da descoberta do bário. Scheele fez o trabalho experimental importante, distinguindo a barita (hidróxido de bário), e novamente, 30 anos depois, Davy acrescentou os toques finais ao isolar o metal branco-prateado bário, que foi denominado segundo a palavra grega *barys*, que significa "pesado". Hoje o bário é usado em ligas para absorver impurezas em válvulas eletrônicas.

Uma ingrata sequência de eventos similares ocorreu com a descoberta do molibdênio, que iria se tornar um ingrediente importante no aço usado para canos de espingarda. Scheele havia obtido uma substância que, ele estava certo, continha um novo elemento que poderia provavelmente ser isolado a uma temperatura elevada. Como não possuía um forno, passou-a a um amigo, o jovem químico Peter Hjelm, a quem hoje se atribui a descoberta do molibdênio. Por volta dessa época, Scheele conseguiu também transmitir a um amigo, o mineralogista Johann Gahn, o segredo da produção do manganês, que erroneamente toma seu nome de *magnes*, a palavra latina para magneto, e tem a propriedade de dissolver a água.

Como se pode ver a partir dessas descobertas, a Suécia estava desenvolvendo uma comunidade avançada e competente de químicos durante esses anos. Esses pioneiros iriam desempenhar um papel capital no desenvolvimento da química. Mas isso está longe de ter sido a única contribuição da Suécia. Ao mesmo tempo Lineu estava lançando os fundamentos da botânica; a escala de temperaturas foi estabelecida por Celsius; e, dois séculos antes de Ford, o inventor Polhem concebeu a fábrica com linha de montagem. Tudo isso num país de apenas dois milhões de habitantes na remota fímbria da Europa. Relativamente, a contribuição sueca para esse período da revolução científica foi maior que o de qualquer outro país. O século XVIII se provaria a idade dourada da Suécia. No final desse período, a Revolução Industrial estava começando a se espalhar pela Europa e a Suécia estava fornecendo mais de um terço do ferro-gusa consumido no mundo. A Companhia Sueca das Índias Orientais começou a comerciar em terras tão distantes quanto o Japão; e, num feito inigualável, o escritor místico Swedenborg produziu vários volumes em que descrevia em vívidos detalhes suas viagens até mais longe ainda, através do céu e do inferno. Até o rei, Gustavo III, colaborou numa ópera. (O fato de mais tarde ele ter levado um tiro na Ópera de Estocolmo nada teve a ver como a acolhida crítica dessa obra.)

Nesse meio tempo, nos ermos provincianos de Köping, Scheele continuava com suas ingratas investigações dos elementos químicos. A essa altura, a química sueca estava começando a atrair visitantes do exterior. Dois estudantes espanhóis, os irmãos Don José e Don Fausto d'Elhuyar, foram visitar Scheele. No curso de seu encontro, Scheele explicou como havia obtido da scheelita (denominada em sua homenagem) uma substância que chamava de "ácido túngstico". Cerca de um ano depois, os irmãos d'Elhuyar conseguiram isolar disso o elemento tungstênio, o que significa "pedra pesada" em sueco. Esse elemento iria um dia ser usado em filamentos de lâmpadas. Mais tarde os irmãos d'Elhuyar emigraram para a América, onde Don Fausto tornou-se diretor geral das Minas no México.

O trabalho mais importante de Scheele foi no campo que iria se provar crucial para o grande avanço seguinte da química, a saber, os gases. Scheele conseguiu provar que o ar continha dois componentes distintos, um dos quais era capaz de sustentar a combustão. A esse deu o nome de "ar de fogo", e ao outro de "ar deteriorado". Deste último ele conseguiu isolar o elemento nitrogênio, ignorando que isso já fora feito quatro anos antes pelo químico escocês Daniel Rutherford, tio do romancista Walter Scott. Mas a descoberta por Scheele do "ar de fogo" é que foi sua grande façanha. Tratava-se do oxigênio. Como sabemos hoje, esse elemento desempenha um papel fundamental em muitas das mais importantes reações químicas que ocorrem naturalmente. Era o elemento que encerrava a chave para o futuro da química. Scheele produziu "ar de fogo" pela primeira vez em 1772, aquecendo óxido mercúrico, que libera prontamente seu oxigênio e reverte a mercúrio. Incluiu a descrição desse experimento no único livro que publicou, *Experimentos em fogo e ar*. Em razão de várias confusões, nenhuma delas por culpa de Scheele, essa obra teve sua publicação adiada pelos editores e só foi lançada em 1777. Nessa altura, o químico inglês Joseph Priestley havia publicado uma descrição do mesmo experimento, esvaziando assim a mais importante descoberta feita até então no tocante aos elementos.

Imperturbável, Scheele levou adiante suas meticulosas investigações, produzindo muitos trabalhos originais que estavam muito além de seu tempo. Típica disso foi sua descoberta do efeito da luz sobre compostos que contêm prata. Meio século mais tarde, o artista e inventor francês Louis Daguerre iria utilizar esse efeito no desenvolvimento da fotografia (que significa literalmente "escrita pela luz".)

Mas o envolvimento direto de Scheele na análise química acabou cobrando seu preço. Em 1786, na casa dos 40 anos, sentiu-se gravemente doente. Os sintomas sugerem envenenamento por mercúrio. Em seu leito de doente, ele se casou com a viúva Sara Pohl, de modo que ela pudesse herdar a farmácia, e dentro de poucos dias estava morto. Scheele havia se correspondido livremente com cientistas eminentes de toda a Europa, e a plena medida de sua generosidade intelectual talvez nunca venha a ser conhecida. Como suas descobertas, sua influência no desenvolvimento da química parece destinada a ser ignorada.

Dois outros elementos importantes foram descobertos durante esse período.

Os mineiros alemães deixavam-se enganar havia muito por um minério muito parecido com o de cobre. Mas, diferentemente do minério de cobre, que podia tingir vidro de azul quando dissolvido em ácido, esse tingia o vidro de verde. Em consequência, tornou-se conhecido entre os mineiros supersticiosos como *Kupfernickel*: literalmente "cobre do Velho Nick" (cobre enfeitiçado pelo Diabo, ou cobre falso). Em 1751 o mineralogista sueco Axel Cronstedt conseguiu isolar do minério *kupfernickel* um metal sem qualquer semelhança com o cobre. Era duro, de um branco prateado e era atraído por um ímã – propriedade não verificada em nenhuma outra substância exceto o ferro. Cronstedt contraiu o nome usado pelos velhos mineiros, chamando sua descoberta de *nickel*, ou níquel. No entanto, por muitos anos cientistas por toda a Europa se recusaram a admitir que o níquel era um novo elemento, sustentando que se tratava de uma mistura de ferro (por isso a atração magnética) com outros metais, como cobalto ou cobre (o qual, misturado com o ferro, seria supostamente responsável pelo efeito verde). Só com o aperfeiçoamento da análise química provou-se que Cronstedt estava certo.

O próprio Cronstedt desempenhou um papel importante nesse aperfeiçoamento. Anteriormente os minerais haviam sido classificados de acordo com suas propriedades físicas – peso, cor, dureza e assim por diante. Cronstedt introduziu o maçarico na análise de minerais. Este consistia de um longo tubo de vidro que se estreitava numa extremidade. Soprando pela extremidade larga, era possível produzir um jato estreito de ar concentrado. Dirigido para uma chama, ele aumentava seu calor, e esse jato aquecido de chama podia ser focado no objeto a ser analisado. Cronstedt aprendeu a distinguir as diferentes cores que a chama assumia quando focada num mineral. Isso lhe permitiu identificar traços tão importantes quanto o gás que emana do minério, a cor de seu óxido e a natureza dos metais que ele continha. Com o uso do maçarico, Cronstedt desenvolveu um estudo sistemático dos minerais, classificando-os segundo seus conteúdos e propriedades químicas, tornando-se assim o pai da moderna mineralogia (literalmente, o estudo das substâncias que são mineradas). Durante todo o século seguinte, o maçarico continuaria sendo um dos instrumentos-chave para a análise dos conteúdos químicos de substâncias.

Um século depois de ser descoberto por Cronstedt, o níquel foi usado pela primeira vez na cunhagem de moedas pelos suíços. Sete anos mais tarde, em 1857, os Estados Unidos o introduziram na moeda de cobre de um centavo. Esse foi o "níquel" original. Só um quarto de século depois apareceu a primeira moeda de cinco centavos de níquel, com uma parte de níquel e três de cobre, o moderno níquel dos Estados Unidos. (Que pode retratar a cabeça de um presidente, mas continua derivando seu nome do "Old Nick".)

O outro elemento importante descoberto durante esse período tem uma das histórias mais pitorescas entre as de todos os elementos. Em 1735, ao caminhar pela praia de um estuário na costa pacífica da Colômbia, um marinheiro francês topou com alguns pedaços de barro acinzentado com o tamanho e o peso de balas de canhão. Dentro deles, encontrou depósitos de um metal prateado fosco. O marinheiro francês levou vários pedaços desse metal para seu navio, onde foram examinados por um cientista que por acaso estava a bordo. Tratava-se de Don Antonio de Ulloa, um prodígio matemático de 19 anos que estava participando de um projeto patrocinado conjuntamente pelos governos espanhol e francês. Esse projeto consistia em duas expedições – uma enviada à Lapônia, a outra ao Equador – para medir os graus dos meridianos locais. A finalidade dessas medições era ajudar a Académie Royale des Sciences de Paris a determinar a forma e as dimensões precisas da Terra.

Na viagem de volta, o navio francês que transportava de Ulloa aportou em Louisberg, na ilha Cape Breton, ao largo da costa canadense. Ali os viajantes descobriram que o porto havia sido capturado pelos britânicos – que estavam em guerra com a França, mas não com a Espanha. Os papéis do jovem de Ulloa, que incluíam o segredo da forma da Terra e uma descrição de um metal até então desconhecido, foram apreendidos e enviados para o Tribunal da Marinha em Londres. O próprio de Ulloa, por outro lado, foi tratado com a cortesia e a hospitalidade devidas a um cavalheiro neutro em visita, e lhe foi dado o direito de retornar em segurança para a Inglaterra. Ao chegar em Londres, ele solicitou ao Tribunal da Marinha a devolução de seus papéis. O tribunal concluiu que a forma da Terra e um novo metal mais raro que o ouro não tinham importância e devolveu os papéis a de Ulloa, que em seguida os levou para casa e publicou. O novo metal foi descrito como *platina del Pinto* ("pratinha do rio Pinto"), e foi considerado de pouco valor comercial. Em contraste com o ouro e a prata, não tinha maleabilidade e portanto nenhum uso para ornamentos. Alguns anos depois, uma solução para esse problema foi descoberta pelo diretor geral das Minas do México, um certo Don Fausto d'Elhuyar. Escrevendo ao irmão Don José, que vivia agora em Nova Granada (Colômbia), Don Fausto explicou que martelando depósitos esponjosos do novo metal e depois comprimindo-os pesadamente, conseguia-se deixá-lo tão maleável quanto o ouro. A nova *platina del Pinto* logo estava sendo trabalhada na forma de bugigangas. E, o que era mais importante, constatou-se que sua resistência ao ataque químico era ainda maior que a do ouro; em consequência, logo estava sendo usada em aparelhagem química.

O nome original do metal, abreviado para *platina*, acabou sendo alterado pelo químico inglês Davy para *platinum*, de modo a pôr a palavra latina feminina em conformidade com as denominações de outros metais recém-descobertos, como *barium* [bário] e *molybdenum* [molibdênio].* A ideia de um metal feminino era evidentemente anátema para o *establishment* científico inglês vitoriano. Esse seria o início de uma tendência deplorável. Todos os elementos descobertos a partir de

* Este parágrafo refere-se, é claro, aos nomes dos elementos em inglês. (N.T.)

1839, cerca de dois anos após a ascensão da rainha Vitória ao trono britânico, receberam nomes com a terminação latina neutra *-ium*, ou com a terminação grega neutra *-on* no caso dos gases. Essa nomenclatura assexuada foi estendida até o *curium* [cúrio], denominado em homenagem a Madame Curie. A única exceção a essa regra é o elemento *astatine* [astatínio], que tem uma terminação feminina e deriva do grego *astatos*, que significa "instável". Essa escolha de gênero foi presumivelmente feita sem qualquer intenção depreciativa consciente, mas não podemos deixar de sentir que ela fala alguma coisa sobre a sociedade predominantemente masculina dos químicos.

9. O grande mistério do flogístico

A química estava se tornando plena de possibilidades. Seus praticantes estavam agora descobrindo uma empolgante série de novos elementos e compostos. Esse processo foi acelerado pelo desenvolvimento de novos experimentos de laboratório. Mais importante ainda, esses ingredientes e técnicas mais recentes estavam sendo usados de maneira racional, metódica. A química já não era uma ciência embrionária. Contudo, por ora seu progresso permanecia em grande parte fragmentário, resultado de experimentos desconexos levados a cabo por pioneiros independentes da química. A ciência em desenvolvimento carecia de um princípio unificador. Ainda continha, também, certas características intrigantes que desafiavam a explicação. Uma delas era o fogo.

O mistério da combustão fora objeto de especulação filosófica séria desde o tempo dos gregos antigos. Para Heráclito, o fogo era o princípio subjacente a toda substância e toda mudança. Filósofos naturais gregos posteriores havia sugerido que todas as substâncias inflamáveis continham em si o elemento fogo, que era considerado um dos quatro elementos fundamentais. Esse elemento ígneo era liberado por uma substância quando esta era sujeita a condições apropriadas – como calor, uma faísca ou relâmpago, após o que ele se manifestava em chamas. Quando os alquimistas transformaram os quatro elementos em três (mercúrio, enxofre e sal), o enxofre tornou-se o elemento combustível. Paracelso mostrou como esses três elementos explicavam a queima da madeira: a presença de enxofre na madeira permitia-lhe queimar, o elemento mercurial fornecia a chama e os restos tornavam-se cinzas por causa do sal presente.

Foi só na segunda metade do século XVII que uma nova explicação do fogo foi proposta. O homem que produziu a ideia foi uma das mais notáveis fraudes na história da ciência. Johann Becher nasceu em 1635 na cidadezinha alemã de Speyer, às margens do Reno. Os caóticos anos finais da Guerra dos Trinta Anos privaram-no de uma formação, e aos 13 anos ele saiu pelas terras devastadas da Alemanha em busca da sua fortuna. Viajou até países tão distantes quanto a Suécia e a Itália, acumulando uma instrução tosca pelo caminho. Isso incluiu várias ideias alquímicas, e uma tintura de prática comercial – mas, acima de tudo, a capacidade de se apresentar com suprema confiança, e um olho vivo para a grande chance.

Na esteira da Guerra dos Trinta Anos, a Alemanha parecia nada mais que um frágil vaso multicolorido que tivesse sido derrubado de grande altura. As terras de fala alemã consistiam de muitos fragmentos dispersos de minúsculos Estados. Para sobreviver, cada um desses Estados tinha de controlar sua economia e explorar seus recursos o melhor possível. Indústrias como a da cerveja, de têxteis e cerâmicas proliferavam. Para supervisar essas microeconomias, todos os governantes precisavam de conselheiros e peritos. Aos 26 anos Becher conseguiu se insinuar na corte do eleitor de Mainz como um desses peritos. Em seguida, converteu-se ao catolicismo para se casar com a filha de conselheiro imperial rico e poderoso, que lhe concedeu um diploma em medicina como presente de casamento. Com base nisso, Becher conseguiu se ver designado professor catedrático de medicina na Universidade de Mainz e médico pessoal do eleitor de Mainz. Pouco após receber seu salário anual, decidiu que era tempo de se mudar para a Baviera. Ali, conseguiu impressionar o bastante para alcançar um cargo ainda mais bem remunerado como conselheiro-mor do eleitor da Baviera, em que continuou a pôr em prática seu conhecimento de negócios. Sugeriu que o caminho para a prosperidade econômica da Baviera residia na restrição do comércio com a França (especialmente de seda) e no estabelecimento de uma indústria local da seda. Ameaçados de falência, os comerciantes locais fizeram de tudo para resistir ao plano, enquanto Becher construía uma fábrica de seda a toque de caixa. Mas logo concluiu que não era suficientemente valorizado na Baviera, retirou seu investimento da fábrica de seda e se mudou para Viena. Após se gabar de sua experiência no governo de dois Estados, foi admitido pelo imperador da Áustria como principal conselheiro econômico. Seu primeiro gesto foi instalar uma grande fábrica de seda, que logo levou à falência sua rival bávara, antes de enfrentar dificuldades financeiras próprias. Sugeriu então a abertura de um canal ligando o Danúbio ao Reno, para facilitar o comércio entre a Áustria e a Holanda, e propôs a adoção de uma língua universal (chegando a produzir um dicionário com 10.000 palavras), além de esboçar um projeto para a transmutação das areias do Danúbio em ouro por meios alquímicos. A essa altura, o imperador estava começando a se cansar dessa cornucópia de planos mirabolantes de Becher e, quando o projeto das areias do Danúbio provou-se infrutífero, o fez escoltar para a masmorra.

Imperturbável, Becher apareceu um ano mais tarde na Holanda, sugerindo um plano para a implantação de um negócio de manufatura de seda em Haarlem. A persistência com que se aferrava à sua obsessão da manufatura de seda sugere que Becher acreditava genuinamente que ela podia ser transformada numa fonte de muito dinheiro. Parecia igualmente convicto de que a transmutação em ouro era possível. Do contrário, é difícil explicar a temeridade de seu gesto seguinte. Apresentou-se confiantemente perante a Assembleia holandesa, onde delineou um plano ambicioso para transmutar em ouro os vastos tratos de areia ao longo da costa holandesa. A Assembleia, composta sobretudo de negociantes de pé no chão, permaneceu cética. Becher demonstrou então um experimento preliminar probatório, envolvendo areia e uma pequena quantidade de prata, que de algum modo conseguiram produzir ouro. O resultado foi que a Assembleia holandesa apoiou entusiasticamente o plano. Em seguida Becher explicou que, para empreender uma produção em massa, precisaria de considerável quantidade de prata com que começar, só assim poderia produzir quantidades realmente vastas de ouro a partir dos suprimentos ilimitados de areia. Alguns dias antes do começo previsto da produção em massa, Becher desapareceu no navio para Londres. A quantidade precisa de prata que desapareceu com ele até hoje não é clara, mas por algum tempo as autoridades holandesas continuaram muito interessadas em seu paradeiro.

Becher se estabeleceu em Londres como perito em minas, assunto sobre o qual, surpreendentemente, havia adquirido considerável perícia durante sua administração de economias estatais. Nesse papel inusitadamente verdadeiro, chegou a viajar até as minas da Cornualha e da Escócia. Mas a força do hábito é grande. De volta a Londres, Becher escreveu um tratado que descrevia um relógio que funcionava por moto perpétuo e apresentou-o à Royal Society. Para sua surpresa e decepção, sua candidatura subsequente a membro da sociedade foi recusada.

É difícil discernir uma mente científica em meio a tudo isso, mas as obras de Becher falam por si mesmas. Nos intervalos de seu desassossegado programa de negócios, ele encontrou tempo para ler, e comentar com discernimento, as obras dos dois grandes químicos de seu tempo – van Helmont e Boyle. Em particular, observou que Boyle não conseguira produzir uma teoria verdadeiramente científica dos elementos. As ideias de Boyle sobre elementos indivisíveis e compostos podem ter sido extraordinariamente proféticas, mas de fato careciam de base experimental convincente. (É somente em retrospecto que podemos reconhecer que elas estavam na pista certa.)

A obra-prima de Becher, *Physica subterranea*, foi publicada em Viena em 1667 (durante a calmaria entre o fiasco da seda e o projeto da areia do Danúbio). Nela, ele apresenta sua própria teoria dos elementos, que teria um profundo efeito sobre a química dos cem anos seguintes.

Como ocorre frequentemente com essas personalidades contraditórias, Becher se reconciliava com os aspectos irreconciliáveis de seu comportamento através de uma profunda fé em Deus. O mundo fora criado por Deus o químico, que mantinha sua criação através de um processo contínuo de alteração e transformação, mudança e troca. (Em dado momento, ele compara isso com o funcionamento de uma economia estatal bem conduzida, embora não estenda essa analogia de modo a incluir o negócio da seda.) Segundo Becher, todas as substâncias sólidas consistem de três tipos de terra: a *terra fluida* é o elemento mercurial, que proporciona fluidez e volatilidade; a *terra lapida* é o elemento solidificador, que produz fusibilidade, ou a qualidade de ligação; e o terceiro elemento é a *terra pinguis* (literalmente, "terra gorda"), que dá à substância material suas qualidades oleosas e combustíveis. Esse é o princípio da inflamabilidade. A *terra pinguis* operava da seguinte maneira: um pedaço de madeira compõe-se originalmente de cinza e *terra pinguis*; quando é queimado, a *terra pinguis* é liberada, deixando a cinza.

Os três elementos de Becher são um desenvolvimento reconhecível da teoria do mercúrio, sal e enxofre proposta por Paracelso e os alquimistas. A noção de *terra pinguis* tampouco é exatamente original. Mas os tempos estavam maduros para uma ideia como essa. Finalmente emergira um princípio discernível para explicar uma das principais transformações que afetavam a matéria – a combustão.

Além de sua crença em Deus, Becher acreditava também na química. Sua afirmação dessa crença é uma das mais inspiradoras de toda a ciência: "Os químicos são uma estranha classe de mortais, impelidos por um impulso quase insano a procurar seus prazeres em meio a fumaça e vapor, fuligem e chamas, venenos e pobreza, e no entanto, entre todos esses males, tenho a impressão de viver tão agradavelmente que preferiria morrer a trocar de lugar com o rei da Pérsia."

A extensão e a coerência do compromisso de Becher com essa crença romântica é uma outra questão. Johann Becher morreu sem vintém em Londres em 1682. Diz-se que se reconverteu ao protestantismo em seu leito de morte.

A *Physica subterranea* de Becher circulou amplamente por toda a Europa e recebeu diversas edições. Em 1703 sua terceira edição estava sendo preparada na Alemanha por Georg Stahl, professor de medicina na recém-fundada Universidade de Halle. Precedendo o texto de Becher, Stahl inseriu uma introdução de sua autoria. Esta ampliou a ideia original sobre a *terra pinguis*, assegurando seu papel central no desenvolvimento da química no século XVIII.

Como seu mentor Becher, Stahl era um tanto esquisito, embora de um tipo completamente diferente. Um caráter rabugento, misantropo, Stahl tinha uma crença firme no pietismo, seita protestante de inclinação puritana. Apesar disso, casou-se quatro vezes. Isso não se deveu inteiramente ao seu desejo por novas parceiras físicas: suas mulheres tinham o lamentável hábito de deixá-lo viúvo. Sua atitude estéril em relação à sociedade (frutífera, contudo, com relação à ciência do período) é condensada em seu moto pessoal: "Em qualquer discussão, tudo que a massa geral da opinião sustenta é errado."

No início do século XVIII a Alemanha estava ingressando num período de recuperação econômica, auxiliada em grande parte por desenvolvimentos na indústria da mineração. Stahl fora atraído originalmente pela *Physica subterranea* de Becher em razão de seu tema central, a mineração (como seu título indica). Ao ler a teoria de Becher sobre o papel da *terra pinguis* na combustão, porém, viu rapidamente que aquilo era apenas o germe de uma ideia que não havia sido plenamente desenvolvida. Estendeu-a ao campo da mineração.

O processo final na mineração de metais era a fundição. Esta envolvia o aquecimento do minério rochoso com carvão, produzindo assim o metal fundido. A técnica da fundição fora conhecida desde tempos pré-históricos, mas o que realmente acontecia no curso desse processo permanecia um tanto misterioso. Stahl reconheceu que a fundição estava agora madura para ser analisada de um ponto de vista químico, o que poderia de fato levar a avanços na técnica de mineração. Foi a noção de *terra pinguis* de Becher que inspirou nele a compreensão de que a fundição era simplesmente o processo oposto à combustão. Na combustão, uma substância como a madeira liberava *terra pinguis* para se converter em cinza. Na fundição, o minério absorvia *terra pinguis* do carvão para se tornar metal. Essa intuição foi confirmada para Stahl pelo fato de que ela explicava também o enferrujamento em metais. No enferrujamento, o metal liberava sua *terra pinguis* ígnea e era reduzido a uma ferrugem semelhante a cinzas. Portanto o enferrujamento era simplesmente combustão ocorrendo numa velocidade mais lenta.

Como o papel da *terra pinguis* fora agora ampliado além da concepção original de Becher, Stahl deu-lhe o novo nome de "flogístico" – do grego *phlogios*, que significa "ígneo". A teoria do flogístico de Stahl parecia explicar, de maneira inteiramente científica, vários dos maiores mistérios da transformação material. Muitos químicos em toda a Europa começaram mesmo a suspeitar que a teoria do flogístico podia encerrar a chave de toda mudança química. Ela encontrou também todo tipo de objeção. Críticos assinalaram que nem a combustão nem o enferrujamento ocorriam sem a presença de ar. Por que não ver o ar como o ingrediente essencial no processo, em vez desse misterioso flogístico? Stahl reconheceu a dificuldade, e concordou até certo ponto. Sim, o ar era essencial ao processo – servia como o transportador do flogístico de uma substância para outra.

Críticas mais penetrantes vieram do grande rival de Stahl, Hermann Boerhaave, o professor de medicina em Leyden. Em 1732 Boerhaave conquistou fama e fortuna ao produzir o primeiro manual confiável de química moderna, os *Elementa chemiae*. No entanto, este só fora escrito porque um grupo de seus alunos publicara um livro de apontamentos de suas aulas imperfeitamente transcritos que se tornou tão procurado que ameaçou arruinar sua reputação. E isso não era pouco. Em seu tempo, Boerhaave tinha por toda a Europa continental uma reputação equiparável à de Newton. A história pode ter revisto essa reputação, quando ficou claro que não fizera de fato nenhuma descoberta científica original de importância, mas seu imenso conhecimento e poderes de argumentação não haviam sido superestimados. Stahl descobriu isso à própria custa quando Boerhaave se opôs à sua teoria do flogístico. Se enferrujamento era o mesmo que combustão, indagou Boerhaave, por que nenhuma chama ou calor acompanhava esse processo? Isso inspirou a Stahl uma de suas mais engenhosas argumentações. Segundo ele, combustão e enferrujamento eram o mesmo processo ocorrendo em velocidades diferentes. Quando a madeira queimava, o flogístico escapava com tal velocidade que aquecia o ar que o transportava e tornava-se visível como chama.

Mas discussões ainda mais danosas estavam por vir. Era inegável que materiais combustíveis como papel, madeira e gordura se harmonizavam com a teoria do flogístico. Quando eram queimados, grande parte de sua substância desaparecia, restando apenas ligeiros vestígios de fuligem ou cinza. Isso se devia obviamente à liberação do flogístico. No entanto, esse certamente não era o caso com os metais que enferrujavam. Até os alquimistas haviam notado que, quando um metal enferrujava, a ferrugem acumulada resultante pesava mais do que o metal original. E o inverso desse processo só confirmava tal prova. O próprio Stahl observara que, quando cinzas do chumbo eram aquecidas, tornando-se chumbo, este pesava realmente menos que suas cinzas, quando, segundo a teoria do flogístico, havia adquirido flogístico e portanto deveria pesar mais. Até Stahl ficou perplexo.

Mas os defensores da teoria do flogístico não tardaram a responder a essas críticas. (Afinal, o futuro fundamento da química estava em jogo aqui. Iria essa nova ciência reduzir-se mais uma vez ao mero acúmulo de uma miscelânea de dados?) Para os defensores de Stahl, a resposta era clara. Havia evidentemente dois tipos de flogístico. A primeira espécie – encontrável em substâncias como papel, gordura etc. – tinha peso. A segunda espécie – tal como a encontrada nos metais – não tinha. Ao contrário, tinha peso negativo. Isso significava que, quando se ligava ao metal, na realidade o elevava, fazendo-o pesar menos.

Outros sustentaram que não havia de fato problema aqui. Muito simplesmente, o metal não ganhava peso ao ser calcinado. Essa afirmação parecia contrária a grande parte dos dados experimentais, inclusive os obtidos por Stahl. Nem todos os químicos, porém, admitiam esses dados. Ironicamente, isso se devia aos aperfeiçoamentos da prática de laboratório, especialmente nos métodos de aquecimento. Os químicos haviam agora começado a usar poderosas lentes de aumento para concentrar os raios do Sol sobre objetos. Estas produziam um calor de tal intensidade que muitas vezes ele vaporizava em parte a cinza metálica. Isso significava que, com muita frequência, a ferrugem remanescente pesava menos que o metal original.

O calibre e a inventividade das discussões desenvolvidas em torno da teoria do flogístico indicam o nível sofisticado a que a química se elevara. Ela era agora uma ciência plenamente desenvolvida, com todos os seus achados e teorias abertos ao debate racional. Estranhamente, nesse estágio não importava de fato que lado estava certo ou que lado estava errado. Era o próprio debate que alargava a compreensão química. (Curiosamente, o argumento que parece mais absurdo – peso negativo – conquistou agora respeitabilidade na física quântica.)

O próprio Stahl não ficou particularmente preocupado com a anomalia do peso que parecia refutar a existência do flogístico. De fato, muitos químicos do período relutavam em aceitar argumentos baseados em medição. Galileu compreendera a importância da medição na física, e Boyle enfatizara a necessidade de método experimental na química; mas a importância da medição em experimentos estava longe de ser universalmente reconhecida pelos químicos. Embora tivesse finalmente se desprendido da pele múltipla da alquimia, a química continuava sendo essencialmente uma ciência de transformações. Estas eram mudanças qualitativas e, como tais, categoricamente diferentes das mudanças quantitativas da física. A medição ainda não era vista como central para a química.

Stahl tendia a explicar o flogístico como um princípio imaterial, como o calor. Ele simplesmente fluía de uma substância para outra (transportado pelo ar circundante). Caso em que questões de peso eram irrelevantes. Essa atitude se harmonizava com as ideias religiosas de Stahl. Sua crença pietista quase mística o levara a se opor intensamente ao ateísmo e ao materialismo, e a adotar uma filosofia vitalista: a matéria inanimada só podia receber vida, ou vitalidade, do espírito. Parte do seu programa científico oculto era descobrir como o espírito interagia com a matéria. A teoria do flogístico fornecia exatamente essa explicação: o flogístico era o princípio vital que animava a matéria com fogo. O fato de essa visão medievalista estar subjacente à abordagem científica de Stahl não deveria ser razão para se depreciar sua ciência. Afinal, tal misticismo parece positivamente sensato se comparado com as crenças religiosas de Newton, um dos poucos contemporâneos que o eclipsou. No entanto, até as ideias mais extremadas de Newton eram, a seu modo, compatíveis com a ciência. No final do século XVII, os cientistas ainda tendiam a ser extremamente religiosos – e a ideia central que unia sua ciência e sua religião era muitíssimo sedutora. Em essência, era idêntica à dos matemáticos muçulmanos primitivos. Acreditavam que ao revelar as leis da ciência estavam descobrindo como a mente de

Deus operava. Deus criara o mundo, e as leis da natureza eram nada menos que o modo como ele pensava.

A despeito de todas as objeções, a teoria do flogístico logo foi aceita por muitos químicos progressistas. Muito simplesmente, ela explicava demais para ser abandonada. E, na concepção de Stahl, o flogístico explicava muito mais do que a combustão. Ele estava convencido de que nele residia a diferença entre ácidos e álcalis, talvez a chave para toda a reatividade química. Talvez pudesse explicar até as cores e os cheiros das plantas. Hoje essas especulações parecem forçadas, mas Stahl tinha certeza de que havia um "ciclo do flogístico" na natureza e chegou a citar dados experimentais em apoio a essa ideia. A madeira certamente continha flogístico, como era demonstrado quando se queimava. De maneira semelhante, o célebre experimento de van Helmont com o salgueiro era explicado de maneira mais convincente supondo-se que a madeira da árvore absorvia flogístico do ar à medida que crescia. Em retrospecto, é fácil criticar a linha de raciocínio de Stahl – aqui está, contudo, em embrião, a ideia da fotossíntese, o processo biológico fundamental que permite às plantas crescer com a ajuda do dióxido de carbono absorvido do ar. Só 50 anos após a morte de Stahl esse processo seria compreendido.

A essa altura a teoria do flogístico era aceita por químicos de toda a Europa. Isso era notável, uma vez que o flogístico nunca fora isolado e sua presença não fora sequer efemeramente detectada em algum experimento. Não era, contudo, de todo surpreendente. A sugestão de van Helmont de que além de sólidos e líquidos podia haver um terceiro estado da matéria, chamado "gás", era em grande parte ignorada. Os químicos tendiam a focar sua atenção em sólidos e líquidos. Quando a madeira queimava, deixando cinza, a fumaça e os vapores eram ignorados. Mesmo quando se confirmou que a ferrugem era mais pesada que o metal, a possibilidade de que esse peso adicional pudesse vir do ar não foi considerada.

Esse estado de coisas não mudaria até que os químicos levassem a cabo um exame sistemático dos gases que compunham o ar. Os resultados iniciais disso provaram-se espetaculares. Um dos primeiros químicos a investigar os gases do ar foi rapidamente capaz de isolar o "flogístico". Esse feito foi levado a cabo pelo químico inglês Henry Cavendish.

Num país e numa época que produziram todo tipo de excêntricos, Cavendish pode ser justificadamente encarado como o suprassumo da excentricidade. Seu comportamento suplantava de longe o de todos os seus concorrentes. Por acaso, ele possuía também a mais brilhante mente científica da Inglaterra desde Newton.

Cavendish era um aristocrata da melhor cepa – descendia por um lado dos duques de Devonshire e do outro dos duques de Kent. Sua mãe enfermiça se refugiara no sul da França para dá-lo à luz, mas só sobreviveu mais dois anos. Em conformidade com essa curiosa característica do gênio, o jovem Henry foi então criado numa família de uma só figura parental. Seu pai, lord Charles Cavendish, era um experimentalista entusiástico e talentoso (seu trabalho foi elogiado por ninguém menos que Benjamin Franklin), que logo recrutou seu rebento já ligeiramente esquisito como seu assistente de laboratório. O jovem Henry tinha uma voz esganiçada peculiar, que conseguia produzir pouco mais que um tartamudear – um padecimento que durou por toda a sua vida. Talvez em consequência disso, ele logo desenvolveu uma aversão a qualquer espécie de encontro humano. Os homens ele tendia a evitar, ou simplesmente ignorar. Das mulheres, literalmente corria, tapando os olhos – a sugerir que, durante seus breves dois anos de maternidade, Lady Cavendish havia conseguido despertar certas perturbações freudianas.

Aos 40 anos, quando herdou uma das maiores fortunas da Inglaterra, Cavendish mudou-se imediatamente para uma casa de campo no pouco elegante Clapham Common, na periferia de Londres. Ali converteu a maior parte dos cômodos em amplos laboratórios, e usava uma entrada lateral privada de modo a evitar visitantes e criados. Sua governanta, que tinha ordens estritas de jamais aparecer em sua presença, recebia suas instruções diárias na forma de bilhetes. Cavendish sempre jantava sozinho, sua refeição posta para ele na mesa sob redomas de prata. Quando um diretor do Banco da Inglaterra teve a temeridade de lhe fazer uma visita e perguntar o que faria com seus milhões (a conta dele era na época o maior depósito no Banco da Inglaterra), foi posto no olho da rua. Cavendish disse ao banqueiro que nunca mais o importunasse com sua presença e se contentasse em tratar do seu serviço.

Para sua maior irritação, Cavendish havia começado a essa altura a chamar a atenção quando andava pelas ruas. Isso nada tinha de surpreendente, já que ele insistia em se vestir com roupas andrajosas de segunda mão herdadas da família, muitas das quais haviam caído de moda no século anterior.

Henry Cavendish

Cavendish mostrara-se excepcionalmente promissor desde o início, e seus esforços científicos logo haviam começado a dar fruto. Como resultado de um mero punhado de artigos publicados, foi eleito para a Royal Society na idade singular de 29 anos. Surpreendentemente, tornou-se um frequentador regular dos encontros da sociedade, hábito que conservaria pelo resto da vida. No entanto, como um de seus colegas observou, "ele pronunciou publicamente menos palavras no curso de sua vida do que qualquer homem que tenha vivido até os 80 anos, sem excluir os monges trapistas". A reticência deste trapista, porém, não significa que era inteiramente silencioso. Segundo um outro colega da sociedade, ele tinha o hábito de emitir um "grito estridente... quando passava tranquilamente de um cômodo para outro".

Por curioso que possa parecer, esse comportamento é um indício da total dedicação de Cavendish à ciência. Ele se dispunha a suportar aqueles encontros sociais, que evidentemente lhe causavam tamanha angústia, no intuito de se manter em dia com os desenvolvimentos científicos, para o bem da ciência como um todo. Entretanto, para alguém que passou a maior parte de sua vida desperta em seu laboratório, os artigos publicados por Cavendish foram relativamente poucos e espaçados. Felizmente um deles incluiu seu trabalho pioneiro sobre os gases.

Cavendish ficou intrigado pelo gás que era produzido quando certos ácidos reagiam com metais. Esse gás havia sido isolado anteriormente por Boyle e, mais recentemente, por Joseph Priestley, contemporâneo de Cavendish; como porém Cavendish foi o primeiro a investigar suas propriedades de uma maneira científica abrangente, sua descoberta é geralmente associada a seu nome. Ele foi o pioneiro da pesagem de volumes particulares de diferentes gases para descobrir suas diferentes densidades. De início, fazia isso pesando uma ampola de capacidade conhecida cheia com diferentes gases. Mais tarde inventou uma engenhosa aparelhagem própria, que assegurava maior pureza dos gases a serem pesados. Descobriu que esse novo gás, produzido quando certos ácidos reagiam com metais, tinha uma densidade de apenas 1/14 da do ar. Observou também que quando uma chama era introduzida numa mistura desse gás com ar, o gás pegava fogo. Por isso chamou-o de "ar inflamável dos metais". Equivocadamente, Cavendish pensou que o "ar inflamável" vinha de fato dos metais, não do ácido. Como a maioria dos químicos seus contemporâneos, ele também aceitava a teoria do flogístico, acreditando que os metais eram uma combinação de cinza metálica e flogístico. Isso, juntamente com a leveza e a inflamabilidade excepcionais do "ar inflamável", o levou à conclusão sensacional de que havia conseguido isolar o flogístico!

Mas esse único passo atrás foi acompanhado por um significativo passo adiante. Priestley havia percebido que, quando acendia uma mistura de ar e "ar inflamável" num balão, restava uma umidade no vidro deste. Cavendish se agarrou a esse sinal, produziu quantidades maiores da umidade e descobriu que se tratava de água. Isso significava que a água era de fato uma combinação de dois gases – ar e "ar inflamável". Não podia mais ser vista como um elemento: este foi o último prego no caixão da teoria aristotélica dos quatro elementos.

Por volta da mesma época (1784-85), esse mesmo experimento foi também realizado por James Watt, a quem devemos o desenvolvimento da máquina a vapor. Isso deu lugar a uma indecorosa disputa pela prioridade, a que Cavendish e Priestley foram arrastados com relutância. Cada vez mais, descobertas estavam sendo feitas simultaneamente. (O desenvolvimento da máquina a vapor por Watt, por exemplo, foi contemporâneo de vários projetos similares.)

A ciência estava se desenvolvendo num corpo de conhecimento que frequentemente impelia na mesma direção os que com ela trabalhavam. Isso levou à compreensão de que a descoberta científica é em certa medida predeterminada. Se o "ar inflamável" não tivesse sido descoberto por Cavendish (ou Boyle, ou algum outro), seria descoberto por alguém, mais cedo ou mais tarde. A ciência podia ser vista agora como um fenômeno cultural-histórico, e não simplesmente a criação de gênios individuais trabalhando sozinhos.

Mas não seria Cavendish nem Priestley ou Watt que daria a esse gás recém-descoberto seu nome moderno. Isso aconteceu uma década depois, quando o notável químico francês Lavoisier o chamou de "hidrogênio" (do grego *hydro*, "água", e *-gen*, "gerador, causador, criador".)

Cavendish fez várias descobertas importantes no tocante à composição dos gases (chegou a sugerir a existência de um gás inerte um século antes de essa classe de gases ser descoberta). Fez também experimentos elétricos que estavam muito à frente de seu tempo. (Como ainda não fora desenvolvido nenhum método para medir a corrente elétrica, ele se sujeitava a um choque e avaliava a dor!) Além de tudo isso, produziu uma verdadeira cornucópia de resultados experimentais – que em sua maior parte permaneceram inéditos em seus cadernos de laboratório. Essa retenção da informação, contudo, não era uma excentricidade perversa. Cavendish estabelecia para si os mais elevados padrões de qualidade, recusando-se a publicar qualquer trabalho que não lhes correspondesse, ou que continuasse a intrigá-lo.

Talvez seu experimento mais notável tenha sido pesar o mundo (nada menos!). Aqui o calibre excepcional de seu trabalho salta aos olhos. A fórmula de Newton para a atração gravitacional incluía os pesos dos dois objetos envolvidos, a distância entre eles e uma constante gravitacional G, cujo valor permanecia ignorado. (A fórmula de Newton dava portanto uma relação proporcional e não números precisos.) Cavendish concebeu um experimento brilhante para descobrir o valor de G. Prendeu uma bola de chumbo a cada ponta de um eixo horizontal. O ponto médio desse eixo foi suspenso por um arame fino, de modo a poder oscilar livremente. Desse modo ele foi capaz de estudar como as bolas de chumbo livremente suspensas eram afetadas pela atração gravitacional de duas bolas de chumbo estacionárias maiores. A precisão requerida nessas medições minúsculas era tal que o experimento de Cavendish foi mais tarde reconhecido como "o início de uma nova era na medição de forças pequenas". Ele foi o primeiro a fazer experimentos com a atração gravitacional diminuta de pequenos objetos. Conhecendo o peso das diferentes bolas de chumbo e as distâncias entre elas, e tendo medido a atração gravitacional entre elas, Cavendish soube então todos os números da fórmula de Newton e foi capaz de calcular o valor de G. Pôde usá-lo portanto em lugar de G na equação que fornecia a atração entre a Terra e um objeto em sua superfície (cujo pequeno peso era facilmente medido). Foi capaz assim de calcular o peso desconhecido da Terra. Estimou-o em 66×10^{20} toneladas – um número de tal precisão que não foi corrigido até o advento do século XX. Levou também a uma importante conclusão o trabalho que Newton iniciara um século antes.

Após 79 anos de saudável solidão, Cavendish adoeceu e seu estado se deteriorou rapidamente. Perseverou em sua maneira de viver até o fim. Segundo o historiador da química da época Thomas Thomson:

> Quando ele se viu morrendo, recomendou a seu criado que o deixasse sozinho e não voltasse antes de certa hora que especificou, momento em que esperava já não estar vivo. O criado, no entanto, que estava ciente do estado do patrão, e aflito por causa dele, abriu a porta do quarto antes do momento especificado e aproximou-se da cama para dar uma olhada no moribundo. O sr. Cavendish, que ainda estava sensível, ofendeu-se com a intrusão e mandou que saísse do quarto com voz de desagrado, ordenando que não retornasse de maneira alguma até a hora especificada. Quando o criado voltou nesse momento, encontrou seu patrão morto.

Cavendish não deixou nada de seus milhões para a ciência. A despeito da crença popular, o Laboratório Cavendish em Cambridge, fundado 61 anos após a sua morte em 1871, foi de fato financiado por um seu parente. Por esse intermédio, porém, o nome Cavendish iria permanecer associado à excelência científica. O Laboratório Cavendish também permaneceu associado ao próprio Cavendish, e não somente através de um equívoco popular. Seu primeiro diretor, o notável pioneiro do eletromagnetismo James Maxwell, compilou os artigos inéditos de Cavendish e chegou a recriar vários de seus experimentos elétricos. Isso mostrou que Cavendish havia antecipado grande parte do trabalho dos dois grandes pioneiros do campo, Faraday e o próprio Maxwell. Esses experimentos coincidiram com o primeiro período do trabalho científico memorável empreendido no Cavendish. (O segundo veio uma geração mais tarde com a pesquisa inovadora de Rutherford sobre a estrutura do átomo, e a terceira foi a descoberta da estrutura do DNA por Crick e Watson em 1953. Nenhum outro laboratório do mundo foi até hoje capaz de igualar essas realizações.)

Cavendish havia aparentemente descoberto o flogístico, corroborando assim a teoria elementar das "três terras" proposta por Becher. Essa teoria, contudo, era essencialmente uma derivação da teoria dos quatro elementos de Aristóteles, que parecia ter sido demolida pela descoberta de Cavendish de que a água consistia de dois gases distintos. Então, o que era exatamente o flogístico? Podia ele ser a chave da verdadeira natureza dos elementos?

A resposta residia obviamente na maior investigação dos gases e da combustão. Esse tópico estava começando a atrair atenção também por razões mais práticas. A invenção da máquina a vapor aperfeiçoada, por Watt, havia introduzido um novo conceito de energia. Pela primeira vez na história, a humanidade já não dependia de seus próprios músculos ou daqueles dos animais (ou dos caprichos dos moinhos de vento) como fonte de força. Uma energia potencialmente ilimitada podia agora ser concentrada à vontade. A idade da máquina estava começando e na Grã-Bretanha isso já estava dando origem a uma revolução industrial. Trabalhadores rurais mal remunerados começaram a deixar a terra para trabalhar em fábricas, muitas vezes em condições aterradoras. (Na visão do poeta Blake, essas fábricas iriam se tornar "as soturnas usinas satânicas" a desfigurar a "terra aprazível e verde da Inglaterra".) A desordem social resultante gerou insatisfação e um questionamento dos valores tradicionais. Um sintoma disso foi a difusão de seitas religiosas dissidentes, como a dos unitaristas, cuja forma extrema de protestantismo os fazia ir muito além da Igreja Protestante da Inglaterra. Um dos líderes mais influentes do movimento unitarista foi Joseph Priestley, um dos poucos cientistas da época com quem Cavendish manteve uma correspondência esporádica.

Priestley nasceu em 1733, apenas dois anos depois de Cavendish. Também sua mãe morreu quando ele era criança e, como Cavendish, ele sofreu durante toda a sua vida de uma embaraçosa gagueira. Sob outros aspectos, porém, os dois eram opostos. Priestley se importava profundamente com o sofrimento da humanidade. Como Newton antes dele, considerava seu trabalho religioso mais importante que o científico. E, nesse caso, essa autoavaliação era provavelmente correta. Os experimentos de Priestley podem ter mudado o curso da química, mas sua compaixão, inspirada pela religião, por seus semelhantes fez a nação sublevar-se.

Priestley foi acima de tudo um ministro unitarista e, de início, praticava ciência apenas como *hobby*. Em 1756 suas simpatias pelos colonizadores americanos oprimidos o puseram em contato com o patriota americano Benjamin Franklin, outro excelente cientista com fortes convicções religiosas. No entanto, paradoxalmente, foi o exemplo de Franklin que convenceu Priestley a levar sua ciência mais a sério.

Dois anos mais tarde Priestley assumiu uma paróquia em Leeds, onde se viu morando perto de uma grande cervejaria. Ali iniciou uma investigação sistemática dos gases. Os tanques borbulhantes de cerveja em fermentação da casa ao lado forneciam ampla provisão do gás conhecido então como "ar fixo" (dióxido de carbono). Priestley colheu o gás e observou suas propriedades. Um camundongo posto nele logo morria; de maneira semelhante, uma chama se extinguia; e, quando pesado, o gás se revelava mais pesado que o ar. Para obter uma amostra mais pura de "ar fixo", Priestley recorreu ao venerando método de acrescentar greda a um balão de ácido sulfúrico. Permitiu ao gás escapar do balão efervescente hermético através de um tubo que dava voltas sob a superfície de um recipiente com água e subir para um vaso emborcado cheio de água, de modo que o gás penetrava borbulhando dentro do vaso, deslocando a água. Aqui Priestley notou mais uma característica do "ar fixo". Parte do gás parecia se dissolver na água. O resultado era "um copo de água efervescente extremamente agradável". Priestley descobrira o que hoje conhecemos como água gasosa. (Antes mesmo do nascimento dos Estados Unidos nação, um simpatizante da terra inventara o processo que um dia daria ao mundo a Coca-Cola.)

Priestley passou então a seguir uma sugestão de Cavendish e começou a coletar seus gases sobre mercúrio em vez de água. Isso lhe permitiu descobrir, e investigar, vários gases novos que anteriormente não eram coletáveis porque se dissolviam em água. Dessa maneira, isolou os gases que hoje conhecemos como óxido de nitrogênio, amoníaco, cloreto de hidrogênio e dióxido de enxofre. Nenhum desses gases parecia ser um elemento, e todos, exceto o amoníaco, tornavam-se acidíferos quando dissolvidos em água.

Foi o uso que Priestley fez do mercúrio que o levou, em 1774, à sua mais importante descoberta. Quando aquecido ao ar, o mercúrio forma uma cinza cor de tijolo. Priestley pôs uma amostra disso num balão. Submeteu então a amostra a calor concentrado, focando os raios do sol sobre ela através de uma lente de aumento de diâmetro ajustado, que acabara de comprar (e estava louco para usar). Descobriu que glóbulos prateados de mercúrio começaram a aparecer no meio da cinza vermelha. Simultaneamente, a cinza em decomposição emitia um gás. Quando coletou esse gás, Priestley constatou que parecia ser "um ar superior", dotado de algumas propriedades notáveis.

> Uma vela ardia nesse ar com assombrosa força de chama; e um pedacinho de madeira ao rubro crepitou e queimou com prodigiosa rapidez, exibindo uma aparência algo semelhante à do ferro, fulgurando com um calor branco e lançando faíscas em todas as direções. Mas, para completar a prova da qualidade superior desse ar, introduzi nele um camundongo; e numa quantidade em que, fosse isso ar comum, ele teria morrido em cerca de um quarto de hora, ele viveu ... uma hora inteira.

Na verdade, o camundongo poderia ter vivido ainda mais tempo se Priestley não tivesse permitido acidentalmente que morresse de frio. Ele tentou até provar esse novo ar: "A sensação que provocou em meus pulmões não foi sensivelmente diferente da provocada por ar comum; mas tive a impressão de sentir meu peito peculiarmente leve e aberto por algum tempo depois." Ficou embriagado! Em consequência, previu que esse gás poderia ter um futuro como vício elegante entre os ricos ociosos, uma espécie de precursor brando da cocaína.

Priestley explicou a química da droga que acabara de descobrir em termos da teoria do flogístico, em que acreditava firmemente. O fato de os objetos se queimarem tão facilmente na presença dela significava que liberavam rapidamente seu flogístico. A explicação desse fenômeno parecia clara. O novo gás era uma forma de ar desprovida de flogístico, e era por isso que o absorvia tão rapidamente. Por essa razão, Priestley chamou-o de "ar deflogisticado".

Priestley tinha grande fé na abertura científica e, ao visitar Paris mais tarde, em 1774, transmitiu sua descoberta do "ar deflogisticado" para o maior químico da época, Antoine Lavoisier. Isso teria um efeito de grande alcance sobre a história da química.

De fato, esta é a razão por que se atribui tão frequentemente a descoberta do oxigênio a Priestley, embora hoje se saiba que Scheele havia na verdade realizado precisamente o mesmo experimento com cinza de mercúrio dois anos antes na Suécia. A descoberta de Priestley pode não ter sido estritamente original (exceto para ele), mas foi ele quem a transmitiu para o domínio científico, em que haveria de ter grande efeito.

Tal atribuição de prioridade não foi um caso único. Um esquema similar seria adotado com relação a várias descobertas originais feitas pelo matemático alemão do século XIX Karl Gauss, que, juntamente com Arquimedes e Newton, é em geral considerado um dos três matemáticos supremos de todos os tempos. Gauss manteve parte de seu trabalho mais audaciosamente original secreto em cadernos não publicados. Assim, não se sabia que havia feito avanços importantes na teoria dos números, descoberto a geometria não euclidiana quando ainda em sua juventude, fundado a teoria dos nós, cuja significação somente agora está sendo plenamente compreendida, e até inventado o telégrafo. Quase todas essas descobertas foram atribuídas a outros, que chegaram a elas independentemente mais tarde. Mas foram estes últimos que as introduziram no domínio público, onde puderam contribuir para novos avanços em seu campo. Descobertas são para todos, ou para nada. (Mesmo aquelas mantidas em segredo para fins comerciais ou militares acabam ingressando no domínio público na prática.)

A curiosidade insaciável de Priestley e sua crença no experimento o levaram a fazer, e divulgar, enorme variedade de descobertas químicas. Seu contemporâneo Davy chegou a afirmar: "Nunca uma só pessoa descobriu tantas substâncias novas e curiosas." A fama de Priestley se espalhou por toda parte. Sua água gasosa, que se recusou a patentear, tornou-se um cura-tudo por toda a Europa (embora sua adoção pela Marinha britânica como remédio para o escorbuto tenha se provado um fracasso). Em outro memento duradouro, Priestley deu nome à seiva de uma planta brasileira que chegara recentemente à Europa. Quando descobriu que essa seiva apagava, ou *rubbed out*, marcas de lápis, chamou-a de *rubber* [borracha].

Seu renome científico, contudo, não se equiparou à sua fama política e religiosa. Embora esta tenha sido menos agradável. Em 1776 ele aplaudiu a Declaração de Independência feita pelos colonizadores americanos. A Revolução Francesa de 1789 despertou nele reação semelhante. Finalmente, esperava, poderia haver sociedades justas neste mundo. O sentimento antifrancês se exacerbou, e dois anos mais tarde a casa de Priestley em Birmingham foi incendiada por uma multidão a favor do "Rei e do País" incitada pelas autoridades. Priestley fugiu e foi morar em Londres, onde passou a ser evitado. Em reconhecimento por seu apoio à revolução, foi feito cidadão honorário da França. Isso pesou grandemente contra ele quando a França se declarou uma república, guilhotinou o deposto Luís XVI e finalmente declarou guerra à Grã-Bretanha. Priestley decidiu emigrar para os Estados Unidos. Em abril de 1794, aos 61 anos, embalou sua aparelhagem de química e tomou um navio para Nova York. Até o fim, conservou a tolerância e o otimismo característicos fomentados por sua mente racional e suas crenças religiosas. "Não simulo deixar este país ... sem pesar", declarou, mas "quando o tempo para a reflexão chegar, meus compatriotas, tenho certeza, haverão de me fazer justiça."

Ao embarcar para os Estados Unidos, Priestley continuava convencido de que o flogístico explicava o problema da combustão. Outros já haviam começado a questionar isso.

10. O MISTÉRIO DECIFRADO

Quando Priestley demonstrou seu "ar deflogisticado" para Lavoisier em Paris, este captou imediatamente a vastíssima significação daquela descoberta. Priestley pode ter sido um experimentalista extraordinário, mas Lavoisier tinha uma compreensão teórica superior da química. Como ninguém, usou seu conhecimento enciclopédico da química para estabelecer uma estrutura científica para seu campo. Somente então, com a pletora de novas descobertas, isso estava se tornando possível. Padrões estavam começando a surgir: semelhanças que apontavam para grupos de substâncias relacionadas, com propriedades similares causadas possivelmente por tipos similares de elementos.

A química estava madura agora para uma mente científica suprema.

Não foi à toa que Lavoisier tornou-se conhecido como o Newton da química. Ele nada teve, contudo, de um pioneiro obcecado. Durante seus breves 50 anos de vida não só estabeleceu a química moderna, como encontrou tempo também para ocupar (simultaneamente) vários cargos administrativos de alto nível, além de para fazer contribuições tecnológicas em vários campos díspares: balonismo, o mapeamento mineralógico da França, a iluminação das ruas nas cidades, o abastecimento de água de Paris, a eficácia da pólvora e uma fazenda modelo em tamanho natural, para citar apenas algumas. No entanto, quem foi esse colosso francês? O historiador da ciência Charles C. Gillespie fez uma caracterização famosa de Lavoisier como "o espírito da contabilidade elevado à genialidade". E há alguma justificação para isso. Para alguém que realizou tanto, em tantos campos, que viveu uma vida de tão imensa variedade durante um dos períodos mais empolgantes da história francesa, restam surpreendentemente poucos indícios de personalidade. O homem que fez tudo não foi nada. Foi simplesmente Lavoisier.

Antoine Lavoisier nasceu em 1743, de uma família de classe média alta. À medida que crescia, os primeiros volumes da *Enciclopédia* de Diderot começaram a ser publicados. Esse foi o produto máximo do Iluminismo francês, que havia começado com gente como Descartes. Pretendia ser um "dicionário racional" para propagar o amplo florescimento das artes e das ciências que estava agora ocorrendo por toda a Europa. Seu colaboradores incluíam a nata dos intelectuais do século XVIII na França: Voltaire, Rousseau, Montesquieu, o matemático d'Alembert, o filósofo Condillac, o próprio Diderot. Curiosamente, foi Diderot quem insistiu na ideia de que o futuro da ciência agora residia no experimento, não na matemática. A visão de Newton estava dando lugar à abordagem prática de Cavendish e Priestley – uma intuição que teria profunda influência sobre o jovem Lavoisier.

A intenção da *Enciclopédia* era combater a repressão sufocante da Igreja e o Ancien Régime – personificado por Luís XV e a extravagância desastrosa de sua vasta corte em Versalhes (com mais dez mil cômodos e gabinetes, mas nenhum vaso sanitário). Apesar disso Madame Pompadour, a célebre amante de Luís, não estava se referindo aos encanamentos quando declarou com indiferença: "*Après nous le déluge*" ("Depois de nós o dilúvio"). A menos que o Iluminismo se difundisse e se fizessem reformas abrangentes, a França estava caminhando para uma grande catástrofe social.

Lavoisier deu mostras de um talento tão excepcional que aos 23 anos foi eleito para a Académie des Sciences (a antiga Académie Royale des Sciences). Seu passo seguinte foi uma espécie de choque para seus iluminados colegas acadêmicos. Optou por ingressar (e nela investir sua herança) numa das agências mais opressivas que operavam sob o Ancien Régime, a Ferme Générale. Esta era uma organização privadamente dirigida que arrecadava certos impostos governamentais com base em comissão. Os métodos corruptos usados pelos coletores de impostos da Ferme Générale, movidos pelo lucro, faziam dela uma das mais abominadas instituições de um país em que todas as formas de autoridade estavam se tornando mais e mais desprezadas. Lavoisier não foi, sem dúvida, nenhum coletor – assumiu apenas um posto administrativo na Ferme –, mas devia saber muito bem o que estava se passando ali. A desculpa que geralmente se dá é que desejava que seu investimento gerasse uma renda suficiente para lhe permitir levar à frente suas pesquisas científicas.

Mas o primeiro e maior benefício que Lavoisier auferiria desse emprego não seria financeiro. Aos 29 anos ele se casou inesperadamente com a filha de 13 anos de um dos sócios majoritários da Ferme. Diz-se que sua noiva, Anne-Marie, foi casada às pressas pelo pai, empenhado em evitar a pressão real para que se casasse com um aristocrata de 50 anos e sem vintém – que a mocinha aturdida descreveu ao pai como *une espèce d'ogre* ("uma espécie de ogro"). Apesar das circunstâncias, esse casamento precipitado contraído por um rapaz solteiro tão elegível com uma menina de 13 anos pareceria sugerir ou fraqueza de caráter da parte de Lavoisier ou carreirismo descarado. No mínimo. Seja como for, essas reservas empalidecem à luz do próprio casamento. Embora não tenham tido filhos, Antoine e Anne-Marie iriam ser pelo resto de suas vidas um casal profundamente devotado. Foi um casamento que os realizou a ambos. Anne-Marie iria se tornar a parceira do marido na ciência. Ali estava mais que uma mera colaboradora. Aprendeu inglês de modo a poder informar o marido sobre os últimos artigos de química apresentados na Royal Society. Colaborou com ele também em muitos de seus mais importantes experimentos – que eram por vezes montados por ela e invariavelmente anotados por ela. E parece ter dados contribuições consideráveis em suas discussões sobre química teórica. (Sugeriram-se paralelos com a parceria entre Pierre e Marie Curie na virada do século seguinte – mas isso seria provavelmente um exagero.)

Uma coisa é certa, porém. Sem o apoio de Anne-Marie, Lavoisier certamente não teria tido tempo nem energia para levar adiante sua bem-sucedida carreira administrativa. Foi esta que lhe permitiu acumular a fortuna que financiou seus projetos científicos e humanitários. Entre os últimos estava a fazenda modelo que estabeleceu em suas terras na provinciana Orléans, e a organização para o alívio da fome que implantou por toda essa mesma região. Pelo menos parte do que extraiu em impostos foi devolvida em caridade.

Os talentos que Lavoisier demonstrou em seu trabalho para a Ferme logo lhe valeram a promoção a sócio majoritário. Na Académie des Sciences ele começou a ser indicado para vários comitês. Da mesma maneira, os aperfeiçoamentos que sugeriu para a indústria de munições acabaram lhe valendo sua designação para diretor da Administração da Pólvora. Este cargo incluía uma magnífica residência no Arsenal de Paris, onde ele instalou um laboratório esplendidamente equipado.

Foi ali que Lavoisier e sua mulher posaram para o célebre retrato feito por David, o mais consumado artista da época. Apesar de seu formalismo como retrato de sociedade do "grande cientista e sua mulher", este é também o retrato de uma devoção resoluta, ainda que um tanto cerebral. Lavoisier está sentado, escrevendo, à sua mesa forrada de veludo vermelho, sobre a qual se encontram várias peças de vidro da aparelhagem química. Anne-Marie está inclinada sobre ele, a mão levemente pousada sobre o ombro dele, que, com o rosto semivirado, contempla o seu. Ele usa uma peruca elegante e enverga um peitilho de rendas na moda com punhos combinando, calções elegantemente cortados e meias combinando; enquanto ela traja um exuberante vestido de noite longo de tafetá azul adornado com fitas. As peças da aparelhagem parecem reluzentemente precisas e antigas, e tem-se a impressão de que até o grande e frágil balão pousado de lado junto ao sapato afivelado dele não corre risco algum de ser quebrado. Este é um retrato do cientista como um homem de razão, conduzindo seus experimentos precisamente medidos num laboratório limpo, bem iluminado, assistido por sua esposa respeitavelmente trajada. Não pode ter sido sempre assim; deve ter havido dias de frustração e de vapores acres, com mãos na cabeça e tubos rachados a desarrumar as bancadas. Mas estão encerrados para sempre os dias do alquimista solitário escondido entre os vapores sufocantes de seu cubículo. Agora a química é uma ciência civilizada.

Segundo Anne-Marie, Lavoisier conseguia fazer tanto em sua vida aderindo a uma rotina rigorosa. Acordava às seis horas todas as manhãs, trabalhando até as oito em sua ciência. As horas do dia que se seguiam eram divididas entre negócios na Ferme Générale, a Administração da Pólvora e comitês da Académie des Sciences. Às sete da noite ele se recolhia para mais três horas de estudos científicos. Domingo, seu *jour de bonheur* ("dia de felicidade", como ele o chamava), era reservado para a realização de experimentos. Essa rotina não pode, contudo, ter sido tão inflexível, pois os Lavoisier eram famosos pelos jantares que ofereciam em sua residência no Arsenal. A estes compareciam cientistas e intelectuais eminentes (inclusive, numa ocasião, Thomas Jefferson e Benjamin Franklin). Depois do café e do conhaque, os convidados eram levados ao laboratório para uma demonstração dos últimos achados de Lavoisier.

Desde o início, Lavoisier adotou uma abordagem moderna da química. Esta era sintetizada por sua fé na balança (o mais preciso aparelho de pesagem disponível da época). A química nada tinha a ver com transformações misteriosas: toda

Famoso retrato de Antoine Laurent de Lavoisier e sua mulher pintado por David em 1788

mudança podia ser explicada e podia também ser medida. Ao mesmo tempo, parecia-lhe que a química estava sendo gravemente prejudicada por teorias tradicionais que não explicavam de fato coisa alguma e pareciam mesmo estar impedindo novos avanços consideráveis. Sob essa luz, parece um tanto surpreendente que Lavoisier tivesse se inclinado de início para a teoria dos quatro elementos. Fora convencido dessa concepção por indícios experimentais. Com seus próprios olhos, vira como a água, quando fervida por horas a fio num balão, acabava por produzir um minúsculo sedimento. A água parecia conter terra, e podia também se transformar em ar pela fervura. Mas ele ainda conservava certas cismas. O fato era que a teoria dos quatro elementos não explicava coisa nenhuma sobre o comportamento químico e não levava a lugar nenhum.

Em 1770 Lavoisier resolveu submeter essa aparente transformação da água em terra a um teste exaustivo, sob as mais rigorosas condições científicas. Para isso, usou um recipiente hermético em que a água podia ser fervida. Dentro dele, o vapor de água entrava num tubo onde era condensado, depois a água condensada retornava ao ponto de partida, de modo que nada era perdido no processo. Antes de iniciar o experimento, Lavoisier pesou separadamente a água e o recipiente. A água foi então fervida no recipiente hermético por nada menos que 101 dias. Como antes, um sedimento apareceu no momento esperado. Em seguida Lavoisier pesou a água, e constatou que ela pesava precisamente o mesmo que pesara anteriormente! O sedimento não teria podido vir da água. Quando pesou o recipiente, constatou que seu peso era ligeiramente menor que antes – e a diferença era exatamente igual ao peso do sedimento. A "terra" não viera da água, fora extraída do vidro pela água fervente. A última prova possível da teoria dos quatro elementos soçobrou.

Dois anos mais tarde, Lavoisier voltou sua atenção para o discutido problema da combustão. Conduziu um experimento em que aqueceu chumbo num recipiente hermético que continha uma provisão limitada de ar. De início, a superfície do chumbo formou uma camada de ferrugem, e depois parou de fazê-lo. Segundo a teoria ortodoxa do flogístico, o chumbo havia liberado seu flogístico para se tornar ferrugem, até que o ar no recipiente absorvera tanto flogístico quanto podia; então o processo cessara, porque o ar estava saturado de flogístico.

Lavoisier pesou então todo o equipamento (contendo chumbo, ferrugem, ar etc.) e constatou que ele pesava exatamente o mesmo que antes de ser aquecido. Em seguida pesou o chumbo e sua camada de ferrugem – e descobriu, como outros antes dele, que este era mais pesado do que o metal que havia sido pesado anteriormente. Mas se o metal ganhara peso ao ser parcialmente transformado em ferrugem, então mais alguma coisa no recipiente devia ter perdido uma quantidade similar de peso. Só podia ter sido o ar. Mas se o ar diminuíra, isso teria significado a existência de um vácuo parcial no recipiente no fim do experimento. Lavoisier repetiu o experimento e descobriu que, quando abria o recipiente hermético, produzia-se uma minúscula sibilação de ar se precipitando no recipiente. Ele contivera realmente um vácuo parcial!

O experimento de Lavoisier provou que, quando um metal se transformava em ferrugem, isso nada tinha a ver com a perda de algum flogístico misterioso (que tinha peso negativo, ou então era algum "princípio" imaterial, não se relacionando, portanto, com perda ou ganho de peso). Ele demonstrara que, na realidade, o metal se combinava com uma substância material dotada de peso, e que essa substância material consistia em uma porção do ar.

Foi nesse momento que Priestley chegou a Paris e demonstrou para Lavoisier o novo gás elementar que descobrira e chamara de "ar deflogisticado". Lavoisier considerava esse ministro dissidente inglês pouco mais que um amador, um sujeito bem-intencionado, de princípios liberais admiráveis, mas dificilmente um cientista de primeira linha. Sem dúvida era um experimentalista de algum talento, mas carecia de toda compreensão teórica sólida da ciência. Como tantos ingleses, era um pragmático e não um homem de razão – estava longe de ser páreo para um teórico francês. Priestley podia ter topado com esse novo gás, mas não tinha nenhuma ideia da importância do que descobrira. Lavoisier compreendeu isso de imediato. Como podia esse gás ser "ar deflogisticado", quando ele já havia provado que não existia nenhum flogístico?

Assim que Priestley voltou para a Inglaterra, Lavoisier repetiu seu experimento e obteve o chamado "ar deflogisticado". Continuou então com alguns experimentos mais sofisticados e descobriu que o "ar deflogisticado" estava presente em todo ar. Realizou um experimento com uma vela acesa. Esta foi colocada sobre uma boia numa tigela de água. Em seguida Lavoisier pôs sobre a vela um vaso de vidro emborcado, com a borda sob a superfície da água. À medida que a vela ardia, a água se elevava gradualmente dentro do béquer – a vela estava consumindo parte do ar. Mas Lavoisier observou que a vela sempre se apagava quando a água havia subido de modo a ocupar um quinto do béquer. O ar consistia obviamente de dois gases na proporção de um para quatro. A quinta parte, que era usada na combustão, era o chamado "ar deflogisticado" de Priestley. Lavoisier compreendeu então que o que de fato acontecia durante a combustão era basicamente o contrário do que dizia a teoria do flogístico. Quando uma coisa queimava, não liberava algum flogístico mítico, e sim se combinava com o chamado "ar deflogisticado", que constituía um quinto do ar.

Lavoisier decidiu dar a esse elemento o novo nome "oxigênio" – do grego *oxy*, que significa "ácido", e *-gen*, "gerador ou produtor". Era um nome racional para o novo gás: os experimentos de Lavoisier o haviam levado à conclusão de que esse gás elementar estava presente em todos os ácidos. (Isso parecia verdade na época. Só foi refutado quando Davy descobriu que o cloro era um elemento, uma geração depois de Scheele ter descoberto originalmente esse acre gás verde. Prosseguindo, Davy demonstrou que o ácido hidroclórico continha hidrogênio e cloro, mas nenhum oxigênio, e o nome oxigênio revelou-se anômalo. Mas a essa altura era tarde demais para mudá-lo. Assim o oxigênio se juntou às notáveis denominações impróprias universais, ao lado de Índias Ocidentais, Revolução Cultural e outra que tais.)

Finalmente a teoria do flogístico foi arrasada. Lavoisier publicou um artigo descrevendo o papel do oxigênio no processo da combustão. De maneira pouco honesta, omitiu qualquer menção ao papel vital que Priestley desempenhara nessa espetacular descoberta – chegou mesmo a sugerir que ele, Lavoisier, havia realmente descoberto o oxigênio. (Lavoisier sabia que era um grande químico, mas aspirava a arrebatar a imaginação do público descobrindo um elemento.) Conta-se que Madame Lavoisier comemorou a publicação do artigo do marido com uma "cerimônia racional-científica". Cem anos depois da morte de Becher, o pai original da teoria do flogístico, Madame Lavoisier se vestiu com a túnica das antigas sacerdotisas gregas e queimou cerimonialmente as obras de Becher e Stahl num altar diante de um bando de luminares científicos.

Apesar desse gesto dramático, nem todos ficaram inteiramente convencidos. Com o advento da Revolução Industrial, a ciência havia agora emergido como um fenômeno social, e como tal estava começando a ser arrastada para rivalidades nacionalistas. (Determinados a manter sua liderança industrial, os britânicos tentaram bloquear a exportação de qualquer nova maquinaria, tecnologia de fabricação ou mesmo de operários qualificados até uma altura avançada do século XIX.) Para os alemães, a teoria do flogístico era obra de seu grande químico Stahl. Que sabiam os franceses sobre ciência? Lavoisier não podia estar certo. Enquanto isso os ingleses se mantiveram tão distantes quanto sempre dessa rixa continental: tanto Priestley quanto Cavendish se aferraram obstinadamente à teoria do flogístico que seu trabalho tanto fizera para confirmar.

A combustão foi reconhecida com um dos principais processos químicos; sua semelhança com o enferrujamento já fora notada por Stahl. Lavoisier conduziu então uma série de experimentos que demonstrou que também a respiração era um processo similar. O ar inalado continha uma proporção muito maior de oxigênio que o ar exalado. Durante a respiração o oxigênio era inalado e o "ar fixo" (dióxido de carbono), exalado. Há vários desenhos de Lavoisier conduzindo esses famosos experimentos sobre a respiração usando uma cobaia humana. O sujeito do experimento é sentado numa cadeira, despido até a cintura, pedalando uma máquina. Uma máscara horrenda é ajustada bem rente ao seu rosto, obscurecendo toda a frente de sua cabeça de tal modo que lembra a de um manequim de alfaiate. Um tubo que sai da frente da máscara leva a vários balões – enquanto Lavoisier, de peruca e sobrecasaca, dirige seus assistentes e Madame Lavoisier assiste sentada à sua escrivaninha, tomando notas.

Como em todos os experimentos de Lavoisier, tudo era precisamente medido. O sujeito era experimentando a uma temperatura ambiente entre 25 e 12°C. Era medido "com comida", "sem comida", "trabalhando sem comida" e assim por diante. Lavoisier trabalhava segundo o princípio de que as substâncias que participavam de uma reação química podiam ser transformadas, mas seu peso global permaneceria sempre o mesmo. Esse havia sido o segredo de sua descoberta de que água fervendo num balão não produz terra. É essa ideia que está por trás da lei da conservação da matéria. Esse pressuposto básico dos experimentos de Lavoisier iria se tornar uma das pedras angulares da química do século XIX.

Além de apontar o futuro da química, Lavoisier havia também decifrado um dos grandes enigmas de seu passado, a combustão, e mostrado que isso elucidava muito mais do que o mistério do fogo. Combustão era oxidação, a adição de oxigênio – o qual, ao se queimar, formava cinza, ao enferrujar formava ferrugem, e na respiração formava "ar fixo" (dióxido de carbono), e assim por diante.

Como se pode ver pelos nomes acima, a química estava agora enredada na confusão de uma nomenclatura contraditória. Nomes cientificamente formados como oxigênio (ainda que anômalo) estavam sendo usados ao lado de nomes teori-

Laboratório de Lavoisier

camente especulativos, como "ar fixo", e nomes alquímicos remanescentes, como *calx* – que em latim significava cal!* De maneira semelhante, "ar deflogisticado" e oxigênio começavam agora a aparecer em diferentes manuais, ambos nomeando a mesma substância, mas segundo teorias distintas. E esses eram apenas os nomes dos gases. Quando se tratava do nome de substâncias e compostos mais complicados, havia um legado de nomenclatura ainda mais desnorteante – alguns nomes tendo origem na natureza e em termos da mineração, outros em efeitos e propriedades (reais ou imaginários), e um número ainda maior nas práticas alquímicas. Diferentes línguas tinham nomes diferentes para as substâncias – e diferentes especializações, como a medicina ou a geologia, muitas vezes tinham também seus próprios termos. Havia tintura disso, óleo daquilo, essência de tudo quanto há. *Quicksilver* e *hydrargyrum* [hidrargírio] eram dois dos muitos nomes do mercúrio; *litharge* [litargírio] era o que hoje conhecemos como óxido de chumbo; *alum* [alume] era o

* Dá-se em inglês, indevidamente, o nome *calx* – do latim para cal (óxido de cálcio) – ao resíduo da corrosão de metais, ou ferrugem. (N.T.)

nome popular para sulfato de potássio e alumínio. As últimas duas substâncias apontaram o caminho a seguir. No livro que Lavoisier escreveu em coautoria em 1787, *Método da nomenclatura química*, foi proposto um sistema lógico de denominação. No futuro, todos os compostos deveriam ser nomeados racionalmente, segundo os elementos de que eram compostos. Por exemplo, o nome ácido hidroclórico indicaria que essa substância era um composto de hidrogênio e cloro; tal nomenclatura tornaria a composição química transparente. E o efeito transformaria nossa leitura do que acontecia em reações químicas. Por exemplo, saberíamos que, quando zinco é acrescentado a ácido hidroclórico, a reação química resultante forma o composto cloreto de zinco – e, por dedução lógica, o gás liberado por essa reação efervescente seria obviamente o hidrogênio. A química estava avançando através de experimentos medidos, cientificamente conduzidos – e estes podiam agora ser descritos em linguagem científica.

É quase impossível avaliar a importância desse passo. Tal linguagem torna-se até um instrumento científico por si mesma (como na capacidade de prever a presença do hidrogênio em resultado da reação entre zinco e ácido hidroclórico). Só faltava uma coisa para calçá-la – e Lavoisier a publicou dois anos depois, em seu *Tratado elementar de química*. Neste ele definiu os elementos que formariam a base dessa nova linguagem química, embora ao mesmo tempo tivesse consciência das dificuldades insuperáveis envolvidas.

> Contentar-me-ei portanto com dizer que, se pelo termo elementos pretendemos expressar as moléculas simples e indivisíveis que compõem os corpos, é provável que não saibamos nada sobre eles: mas se, ao contrário, expressamos pelo termo elementos, ou princípios dos corpos, a ideia do último ponto alcançado pela análise, todas as substâncias que ainda não fomos capazes de decompor por meio algum são elementos para nós; não que possamos afirmar que esses corpos que consideramos simples não são eles próprios compostos de dois ou mesmo mais princípios, mas, uma vez que esses princípios não estão separados, ou antes, uma vez que não temos meios de separá-los, eles são para nós substâncias simples, e não os devemos supor compostos até que o experimento e a observação tenham provado que o são.

Essencialmente, isso não passa de um refinamento da definição de Boyle, feita um século antes. Mas há uma mudança de atitude significativa. Aqui está o novo pragmatismo inspirado pelos aperfeiçoamentos da técnica experimental e pela confiança nela. Lavoisier está admitindo que talvez nunca venhamos a descobrir precisamente o que é um elemento – somos obrigados a confiar no que parece ser um elemento à luz da prática experimental. A química estava aprendendo a admitir o que não sabia – e assim ganhando uma compreensão mais profunda do que, precisamente, sabia. Também esse foi um avanço revolucionário no método científico. Anteriormente os elementos haviam sido definidos teoricamente. Filósofos naturais mais antigos haviam tido a certeza de conhecer precisamente o que constituía um elemento, e o que eles eram (terra, ar etc.) Essa definição teórica confiante, porém, ultrapassava de longe qualquer capacidade prática de confirmá-la. Agora conservava-se uma definição – mas somente como um indicador, que servia também como um saudável lembrete das inadequações de nosso conhecimento prático real. Não era nenhuma camisa de força como o conceito dos quatro elementos. E sugeria a possibilidade de que tais definições teóricas pudessem ser, em última análise, inatingíveis, e portanto talvez não tivessem lugar numa ciência experimental.

Certamente não era por coincidência que o maior filósofo dessa época estava nesse exato momento formulando a contrapartida metafísica dessas ideias. A mais de 1.500 quilômetros dali, nas margens frias do Báltico, em Königsberg, Immanuel Kant estava esboçando um mundo filosófico que consistia em dois componentes: "fenômenos" e "númenos". Os primeiros eram a aparência das coisas, tal como as percebemos através de nossos sentidos, medições etc. Os últimos eram o cerne incognoscível, o mundo verdadeiro além do alcance de nossos sentidos: a verdade que sustentava e dava origem a esses fenômenos. Grande parte da filosofia desde então foi uma tentativa de assimilar essa distinção – cujas ramificações são ao mesmo tempo epistemológicas e científicas. De maneira semelhante, também a ciência continuou sendo uma batalha constante entre progresso guiado por teoria e progresso guiado por dados – entre tentativas de apreender a verdade interna e de identificar a verdade externa do mundo à nossa volta. O que constitui exatamente um elemento? Quais são os elementos?

Tendo proposto uma resposta provisória para a primeira pergunta, Lavoisier passou a arrolar audaciosamente sua resposta para a segunda. A lista dos elementos que traçou em seu *Tratado elementar de química* é surpreendentemente precisa. Ao todo, citou 33 elementos. Oito deles, entre os quais "magnésia" e "cal", revelaram depois serem compostos (óxido de magnésio e óxido de cálcio). Apenas dois estavam completamente errados. Estes eram os elementos que ele chamou de "luz" e "calórico" (calor). Outrora considerados substâncias materiais, ambos são hoje sabidamente formas de energia. Ironicamente, Lavoisier sugeriu que o "calórico" era um "fluido imponderável", ou um princípio imponderável, isto é, exatamente o mesmo que o flogístico. Um "princípio" misterioso, que também tinha por vezes "peso negativo", era substituído por outro! Embora seu efeito não tenha sido tão fundamental quanto o do flogístico, essa ideia do "calórico" iria estropiar a pesquisa do calor por outro meio século.

Essas pequenas deficiências, contudo, foram de longe superadas pela contribuição positiva de Lavoisier. Sua definição de elemento apontou o caminho para a futura exploração dos elementos. Lavoisier pode não ter descoberto ele próprio nenhum novo elemento (para seu pesar). Assim também, não foi responsável individualmente por nenhuma grande descoberta. Não importa que não tenha sido o único destruidor do flogístico, ou o originador da lei da conservação da matéria, ou mesmo o químico que produziu a definição de um elemento químico (coisas que teria gostado de nos fazer crer). Sua contribuição foi uma abordagem revolucionária que estabeleceu a química de uma vez por todas como um corpo de conhecimento científico sobre o mundo real.

Mas 1789 foi também a data de uma outra revolução. No dia 14 de julho o povo de Paris tomou de assalto a Bastilha. A Revolução Francesa havia começado – pondo em movimento os eventos que acabariam levando à morte de Luís XVI na guilhotina e à proclamação da República. Lavoisier viu-se então numa situação extremamente delicada. Como cientista, fizera mais do que ninguém para promover a reforma esclarecida, mas era também membro de duas instituições fortemente ligadas ao Ancien Régime: a Académie des Sciences e a detestada Ferme Générale. A euforia inicial da revolução logo deu lugar ao inevitável derramamento de sangue. Lavoisier continuou diretor da Administração da Pólvora no Arsenal sob o novo regime, conduzindo sua carreira administrativa o melhor que podia em meio aos mares cada vez mais tempestuosos e traiçoeiros da mudança revolucionária. Ironicamente, foi sua condição de membro da Académie des Sciences que o pôs em perigo.

Vários anos antes, um jovem e ambicioso jornalista havia apresentado um artigo à Académie na esperança de ser eleito para seu prestigioso corpo. O artigo tratava da natureza do fogo. Nele, o jornalista afirmava ter conduzido um experimento que "provava" de que modo uma vela ardendo num espaço fechado se extinguia. Segundo o artigo, isso acontecia porque o ar aquecido pela chama se expandia e por isso a pressão à sua volta se elevava, diminuindo seu tamanho até finalmente extingui-la. Uma explicação engenhosa como essa poderia ter merecido alguma atenção na era do flogístico, mas à luz do trabalho de Lavoisier era obviamente puro disparate. Coube ao acadêmico Lavoisier informar ao jornalista equivocado que seu artigo era tão desprovido de mérito científico que não chegava a ser nem mesmo errado. O jornalista sentiu-se profundamente insultado por essa rejeição desatenciosa; Lavoisier havia feito um inimigo que não o esqueceria.

O nome do jornalista era Jean-Paul Marat. Em 1791, Marat se tornara um dos líderes dos jacobinos, defensores extremistas do que logo se tornaria o Terror. Nesse ano Marat atacou Lavoisier publicamente no jornal jacobino *L'Ami du Peuple.* Qualificou-o de "charlatão ... químico aprendiz" que "se proclama o pai legítimo de toda descoberta. Como não tem nenhuma ideia própria, baseia-se inteiramente nas de outrem." É possível que essa visão um tanto áspera da contribuição de Lavoisier contivesse um grão de verdade, mas logo ficou claro que Marat pretendia mais do que fornecer um corretivo para a posteridade. Estava muito mais interessado no destino atual desse "banqueiro explorador ... coletor de impostos chefe ... esse lordezinho que tinha uma renda anual de 40.000 libras". Marat concluiu declarando: "Quisera que ele tivesse sido pendurado num poste de luz durante a noite."

Dois anos mais tarde Marat conduziu os jacobinos ao poder e o Terror imperou. Embora Marat logo tenha sido assassinado, Lavoisier foi preso. Apesar dos esforços ingentes de Madame Lavoisier, seu marido foi levado a julgamento. O juiz expressou sua opinião de que "a República não precisa de cientistas", e o condenou à morte. Foi guilhotinado no mesmo dia. Quando seu colega acadêmico, o célebre matemático francês Joseph-Louis Lagrange, ouviu a notícia, seu comentário fez um amargo epitáfio: "Só um minuto para cortar aquela cabeça, e talvez cem anos não nos deem outra igual."

11. Uma fórmula para a química

Priestley soube da morte do seu grande rival quando chegou aos Estados Unidos. No entanto, apesar dos convincentes dados experimentais de Lavoisier, continuou convencido até o fim de seus dias de que a teoria do flogístico estava certa. Como o físico alemão do século XX Max Planck observou ironicamente: "Uma nova teoria científica triunfa não convencendo suas oponentes e fazendo-as ver a luz, mas porque suas oponentes acabam morrendo."

Enquanto isso, outros não tardaram a trabalhar sobre os fundamentos da nova química que Lavoisier lançara. O desenvolvimento mais notável veio do inglês John Dalton. Afirmou-se, com alguma razão, que Dalton contribuiu para a ciência com uma única ideia, e que o resto de seu trabalho foi tão prosaico quanto o próprio homem. Mas a ideia com que contribuiu foi a mais profunda e duradoura jamais incorporada à química. Não era original, mas a aplicação que dela fez Dalton foi.

John Dalton nasceu em 1766 na remota aldeia de Eaglesfield, na borda do Lake District inglês – cuja beleza inculta seria "descoberta" poucos anos depois por Wordsworth. Por toda parte se estendia uma beleza sublime, ainda não reconhecida. Um paralelo adequado: a química estava num estado semelhante, e Dalton seria seu Wordsworth. Mas Dalton seria um poeta da ciência, do intelecto preciso e não do enlevo maneirista. Seu pai era um tecelão de crença quacre. O próprio Dalton deixou a escola quacre local aos 11 anos, mas voltou um ano depois para lá ensinar. Suas aulas eram enfadonhas e, como não é de surpreender, tinha problemas de disciplina com alunos mais velhos que ele próprio. Poucos eram sensíveis o bastante para perceber seu entusiasmo que, uma vez despertado, tornava-se obsessivo. Começou com meteorologia. O macilento e desengonçado mestre-escola tornou-se obcecado em registrar os mínimos detalhes do tempo a cada dia: esses eram os prosaicos narcisos de sua inspiração. (Dalton manteria registros meteorológicos meticulosos por quase 60 anos, tendo feito suas últimas anotações no próprio dia em que morreu. Eles foram amorosamente preservados para a posteridade até 1940, quando os detalhes de uma tarde chuvosa de quinta-feira em junho de 1796 – e outras incontáveis observações inestimáveis – foram explodidos em estilhaços por uma bomba nazista.)

Dalton parece ter tido uma tendência a malbaratar seu entusiasmo científico e considerável talento em assuntos inadequados. Apesar de ser cego para cores, seu interesse em fenômenos meteorológicos o levou a descrever a aurora boreal. Seu talento poético e sua visão deficiente reduziram essa assombrosa maravilha a "um fluido elástico, partilhando as propriedades do ferro, ou antes do aço magnético, e que esse fluido, sem dúvida graças à sua propriedade magnética, assume a forma de feixes cilíndricos."

Dalton tinha mais de 30 anos quando voltou sua atenção seriamente para a química. Nessa época, estava levando uma vida reclusa em Manchester. Ali, dirigia uma pequena escola privada tutorial, especializada em assuntos científicos, onde a instrução era ministrada sobretudo com equipamentos feitos em casa. Levando adiante sua obsessão meteorológica, começou nessa altura a estudar a composição do ar, o que por sua vez o levou a uma meticulosa investigação do comportamento e da composição dos gases. Aceitando a ideia de Boyle de que os gases consistem de partículas minúsculas, logo descobriu uma propriedade fundamental dos gases, até hoje conhecida como Lei de Dalton. Esta declara que quando dois ou mais gases são misturados, sua pressão combinada será a mesma que a soma das pressões que cada gás teria se estivesse sozinho, ocupando o mesmo volume.

Apenas uma década antes, em 1788, o químico francês Louis-Joseph Proust havia descoberto uma outra importante propriedade dos gases, que constatou aplicar-se também a compostos de outras substâncias. Sua lei das proporções definidas declarava que todos os compostos consistiam de elementos em proporções definidas e simples por peso. Em outras palavras, um composto podia ter dois elementos na proporção 3:1, mas não em proporções complexas como, digamos, 3,21:1 ou 2,8:1. Dalton viu que isso podia ser facilmente explicado se a noção de gases de Boyle fosse ampliada a toda a matéria, de modo que toda ela passasse a ser vista como consistindo, em última análise, de minúsculas partículas indivisíveis. Se as partículas de um elemento pesassem três vezes mais que as de outro, e o composto fosse formado com uma partícula de um elemento unida a uma partícula do outro, a proporção de seus pesos seria por força precisamente 3:1. Jamais poderia ser 3,21:1 ou 2,8:1.

Dalton reconheceu a similaridade dessas partículas indestrutíveis, últimas, com a ideia de Demócrito dos *atomos* "que não podem ser cortados", e decidiu chamá-las átomos. Mas sua ideia não foi simplesmente um plágio da antiga ideia grega que fora tão miraculosamente preservada e transmitida através das obras de Epicuro, depois Lucrécio, e finalmente através da única cópia medieval de seu *De rerum natura* que sobrevivera. Tampouco foi idêntica a qualquer das versões dela decorrentes dos séculos XVII e XVIII – como a de Boyle –, nenhuma das quais levara a noção grega substancialmente à frente. Todas essas ideias haviam permanecido completamente especulativas e teóricas. A noção de átomo de Dalton foi científica e prática. Foi usada para explicar os resultados experimentais que haviam levado Proust a formular sua lei das proporções definidas. O conceito de Demócrito fora teórico. Ele postulara também o tamanho e a forma dos átomos. (Por exemplo, os átomos da água eram lisos e redondos, o que a tornava fluida e sem forma permanente.) Os átomos de Dalton, por outro lado, diziam respeito puramente a peso. Embora não tivesse nenhum meio de determinar o tamanho real de átomos, ele descobriu que podia determinar os pesos relativos deles tal como ocorriam em compostos. O que Dalton formulou foi uma teoria quantitativa, que combinou o conceito original de Demócrito com a aplicação da medição quantitativa à química feita por Lavoisier.

A teoria atômica de Dalton afirmava que todos os elementos consistiam de átomos minúsculos, indestrutíveis. Avançando em relação a Lavoisier, ele sustentou que todas as substâncias compostas eram simples combinações desses átomos. Essa ideia sensacional transformou nossa compreensão da matéria. Durante os dois séculos que se seguiriam à sua descoberta, a ciência iria progredir além de toda imaginação. À luz de descobertas posteriores, a teoria de Dalton foi corrigida, mas suas premissas básicas continuam fundamentais para nossa compreensão atual da física e da química. De fato, o físico quântico do século XX Richard Feynman afirmou que se a raça humana fosse aniquilada e pudesse transmitir uma única sentença de conhecimento científico, ela começaria com as palavras: "Todas as coisas são feitas de átomos..."

Tendo estabelecido que os átomos dos diferentes elementos tinham pesos relativos uns aos outros, o passo seguinte óbvio foi estabelecer um marcador. Como o hidrogênio era o elemento mais leve, Dalton fixou seu peso como um peso nocional relativo de 1. Isso significava que o peso de todos os outros elementos podiam ser calculados relativamente a esse número. Como um exemplo, Dalton usou a água – que já fora estabelecida como um composto de oxigênio e hidrogênio, em proporções por peso de 8:1. Supondo que água consistia de um átomo de oxigênio e um átomo de hidrogênio, isso significava que um átomo de oxigênio pesava oito vezes mais que o de hidrogênio. Assim Dalton atribuiu ao oxigênio um peso atômico de 8. (Neste caso estava de fato enganado: o peso atômico do oxigênio é 16. A água contém dois átomos de hidrogênio, mas Dalton não estava ciente disso.) Desse modo, montou uma tabela de pesos atômicos, listando cada elemento com seu peso em relação ao do hidrogênio

A suprema importância da teoria atômica de Dalton foi rapidamente reconhecida em todo o mundo científico. Exceto por uma série de conferências públicas ministradas em seu costumeiro estilo desenxabido, Dalton continuou a viver uma simples vida quacre em Manchester, esquivando-se a honras públicas. Mas estas foram despejadas sobre ele, quer as quisesse ou não. Foi eleito para a Royal Society secretamente, contra seus desejos expressos. A filiação a instituições como essa era contrária à sua religião. As notificações que o correio trazia de sua eleição para academias prestigiosas de toda a Europa ficavam sem resposta.

Mundialmente famoso apesar de todas as suas tentativas de evitar esse infortúnio, Dalton finalmente morreu em 1844 aos 67 anos. Seu desejo de um funeral quacre simples atraiu mais de 4.000 pranteadores e uma centena de carruagens. A Grã-Bretanha ingressara na era vitoriana: a respeitabilidade, a reverência por celebridades e cerimônias pias (especialmente funerais) eram elementos centrais do etos da classe média ascendente. Além disso, durante a Revolução Industrial, Manchester deixara de ser uma cidadezinha mercantil para se tornar a segunda maior cidade da Grã-Bretanha: o centro de sua indústria manufatureira, com uma população de mais de um terço de um milhão. (Londres, na época a maior cidade do mundo, tinha uma população de cerca de dois milhões. Contudo, Manchester era a principal cidade em mais um sentido: foi o primeiro lugar da Terra a crescer aceleradamente, transformando-se numa enorme área urbana caoticamente espalhada, em consequência do rápido crescimento industrial – um fenômeno que iria se disseminar por todo o globo durante o século seguinte.)

O funeral de Dalton foi uma celebração de orgulho cívico, e também da ciência que havia tornado isso possível. Também a ciência se tornara respeitável, até meritória. Um dos desejos de Dalton, contudo, foi respeitado. Seus olhos foram preservados na esperança de que um dia seria descoberta a causa de sua cegueira para cores. Passados 150 anos da sua morte, amostras de DNA mostraram que ele não possuía os genes que produzem o pigmento sensível ao verde em olhos normais.

* * *

Um refinamento posterior foi exigido antes que a química se libertasse das limitações de sua própria história. Isso deveria ser assegurado pelo maior de uma longa linhagem de químicos suecos: Jöns Berzelius. Enquanto Dalton se esquivava de honrarias, Berzelius parece ter gostado de acumulá-las. Ao final de sua ilustre carreira, havia sido homenageado por nada menos que 94 academias, universidades e sociedades doutas, e o rei da Suécia o fizera barão. A essa altura, seu manual de química havia sido traduzido em todas as línguas mais importantes e era considerado o livro padrão, com seus pronunciamentos sobre os últimos avanços químicos sendo tomados como a sagrada escritura. (Mesmo quando estavam errados, como o mais das vezes estavam em sua velhice conservadora. Em sua opinião, nem cloro nem nitrogênio eram elementos, e ponto final.)

Mas o trabalho anterior de Berzelius mais do que compensa sua inflexibilidade na velhice. Quando rapaz ele foi um aluno de medicina surpreendentemente medíocre, que só não fracassou por causa da promessa que mostrava em física. Somente perto do final de seus estudos começou a florescer como químico. Mas essa amplitude de conhecimentos científicos se provaria decisiva. A primeira obra de importância de Berzelius foi feita em eletroquímica, em cujo desenvolvimento ele desempenhou relevante papel. Esse novo campo tornara-se possível com a invenção, em 1800, da bateria elétrica pelo italiano Alessandro Volta, em cuja homenagem o volt foi denominado. Usando a nova "pilha voltaica" (como a bateria foi inicialmente chamada), Berzelius fez uma corrente elétrica percorrer soluções de diferentes compostos. Isto os fez separarem-se, sendo uma parte atraída pelo anodo (terminal positivo) e outra pelo catodo (terminal negativo). Por exemplo, no caso do sulfato de cobre, o cobre seria atraído pelo catodo. Como carga elétrica negativa atrai positiva, isso levou Berzelius a compreender que o componente de cobre do sulfato de cobre tinha uma carga positiva. Esse processo veio a ser conhecido como eletrólise (literalmente, "dissolução elétrica"). Experimentos adicionais com outros compostos produziram resultados similares, estimulando Berzelius a propor uma teoria ampla. Parecia que todos os compostos eram duais, consistindo em um componente positivo e um negativo, mantidos juntos por sua carga elétrica oposta.

Desse modo Berzelius pôde traçar uma lista de elementos – com oxigênio, o mais negativo, num extremo, e metais alcalinos altamente positivos no outro. Ele descobrira uma maneira inteiramente nova de classificar os elementos, que não parecia ter qualquer relação precisa com seus pesos atômicos. Berzelius fora outrora um dos primeiros a aceitar a teoria atômica de Dalton, e isso o estimulara a empreender uma exploração exaustiva de pesos atômicos. Na altura de 1810, Dalton conseguira estabelecer o peso atômico de 20 elementos. Berzelius descobriu que os números de Dalton tinham uma precisão variada. (A cegueira para cores, a insistência obstinada em construir sua própria aparelhagem e uma inabilidade inata limitavam a eficiência de Dalton como experimentador: seu forte era a capacidade de discernir um padrão teórico numa massa de dados.) Berzelius, por outro lado, era um experimentador persistente e meticuloso. Na altura de 1818, já havia determinado os pesos atômicos de 45 dos 49 elementos reconhecidos. Ao mesmo tempo, havia também analisado mais de dois mil compostos na tentativa de confirmar sua teoria dualística. Lamentavelmente, descobrira que certos compostos não pareciam ter essa natureza dual positiva/negativa. Esse era o caso, em particular, dos compostos orgânicos – os que contêm carbono, frequentemente em estruturas complexas, e formam a base dos organismos vivos.

Essa anomalia, no entanto, não fez Berzelius abandonar sua teoria dualista, que ainda parecia fornecer a chave da reação química. Em vez disso, ele insistiu em que os compostos orgânicos, por serem vivos, estavam sujeitos a uma "força vital" que operava por sobre as leis da química. Essa doutrina, conhecida como vitalismo, iria continuar notavelmente persistente. A similaridade entre a "força vital" e o flogístico é evidente. Sua incapacidade de se manifestar em qualquer experimento a deixava vulnerável à teoria oposta do materialismo, que afirma que tudo que existe é matéria ou dela depende. Hoje em dia a "força vital" pode ter sido eliminada da ciência, juntamente com outras manifestações do mundo espiritual, mas também o materialismo não deixa de encerrar suas dificuldades. Tudo pode consistir em matéria, mas o que é exatamente essa "matéria"? E como poderemos um dia saber algo de certo a seu respeito? Como podem nossos órgãos dos sentidos, e sua extensão na forma de instrumentos científicos, dar-nos um acesso direto à matéria? Vemos com nossos olhos, não através deles. O instrumento registra apenas o que foi construído para registrar, que não se assemelha necessariamente à realidade com que está lidando. Na verdade, o que ele registra certamente não pode ser idêntico à realidade. O que nos leva de volta ao problema antevisto por Lavoisier quando definiu elemento – o problema filosófico suscitado por Kant com seus fenômenos e númenos. Não temos certeza. Quando usa explicações ou teorias que vão além dos dados experimentais, a ciência se expõe a dúvidas. Ciência é o que funciona, não uma explicação filosófica do mundo.

Mas significa isso que a ciência deve sempre depender de resultados experimentais, renunciando a teorias como a do flogístico ou mesmo a da "força vital", que podem, por um período limitado, fornecer explicações frutíferas? Na época de Berzelius a química começou a depender de uma entidade particular, que se tornou um componente essencial de todos os experimentos, e contudo nunca foi amparada por qualquer evidência experimental. E isso durou quase tanto tempo quanto o flogístico e a "força vital". A entidade em questão foi o átomo. Durante um século depois que Dalton propôs sua teoria atômica, ninguém foi capaz de fornecer um indício concreto de que algo como um átomo realmente existia. Ainda nos primeiros anos do século XX, a inexistência do átomo continuava a ser plausivelmente sustentada por pensadores químicos tão eminentes quanto o cientista-filósofo austríaco Ernst Mach (em cuja homenagem o Mach 1, a velocidade do som, foi denominada). Não eram homens retrógrados. Reconheciam que o conceito de átomo fora de imenso valor para a ciência ao longo do século anterior – mas insistiam, com toda razão, em que ele continuava sendo um mero conceito. A ciência pode ser "o que funciona", mas os fundamentos em que se ergue ainda continuam em parte um tanto frágeis. (A existência do átomo só foi realmente provada com o artigo de Einstein em 1905.) A alquimia fez muito pela química durante um tempo em que a ciência avançava a passo de tartaruga, embora sua bruxaria hoje seja considerada risível. Com a ciência contemporânea disparando à frente como um raio, nossas alquimias atuais irrealizadas e pressupostos atômicos injustificados vão sem dúvida ser expostos ao ridículo muito mais cedo. Vamos todos parecer retrógrados aos olhos de nossos netos.

A análise meticulosa dos compostos químicos conduzida por Berzelius levou-o finalmente a descobrir três elementos (cério, selênio e tório). A estes sua fiel equipe de assistentes acrescentou mais meia dúzia. Mas nem todos os grandes avanços da ciência se deram através de descobertas, ou mesmo de conceituações originais (fundamentadas ou não). Lavoisier fixara a infraestrutura da química. Berzelius acrescentou os toques finais a esse projeto. A química estava agora bem estabelecida como uma ciência internacional – no entanto, diferentemente da matemática, por exemplo, não tinha uma linguagem internacional. Quando Lavoisier decretou que os compostos deveriam ser nomeados segundo seu constituintes elementares, esse projeto foi prejudicado pelo fato de que os elementos muitas vezes tinham nomes diferentes bem estabelecidos em países diferentes. Por exemplo, em alemão o hidrogênio era (e ainda é) chamado *Wasserstoff* (uma versão alemã do grego de Lavoisier para "gerador de água"). Lavoisier apontara o caminho forjando nomes para novos elementos, como o oxigênio e o hidrogênio, a partir de descrições gregas antigas de suas propriedades distintivas. Berzelius usou sua autoridade para promulgar essa noção por todo o mundo científico, insistindo em que nos artigos científicos os elementos deveriam ser chamados por seus nomes antigos gregos ou latinos. Assim ouro (*gold* em inglês, *or* em francês, *guld* em sueco) tornou-se o latim *aurum*; e prata (*silver* em inglês, *argent* em francês, *Silber* em alemão) tornou-se o latim *argentum*.

Mas esse foi apenas o primeiro passo. Desde os tempos mais antigos alquimistas haviam representado as reações químicas por meio de fórmulas, usando símbolos secretos, hieróglifos e pictogramas para descrever os ingredientes iniciais e os produtos finais. Lavoisier compreendera a utilidade dessas fórmulas, desde que os símbolos usados fossem conhecidos por todos. Infelizmente, os símbolos que ele adotou eram quase tão impenetráveis quanto os hieróglifos dos alquimistas. Dalton compreendeu a necessidade de um simbolismo muito mais simples. Uma vez que visualizava o átomo como minúsculas entidades circulares, optou compreensivelmente por representar os elementos de forma circular. O hidrogênio era representado por um círculo com um ponto no meio; o enxofre tinha uma cruz no círculo; o mercúrio tinha pontos em torno da circunferência interna, o que lhe dava o aspecto de uma roda dentada; o cobre tinha um c no círculo, como o símbolo de direito autoral. Os compostos eram mostrados como grupos de círculos inscritos unidos, em feixes apropriadamente ligados. Isso produzia complexos de círculos raiados, manchados, pontilhados e sombreados – parecidos com alguma coisa entre um boneco da Michelin e uma formação de bolas de sinuca. Esses padrões tinham o mérito de certa precisão pictórica – mas teriam desnorteado qualquer criptógrafo tarimbado, que dirá químicos tentando ler uma equação química.

Foi Berzelius quem viu a resposta simples. Ele concluiu que em todas as equações químicas o elemento deveria ser representado pela letra inicial de seu nome clássico latino ou grego. Por exemplo, hidrogênio deveria ser H, oxigênio O, e assim por diante. Quando dois elementos tinham a mesma inicial, uma segunda letra distinguidora do nome clássico deveria ser acrescentada. Assim, *aurum* (ouro) tornou-se Au, e *argentum* (prata) tornou-se Ag. Agora os compostos podiam ser escritos, e não representados, numa forma simbólica simples. Por exemplo, monóxido de carbono podia ser escrito CO. E quando se constatava que mais de um átomo de um elemento estava presente num composto, decidiu-se que isso deveria ser indicado por um número subscrito. Assim dióxido de carbono deveria ser escrito CO_2; e amônia (que contém um átomo de nitrogênio e três de hidrogênio) tornou-se NH_3.

A química finalmente tinha sua linguagem universal, como a matemática. E esta era, à sua maneira, matemática. Em contraste com a nomenclatura descritiva de Lavoisier, que só podia prever que substâncias químicas iriam resultar de uma reação, essa nova formulação matemática podia prever também as quantidades relativas que seriam produzidas. Por exemplo, a nomenclatura descritiva de Lavoisier mostrava que:

zinco + ácido hidroclórico = cloreto de zinco + hidrogênio

Mas a fórmula de Berzelius mostrava as proporções relativas precisas requeridas para (e produzidas por) essa reação:

$$Zn + 2HCl = ZnCl_2 + H_2$$

As fórmulas químicas, exatamente como as fórmulas matemáticas, tinham de se compensar.

Para a química, isso foi o equivalente da mudança dos numerais romanos para os arábicos na matemática (quando a opacidade de XL × V = CC deu lugar à clareza de 40 × 5 = 200).

A matemática penetrara agora no próprio cerne da química, permitindo-lhe ver precisamente o que estava fazendo.

12. A procura de uma estrutura oculta

Na trilha de Lavoisier, a abordagem sistemática e novas técnicas experimentais logo levaram à descoberta de grande número de novos elementos. Durante a vida de Berzelius, nada menos que 32 novos elementos foram isolados, elevando o total a 57. Só o cientista britânico Sir Humphry Davy descobriu seis elementos. O mais importante deles foi isolado por eletrólise. Em outubro de 1807, Davy construiu a mais poderosa bateria jamais montada, usando 250 placas. Isso lhe permitiu passar uma forte corrente elétrica através de uma solução aquosa de potassa, um composto que, segundo uma antiga suspeita sua, devia conter um elemento desconhecido. Como de início a corrente apenas fez a água se decompor, ele eliminou a água e repetiu o experimento com uma fusão ígnea de potassa (isto é, liquefeita). Desse modo Davy conseguiu separar minúsculos glóbulos de um metal alcalino, que chamou de potássio. Quando um desses glóbulos era introduzido na água, inflamava-se e corria rapidamente pela superfície, emitindo um enérgico som sibilante. Em termos químicos, isso mostrava que a forma isolada desse metal era tão reativa que extraía oxigênio da água, liberando uma sibilação de gás hidrogênio que se inflamava em razão do calor da reação. Mais tarde, na mesma semana, Davy isolou um outro metal alcalino por eletrólise, dessa vez da soda cáustica. A esse, deu o nome de sódio. Na época, a descoberta desses metais alcalinos altamente reativos causou quase tanta sensação quanto a descoberta do fósforo um século e meio antes – e por razões semelhantes. Conferências científicas estavam novamente em grande moda entre a sociedade polida, e uma "demonstração" espetacular desses elementos recém-descobertos sempre fazia furor, levando muitas vezes algumas das senhoras da audiência a desmaiar.

A ociosidade forçada de mulheres da classe média inteligentes mas inadequadamente instruídas, e sua consequente avidez de conhecimento, significava que esses eventos forneciam até certo ponto uma educação popular, e contavam sempre com boa frequência de senhoras. Qualquer participação mais profunda na ciência, contudo, continuava sendo considerada socialmente inaceitável para mulheres. Mas o exemplo pioneiro de Madame Lavoisier seria seguido por algumas almas intrépidas. Notavelmente: Ada Lovelace, a filha desprezada de Byron, que escreveu o primeiro programa para o computador, ou "máquina analítica", original de Babbage; Sophie Germain, que, apesar de ser fundamentalmente autodidata, atraiu a atenção do grande Gauss e é até hoje a mais consumada matemática que a França já produziu; e Caroline Herschel, a astrônoma germano-britânica que descobriu nada menos que oito novos cometas e revisou a obra clássica de John Flamsteed, *Observações das estrelas fixas*, para a Royal Society (embora, é claro, não lhe tenha sido permitido tornar-se membro dessa instituição). Tudo isto serve apenas como um indicador de como as coisas poderiam ter sido, se a visão da ciência não tivesse avançado com um olho firmemente fechado.

Sabe-se hoje que o alumínio é o metal de ocorrência mais frequente na crosta terrestre – mas durante séculos ele não foi detectado. Georg Stahl, o brilhante teórico da química alemão, que desenvolveu e denominou a teoria do flogístico, foi provavelmente o primeiro a suspeitar que havia um elemento até então desconhecido no alume (sulfato de potássio e alumínio). Um século e meio se passaria, contudo, antes que esse palpite fosse confirmado. Em 1827 o químico alemão Friedrich Wöhler finalmente conseguiu, com suprema engenhosidade experimental, isolar o alumínio metálico. (Basicamente, o experimento de Wöhler envolveu o aquecimento de cloreto de alumínio desidratado com potássio metálico puro hiper-reativo, que removeu o cloreto do alumínio.) Em seguida, passou a examinar as propriedades desse metal cristalino branco-prateado.

O método de Wöhler para isolar o alumínio se provaria tão difícil, e as propriedades desse novo metal tão resplandecentes, que por algumas décadas o alumínio tornou-se mais valioso que o ouro. Trinta anos depois de sua descoberta, quando uma reluzente barra de alumínio foi exibida em Paris, Napoleão III ordenou que se fizesse um faqueiro daquele novo metal. Sua intenção era entreter as cabeças coroadas da Europa com facas e garfos que hoje em dia não seriam aceitáveis numa cantina de prisão.

Além do isolamento do alumínio, outro grande feito de Wöhler foi sua síntese da ureia, que é produto da matéria viva, a partir de materiais não vivos. Essa criação de matéria orgânica a partir de matéria inorgânica refutou a teoria amplamente sustentada do vitalismo (e a "força vital"), embora fossem se passar muitos anos recalcitrantes antes que se aceitasse que a vida não existia.

Vários elementos estavam sendo descoberto quase a cada década. Essa profusão de novos elementos, com uma série cada vez mais ampla de propriedades, logo começou a suscitar questões. Quantos elementos havia precisamente? A maioria deles já fora descoberta? Ou se revelaria talvez haver um número incontável deles? Isso logo levou a especulações mais profundas. De algum modo, em meio a todos aqueles elementos, devia haver algum tipo de ordem fundamental. Dalton descobrira que os átomos de cada elemento tinham diferentes pesos – não devia haver mais alguma coisa aí? Berzelius percebera que os elementos pareciam ter diferentes afinidades elétricas. Assim também, parecia haver grupos de diferentes tipos de elementos com propriedades semelhantes – metais que resistiam à corrosão (como ouro, prata e platina), metais alcalinos combustíveis (como potássio e sódio), gases incolores e inodoros (como hidrogênio e oxigênio) e assim por diante. Seria possível que houvesse algum tipo de padrão fundamental por trás de tudo isso?

A química conquistara seu status científico e seu permanente sucesso em grande parte através do experimento, e esse tipo de pensamento teórico era visto na melhor das hipóteses como mera especulação. Por que haveria algum tipo de ordem entre os elementos? Afinal, não havia indício real de tal coisa. Mas o desejo de ordem é um traço humano básico, não menos entre os cientistas. E essas especulações acabaram por encontrar suporte, ainda que apenas de indícios fragmentários.

O primeiro deles veio de Johan Döbereiner, professor de química na Universidade de Iena. Filho de um cocheiro, Döbereiner era em grande parte um autodidata. Conseguiu obter um cargo como farmacêutico e frequentava avidamente as conferências públicas locais sobre ciência que se realizavam usualmente. Seu conhecimento químico precoce valeu-lhe a atenção de Karl August, duque de Weimar, que finalmente lhe assegurou uma nomeação para a Universidade de Iena. Ali suas aulas eram regularmente assistidas por Goethe, que tinha um interesse tão intenso em ciência que, em certa época, considerou suas atividades nesse campo mais importantes que seus escritos.

Vale a pena examinar esse interesse de Goethe, porque ele é indicativo de um nível e amplitude de interesse científico amador que não era incomum entre pessoas instruídas nesse período, tanto por toda a Europa quanto nos Estados Unidos. As especulações científicas de Goethe são mais bem conhecidas por causa de seu gênio literário, e por essa razão sua teimosia nesse departamento é frequentemente objeto de um respeito que não merece. Apesar de Newton ter demonstrado amplamente que a luz branca continha todas as cores, Goethe insistiu em afirmar que ela era uma cor por si mesma. Sustentou que todas as cores eram de fato uma mistura de luz e escuridão, impregnadas de um meio nebuloso que emprestava à penumbra cinza resultante a sua radiância colorida. (Mais tarde o filósofo Schopenhauer, um pensador científico de certo mérito que deveria estar mais bem informado, iria também defender essa fantasia.) Entre outras aventuras científicas de Goethe esteve uma prolongada busca da "planta original", da qual todas as outras teriam se desenvolvido, bem como a invenção da "morfologia", o estudo da "unidade" subjacente à diversidade de toda a vida animal e vegetal. Essas noções eram puramente especulativas, baseadas em pouco mais que as intuições de uma imaginação fértil. (Mesmo assim, sua semelhança com a crença de que havia um padrão por trás dos elementos é notável.) Goethe estava errado, ficando assim exposto ao ridículo retrospectivo. Não é difícil, contudo, ver nesse pensamento um passo hesitante rumo à ideia de evolução, que Darwin iria formular menos de um quarto de século após a sua morte.

Goethe não estava sozinho ao levar seu *hobby* a sério. Entre homens de pensamento (e algumas mulheres pioneiras), a especulação científica teórica estava se difundindo cada vez mais, consideravelmente estimulada pelas conquistas da Revolução Industrial. Mas essa mesma revolução trouxe também suas soturnas usinas satânicas e a perspectiva de um futuro cheio de sordidez e conturbação social. Do mesmo modo, o amador de inclinação científica que trabalhava sozinho em seu laboratório nos limites da teoria adquiria também seu lado soturno, que jogava com os temores do desconhecido. Enquanto Goethe ainda estava em sua plenitude, Mary Shelley escrevia *Frankenstein* – uma figura arquetípica do cientista louco e sua criação demoníaca cuja força persiste até hoje.

Nesse meio tempo o mestre de química de Goethe, professor Döbereiner, estava trabalhando em suas próprias ideias morfológicas. Em 1829 ele notou que o recém-descoberto elemento bromo tinha propriedades que pareciam situar-se a meio caminho entre as do cloro e as do iodo. Não só isso, seu peso atômico ficava exatamente a meio caminho entre os desses dois elementos.

Döbereiner começou a estudar a lista dos elementos conhecidos, registrados com suas propriedades e pesos atômicos, e acabou descobrindo outros dois grupos de elementos com o mesmo padrão. O estrôncio situava-se a meio caminho (em peso atômico, cor, propriedades e reatividade) entre o cálcio e o bário; e o selênio podia ser igualmente situado entre o enxofre e o telúrio. Döbereiner chamou esses grupos de tríades, e começou uma ampla investigação dos elementos em busca de outros exemplos, mas não conseguiu encontrar mais. A "lei das tríades" de Döbereiner parecia aplicar-se a apenas nove dos 54 elementos conhecidos e foi rejeitada por seus contemporâneos como mera coincidência.

E assim ficaram as coisas na época. A química havia sofrido o bastante com teorias errôneas (quatro elementos, flogístico etc.). O progresso deveria se dar pelo experimento.

Mais de 30 anos se passariam depois da lei das tríades de Döbereiner antes que fosse feita outra tentativa importante de descobrir um padrão entre os elementos. Lamentavelmente, essa contribuição viria de um cientista cujo brilhantismo só era equiparado por sua rebeldia. Alexandre-Emile Béguyer de Chancourtois nasceu em Paris em 1820. Seu primeiro amor foi a geologia, que o levou em expedições a terras tão distantes quanto o Turquestão, a Armênia e a Groenlândia. Ele retornou convencido de que era a geologia de um país que determinava o estilo de vida de seus habitantes. Em outras palavras, eram seus depósitos de carvão ou enxofre, e não, digamos, o clima, a estrutura social ou as características raciais que eram a influência preponderante no comportamento local. Embora parecesse pouco promissor, esse ponto de partida iria se provar o início da geografia humana, e de Chancourtois é hoje reconhecido com um dos fundadores da disciplina. Mais tarde ele foi nomeado inspetor geral das minas na França, cargo em que sua abordagem pouco ortodoxa o levou a introduzir amplas medidas de segurança e métodos modernos de engenharia à custa dos indignados proprietários das minas. De Chancourtois só voltou seus consideráveis talentos para a química quando já estava na casa dos 40 anos. Em 1862, produziu um artigo que descrevia seu engenhoso "parafuso telúrico", que demonstrava que parecia haver realmente algum tipo de padrão entre os elementos. Esse "parafuso telúrico" consistia em um cilindro sobre o qual era traçada uma linha espiral descendente. A intervalos regulares ao longo dessa linha, de Chancourtois plotou cada um dos elementos de acordo com seu peso atômico. Ficou intrigado ao constatar que as propriedades desses elementos tendiam a se repetir quando estes eram lidos em coluna vertical pelo cilindro abaixo. Parecia que, após cada 16 unidades de peso atômico, as propriedade dos elementos correspondentes tendiam a exibir similaridades notáveis com as dos situados verticalmente acima deles no cilindro. De Chancourtois teve seu artigo devidamente publicado, mas infelizmente optou por retornar a termos geológicos quando se referia a certos elementos, tendo chegado em certa altura a introduzir sua própria versão da numerologia (a alquimia da matemática, em que certos números têm seu próprio significado esotérico). Para piorar ainda mais as coisas, os editores omitiram a ilustração do cilindro feita por de Chancourtois, tornando assim o artigo praticamente incompreensível senão ao mais persistente e informado dos leitores. (Como veremos, só uma pessoa recaiu nessa categoria. Mas esse leitor seria tão inspirado pelo trabalho de de Chancourtois que transformaria a face da química.)

Esse assunto atraía evidentemente certo tipo de pensador científico habituado ao ridículo. Em 1864 o jovem químico inglês John Newlands descobriu seu próprio padrão dos elementos, ignorando as pesquisas enigmáticas de de Chancourtois. John Newlands nasceu em Londres em 1837, filho de um ministro presbiteriano. Sua mãe era de ascendência italiana, fato de que era particularmente orgulhoso. Aos 23 anos, Newlands interrompeu seus estudos científicos e embarcou para Palermo, onde Garibaldi hasteara a bandeira italiana para proclamar a libertação e a unificação da Itália. Ali ingressou como voluntário do exército de Garibaldi, o célebre Camisas Vermelhas. A Itália iria ser unida e governada por italianos pela primeira vez desde o Império Romano. A Europa estava se consolidando agora em grandes blocos nacionais de poder: a unificação da Itália foi contemporânea da unificação da Alemanha, que estivera fragmentada desde a Reforma. A Europa ocidental moderna estava começando a tomar forma na esteira da Revolução Industrial, com usinas de processamento de aço, indústrias mineiras e fábricas químicas sendo implantadas da Suécia à Grécia.

Em seu retorno da Itália, Newlands começou a estudar os elementos. Produziu achados que tinham certa semelhança com os alcançados por de Chancourtois, embora representassem um avanço significativo em relação às ideias do francês. Newlands descobriu que ao arrolar os elementos na ordem ascendente de seus pesos atômicos, em linhas verticais de sete, as propriedades dos elementos ao longo das linhas horizontais correspondentes eram notavelmente similares. Nas palavras dele: "Em outras palavras, o oitavo elemento a começar de um determinado é uma espécie de repetição do primeiro, como a oitava nota numa oitava de música." Chamou isso de sua "lei das oitavas". Na lista tabulada, o metal alcalino sódio (o 6º elemento mais pesado) figurava horizontalmente ao lado do muito similar potássio (o 13º mais pesado). Da mesma maneira, o magnésio (10º) estava alinhado ao lado do similar cálcio (17º). Quando expandiu esse quadro para incluir todos os elementos conhecidos, Newlands descobriu que os halógenos, cloro (15º), bromo (29º) e iodo (42º), que exibiam propriedades gradualmente similares, recaíam todos na mesma coluna horizontal. Enquanto isso o trio de magnésio (10º), selênio (12º) e enxofre (14º), que também tinham propriedades gradualmente similares, recaía na mesma linha vertical. Em outras palavras, sua lei das oitavas parecia incorporar também as semelhanças dispersas notadas na lei das tríades de Döbereiner. Infelizmente, a lei das oitavas tabulada de Newlands também tinha seus defeitos. As propriedades de alguns elementos, especialmente os de maior peso atômico, simplesmente não se encaixavam. Apesar disso, foi um claro avanço em relação a qualquer ideia anterior. De fato, muitos a consideram hoje o primeiro indício sólido de que havia de fato algum padrão abrangente entre os elementos. Em 1865 Newlands relatou seus achados à Chemical Society em Londres, mas suas ideias provaram-se à frente de seu tempo. Os ilustres presentes simplesmente zombaram de sua lei das oitavas. Em meio à hilaridade geral, um deles chegou a lhe perguntar sarcasticamente se havia tentado organizar os elementos em ordem alfabética. Um quarto de século teria de se passar antes que o feito de Newlands fosse finalmente reconhecido, quando a Royal Society lhe concedeu a Medalha Davy em 1887.

Döbereiner identificara semelhanças entre grupos isolados de elementos. De Chancourtois discernira certo padrão recorrente de propriedades. Newlands ampliara esse padrão e até incorporara os grupos de Döbereiner. Mas, ainda assim, sua lei das oitavas não funcionava de maneira geral. Isso se devia em parte a cálculos errôneos de vários pesos atômicos da época e em parte ao fato de Newlands não ter levado em conta elementos não descobertos até então. Mas ocorria também porque a rigidez do sistema de oitavas de Newlands simplesmente não convinha.

Estava ficando cada vez mais óbvio que os elementos correspondiam a algum tipo de padrão, mas a resposta era evidentemente mais complexa. A química parecia estar a um passo de vislumbrar o esquema dos próprios elementos sobre os quais se baseava. Euclides lançara os fundamentos da geometria, a gravidade de Newton explicara o mundo em termos de física e Darwin descrevera a evolução de todas as espécies – poderia a química descobrir agora o segredo que explicava a diversidade da matéria? Aqui, possivelmente, estava a cavilha que uniria todo o conhecimento científico. O homem que tentou resolver esse problema em seguida era o dono do mais consumado talento químico desde Lavoisier.

13. Mendeleiev

Dmitri Ivanovich Mendeleiev nasceu em 8 de fevereiro de 1834. Ou em 27 de janeiro, segundo o antigo calendário juliano que ainda estava em uso na Rússia. Àquela altura, toda a Europa adotara o calendário gregoriano, deixando a Rússia 12 dias atrás do resto do mundo. Esse atraso era sintomático de toda uma cultura. Na década de 1830 a Rússia existia basicamente num isolamento feudal, a maioria de seus habitantes vivendo na condição de servos que continuavam sendo a propriedade não paga dos proprietários de terra. O czar (nome que derivava de César, como o calendário juliano) era o representante de Deus na Terra, e governava por direito divino. Não houvera nenhuma Reforma (ou mesmo um Renascimento) na Rússia imperialista.

Dmitri Ivanovich Mendeleiev nasceu em Tobolsk, no oeste da Sibéria, o caçula de 14 ou 17 filhos (ninguém parece saber ao certo). Seu pai era diretor do ginásio local, mas ficou cego no ano do nascimento de Dmitri, deixando à mãe o encargo de sustentar a grande família. Felizmente, Maria Dmitrievna, nascida Kornilov, era uma mulher excepcional. Os Kornilov eram uma família de comerciantes que desempenhara um papel capital no desenvolvimento da Sibéria ocidental. O pai de Maria implantara fábricas de papel e vidro em Tobolsk. Menos de 50 anos antes, havia instalado a primeira máquina impressora na Sibéria e lançado o primeiro jornal na província de mais de 6.400 quilômetros de extensão. Um dos ancestrais de Maria casara-se com uma beldade tártara quirguiz local – e proporcionado um campo tão amplo para a expressão genética, não era de surpreender que alguns dos irmãos de Mendeleiev exibissem traços mongóis, embora não ele próprio.

Para obter uma renda para a família, Maria reabriu a fábrica de vidro do pai, que ficava numa aldeia remota 20 quilômetros ao norte de Tobolsk. Ali, construiu uma igreja de madeira para os operários e implantou uma escola para instruir seus filhos. As lembranças mais antigas de Mendeleiev eram do imenso fulgor vermelho das fornalhas de vidro iluminando o céu noturno acima da infindável escuridão das florestas siberianas.

Mendeleiev frequentou a escola em Tobolsk, onde foi um mau aluno. Naquela época a instrução consistia no domínio de línguas mortas. O ensino do grego e do latim antigos pretendia fornecer uma compreensão dos ideais clássicos em que a civilização se fundara. Essas noções eram mais ou menos tão relevantes na Sibéria de meados do século XIX quanto Shakespeare e Goethe parecem ser para muitos na vida moderna, e Mendeleiev desenvolveu uma aversão pela alta cultura que haveria de durar sua vida inteira. Felizmente, recebeu alguma instrução privada de um decembrista exilado chamado Bessagrin, que se casara com uma irmã mais velha.

Os decembristas eram os remanescentes da malograda Revolução de Dezembro de 1825, que fora preparada por um grupo de oficiais do exército intelectuais (curiosamente, não uma contradição nos termos neste caso). A revolução, com suas exigências candentes de governo constitucional, fora rapidamente sufocada. Em seguida os cabeças haviam sido condenados à morte e Bessagrin e seus outros colegas banidos para a Sibéria.

Bessagrin instilou em Mendeleiev um profundo interesse pela ciência, além de reforçar os ideais liberais postos em prática por sua mãe. Logo ficou claro que Mendeleiev tinha uma mente excepcional, e ele começou a realizar seus próprios experimentos de escolar. (Mais tarde em sua vida, Mendeleiev gostava de ressaltar suas origens siberianas, afirmando que fora criado entre tártaros primitivos nos confins da Sibéria oriental e não falara russo até os 17 anos. Em face de sua exótica e hirsuta aparência, essa história era muitas vezes aceita sem indagações.)

Em 1847 a família foi atingida por uma sequência de catástrofes. O pai de Mendeleiev morreu e no ano seguinte a fábrica de vidro foi destruída pelo fogo. Em 1849, quando Dmitri Mendeleiev tinha 15 anos, sua mãe partiu para Moscou com os dois filhos dependentes que lhe restavam – Dmitri e Liza. Isso significou uma laboriosa jornada de mais de 2.000 quilômetros, envolvendo muitas vezes viajar aos solavancos em carroças puxadas por cavalos. Maria Mendeleieva, agora com 57 anos, estava cansada e envelhecida demais para sua idade, após criar sozinha sua enorme família, dirigindo ao mesmo tempo uma fábrica e zelando pelo bem-estar de seus operários. Mas estava determinada: seu brilhante Dmitri iria receber a educação que seu talento merecia.

Em Moscou a tentativa de Mendeleiev de ingressar na universidade esbarrou na burocracia. A admissão de alunos das províncias obedecia a um sistema de cotas; mas ainda não fora estipulada uma cota para a província pioneira da Sibéria. Mendeleiev foi recusado. Quando sua mãe tentou matriculá-lo em outras instituições de ensino superior, foi informada de que as qualificações siberianas dele simplesmente não eram reconhecidas em Moscou. Como último recurso, os Mendeleiev se deslocaram mais 650 quilômetros em direção à capital, São Petersburgo.

Ali a situação era praticamente a mesma: regulamentos absurdos administrados por funcionários kafkianos. Felizmente Maria descobriu que o diretor do Instituto Pedagógico Central, principal escola de formação para professores do ensino secundário, era um velho amigo de seu marido. Onde a burocracia frustrava, o favoritismo mandava. Mendeleiev ganhou uma vaga para estudar matemática e ciência natural, bem como uma pequena bolsa do governo, suficiente para suprir suas necessidades básicas.

Dez semanas depois que Mendeleiev entrou no Instituto Pedagógico Central, sua mãe estava em seu leito de morte. Suas últimas palavras para o filho favorito foram tipicamente vigorosas: "Abstenha-se de ilusões, insista no trabalho e não em palavras. Busque pacientemente a verdade divina e científica." Mendeleiev nunca esqueceu essas palavras. Passados 37 anos, iria citá-las num tratado científico que dedicou à memória dela, acrescentando: "Dmitri Mendeleiev considera sagradas as palavras de uma mãe agonizante."

Pouco mais de um ano depois da morte da mãe de Mendeleiev, sua irmã Liza também morreu. Um ano depois Mendeleiev sofreu uma hemorragia na garganta e foi internado no hospital do instituto. Ele nunca havia sido uma criança saudável, e agora uma tuberculose foi diagnosticada. Os médicos estimaram que só lhe sobravam alguns meses de vida.

Tendo atingido esse nadir típico de Dickens, Mendeleiev passou a desempenhar o papel sentimental requerido. Passava longos períodos na cama, e parece ter sido considerado uma espécie de mascote pelo instituto. O órfão foi adotado pela ciência. Mendeleiev se levantava de seu leito para trabalhar nos laboratórios do instituto e logo estava realizando experimentos originais. Recolhia-se ao leito para registrar seu trabalho em artigos que enviava para as revistas científicas de São Petersburgo. Alguns exemplos desse trabalho original foram publicados quando ele mal tinha 20 anos e ainda estava na graduação. A originalidade desses artigos devia-se ao talento de Mendeleiev, mas este não teria podido se expressar plenamente não fosse o ensino excepcional do Instituto Pedagógico Central. Este estava sediado nos mesmos edifícios que a Universidade de São Petersburgo, tendo como docentes muitos dos professores da universidade.

A cidade de São Petersburgo fora criada em meio aos pântanos do litoral do Báltico cerca de 150 anos antes, a partir do nada, por Pedro o Grande. Ele pretendera fazer dela a "janela para a Europa" da Rússia. Na altura da década de 1850, São Petersburgo estava começando a despontar como um dos centros intelectuais da Europa, e a Universidade de São Petersburgo como o mais excelente centro acadêmico do país, com uma forte faculdade de ciências. O catedrático de física era Emil Lenz, hoje lembrado sobretudo pela Lei de Lenz, um dos princípios fundamentais da indução eletromagnética. O departamento de química era dirigido por A.A. Woskressensky, cujas aulas sobre os elementos químicos eram famosas por sua abrangência. Agora que novos elementos estavam sendo descobertos a intervalos de poucos anos, a química estava começando a deslocar a física como a ciência que arrebatava a imaginação popular. As aulas de Woskressensky estendiam-se até o detalhamento das propriedades de elementos tão raros quanto o urânio e o rutênio (que haviam ambos sido descobertos na década anterior). Mendeleiev estava absorvendo entusiasticamente uma riqueza enciclopédica de sabedoria química, mas sua mente não ficou atolada em todos esses fatos. Mesmo naqueles primeiros dias ele se destacava pela capacidade de associar fragmentos aparentemente isolados de conhecimento. É essa aptidão aparentemente esdrúxula que explica a originalidade de seus artigos científicos. Sob esse brilhantismo superficial, porém, estava se desenvolvendo um talento muito mais profundo: a capacidade de perceber um padrão numa profusão de material aparentemente desconectado.

Em 1855 Mendeleiev formou-se como professor secundário, ganhando a medalha de ouro como o melhor aluno daquele ano. Sua primeira designação foi para um cargo docente em Simferopol, na Crimeia. Isso é geralmente atribuído à benevolência das autoridades: o clima temperado do sul seria bom para sua saúde. Na verdade, ocorreu o contrário. Mendeleiev podia ter gostado de bancar o mascote do instituto, mas tinha também um aspecto menos amável. Quando contrariado, tinha pavio curto. E em seus acessos de raiva era capaz de se exaltar a ponto de dançar, numa ira digna de um Rumpelstiltskin.* Em certa ocasião, parece ter despejado essa ira sobre um funcionário do Ministério da Educação. Vingança é um prato que se come frio: o funcionário esperou e, quando Mendeleiev se formou, assegurou que o rapaz fosse enviado para Simferopol. Mendeleiev partiu em direção ao sol com grandes esperanças.

Chegou a Simferopol para encontrar a Guerra da Crimeia em pleno andamento. Toda a região fora transformada num vasto acampamento militar e o ginásio de Simferopol estava fechado havia meses. Mendeleiev se viu sem recursos, sem emprego e sem nenhuma perspectiva de ser pago. A dança de Rumpelstiltskin que se seguiu sob o sol resplandecente não pode ter feito bem a um homem na sua condição.

No entanto, alguma coisa de bom sairia de tudo isso. Foi em Simferopol que Mendeleiev conheceu o homem que viria a considerar seu salvador. O renomado cirurgião Perogov estava trabalhando no hospital militar local. Ele submeteu Mendeleiev a um check-up e diagnosticou sua doença como não fatal. Entusiasmado com essa notícia, Mendeleiev logo retornou a São Petersburgo. Ali, na idade excepcional de 22 anos, foi designado como *privat Dozent* (professor não contratado, não remunerado, que dependia de contribuições pagas pelos alunos que frequentavam seu curso) na Universidade de São Petersburgo. Enquanto isso, deu continuidade às suas pesquisas nos laboratórios da universidade, mas foi se sentindo cada vez mais frustrado.

Apesar de todo seu status cultural recém-adquirido, São Petersburgo permanecia de fato atrasada em muitos campos. Ainda não havia praticamente nenhuma oportunidade para a pesquisa científica avançada ali, ou em qualquer lugar na Rússia. Em 1859 Mendeleiev conseguiu obter uma verba do governo para estudar no exterior por dois anos. A conselho de seu amigo, o químico e compositor Borodin, rumou primeiro para Paris, onde estudou sob Henri Regnault, o mais consumado experimentalista da época. Foi Regnault que primeiro estabeleceu que o zero absoluto era –273°C, e muito provavelmente ele obteve diversos outros resultados expe-

* Um anão do folclore alemão que transforma linho em ouro para que uma jovem atenda às exigências do príncipe com que se casou, com a condição de ela lhe dar seu primeiro filho ou adivinhar seu nome. Ela adivinha seu nome e ele desparece ou se destrói num acesso de fúria. (N.T.)

rimentais muito à frente de seu tempo. Infelizmente, seus copiosos cadernos de laboratório foram destruídos durante a anarquia quando os membros da Comuna tomaram Paris em 1871. Regnault foi incapaz de reconstruir esse trabalho experimental antes de sua morte, oito anos depois, mas sustentou até o fim que havia descoberto o princípio da conservação da energia muito antes de Joule.

Depois de Paris, Mendeleiev partiu para Heidelberg. Ali, assistiu por um breve período a aulas de Gustav Kirchhoff, que, ao que dizem, era o mais enfadonho palestrante de toda a Alemanha na época. (O que não deixa de ser uma proeza, considerando-se que esse foi o apogeu da metafísica alemã, quando filósofos prolixos se orgulhavam de dar aulas repletas de frases com uma página de extensão.) Mas, som de sua voz à parte, Kirchhoff era um químico de primeira grandeza que iria descobrir vários novos elementos.

Depois de desistir das aulas de Kirchhoff, Mendeleiev trabalhou brevemente em Heidelberg com o grande pareceiro dele, Robert Bunsen, hoje lembrado sobretudo com o inventor do bico de Bunsen, ainda encontrado em todo laboratório de escola. Mas o trabalho mais importante de Bunsen foi o desenvolvimento da espectroscopia com Kirchhoff. Este se provaria um instrumento fundamental na identificação de novos elementos.

Juntos, Kirchhoff e Bunsen desenvolveram o espectroscópio, que usa um prisma para refratar a luz. Como Newton mostrara, quando a luz passa através de um prisma os diferentes comprimentos de onda de que ela consiste são refratados em vários graus, de modo ela se decompõe num espectro de suas cores constituintes. A luz branca, por exemplo, torna-se um arco-íris, como se vê na página seguinte.

Kirchhoff e Bunsen descobriram que, quando um elemento era aquecido, a luz que emitia produzia seu próprio espectro característico de linhas coloridas. Cada elemento tinha sua própria "impressão digital", por assim dizer.

Essa pesquisa foi muito auxiliada pelo novo maçarico desenvolvido por Bunsen, cuja chama produzia um mínimo de luz de segundo plano. Isso assegurava que o espectro "impressão digital" do elemento que estava sendo aquecido à sua chama não fosse "embaçado" por outra luz. Em 1859, uma questão de meses antes da chegada de Mendeleiev a Heidelberg, Kirchhoff e Bunsen aqueceram um composto que produziu algumas linhas espectrais de um vermelho intenso que não correspondiam às de nenhum elemento conhecido. Haviam descoberto a presença de um novo elemento, a que chamaram de rubídio (do latim para "rubro").

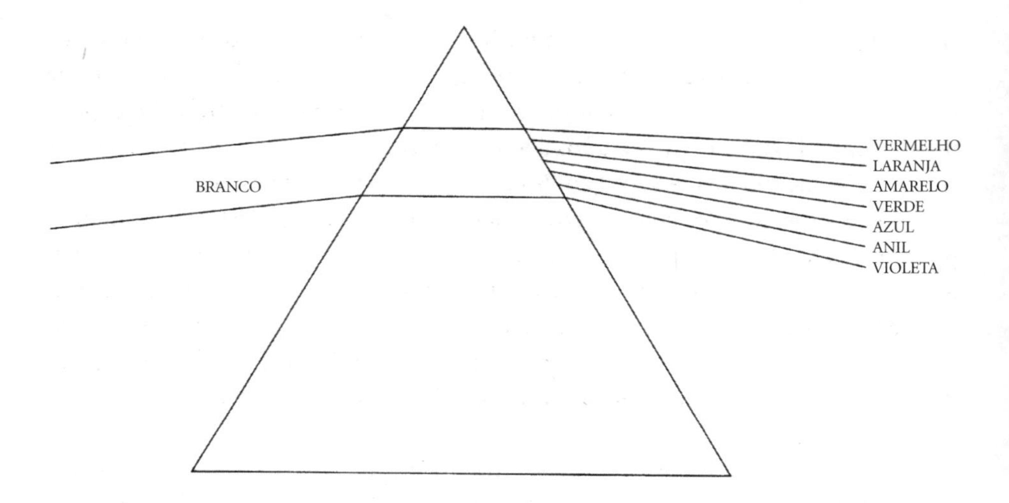

Kirchhoff estendeu então seu método, mediante uma intuição brilhante. Quando a luz passava através de um gás, certas linhas escuras apareciam em seu espectro. Kirchhoff descobriu que essas linhas escuras correspondiam precisamente às do espectro que o gás teria produzido quando aquecido. Parecia que o gás absorvia as linhas espectrais de sua própria impressão digital, produzindo uma espécie de espectro negativo composto de bandas escuras.

Ao estudar a luz do Sol com seu espectroscópio, Kirchhoff detectara várias bandas inexplicáveis em seu espectro. A luz solar tinha de atravessar a atmosfera da estrela e ele compreendeu que aquelas bandas escuras eram a "impressão digital" dos elementos da atmosfera gasosa do Sol. Usando esse método, descobriu que a atmosfera do Sol continha vapor de sódio. Isso significava que um dos constituintes do Sol era sódio. Continuando a usar esse seu método espectroscópico, Kirchhoff chegou a descobrir no Sol meia dúzia de novos elementos que até então não haviam sido encontrados na Terra. A ciência estava começando a dar passos anteriormente inimagináveis, muito além das esferas do mundo conhecido. (Apenas um quarto de século mais cedo, o filósofo positivista francês Auguste Comte vaticinara que certos tipos de conhecimento permaneceriam para sempre além do alcance da ciência. Por exemplo, jamais seria possível descobrir precisamente do que eram feitas as estrelas. Comte morreu mentalmente perturbado em Paris, poucos anos apenas antes que Kirchhoff perturbasse sua filosofia.)

Mendeleiev viu-se no lugar certo e na hora certa. Em Heidelberg seu conhecimento dos elementos químicos beneficiou-se enormemente das descobertas que estavam tendo lugar à sua volta. Trabalhando com Bunsen, teve acesso privilegiado aos últimos desenvolvimentos.

Mas aqui, mais uma vez, seu temperamento provou-se sua ruína. Ele não se entendia bem com Bunsen. Após mais um ataque de cólera, saiu enfurecido dos laboratórios de Heidelberg, jurando nunca mais voltar. O fato de que efetivamente se excluíra dos mais excelentes laboratórios químicos da Alemanha, e anulara todo o propósito de sua visita à Europa, não parece tê-lo amofinado. O que fez foi transformar um dos dois cômodos em que morava num laboratório particular improvisado e continuar suas pesquisas em casa. Ali ficou limitado a experimentos relativos ao problema aparentemente trivial da solubilidade do álcool em água.

Mas a capacidade de Mendeleiev de detectar semelhanças entre achados aparentemente díspares sofreu então um aperfeiçoamento importante. Ele desenvolveu uma incrível capacidade de detectar um princípio subjacente em meio a uma confusão de dados aparentemente banais. O que começou como um estudo da solubilidade do álcool em água (o tema de sua tese de doutorado) logo se desenvolveu numa investigação da natureza das soluções – o que o levou a um estudo mais aprofundado de átomos, moléculas e valência.

Alguns elementos, como o hidrogênio, não existem em forma atômica independente (H). O gás hidrogênio, por exemplo, consiste de átomos combinados em pares (H_2). Essas combinações de átomos são conhecidas como moléculas – que podem ser compostas de elementos similares ou dissimilares. Por exemplo, dois átomos de hidrogênio (H) se combinam com um átomo de oxigênio (O) para formar uma molécula de água (H_2O). A valência de um átomo é a medida de sua capacidade de se combinar com outros átomos. Se imaginarmos o átomo como uma bola, sua valência pode ser visualizada como a quantidade de braços estendidos que tem, permitindo-lhe se ligar a outros átomos. Por exemplo, o hidrogênio tem uma valência de 1, e o oxigênio uma valência de 2, como podemos ver na página ao lado.

A valência de um elemento é tão fundamental quanto suas propriedades. Também ela é uma característica definidora de um elemento. Mendeleiev entendeu esse ponto vital cedo em seu estudo aparentemente sem importância da solubilidade do álcool em água.

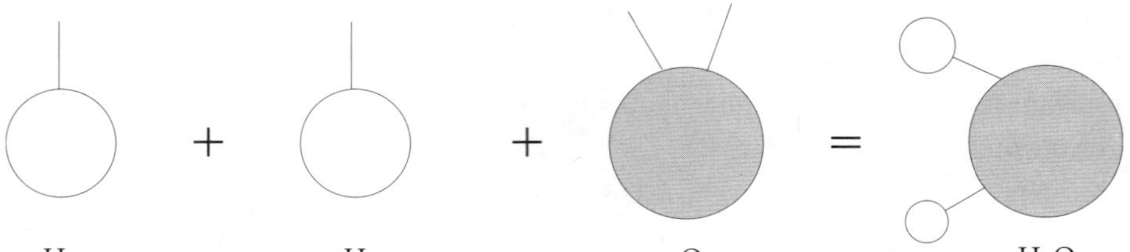

H + H + O = H_2O

Cada vez mais aprofundado, esse estudo o levou uma importante descoberta sobre os gases e suas propriedades. Quando a temperatura é diminuída e a pressão aumentada, um gás se liquefaz. (É assim que o dióxido de carbono é dissolvido em água na fabricação de bebidas efervescentes. Todos nós já testemunhamos o oposto desse processo: toda garrafa de Coca-Cola contém dióxido de carbono líquido, que se transforma em gás efervescente quando a tampa é removida e a pressão baixa. E quando a temperatura é mais elevada, a Coca-Cola é ainda mais efervescente.) Trabalhando sozinho em seu laboratório em Heidelberg, Mendeleiev descobriu que todo gás tem uma temperatura crítica. Se é aquecido acima dessa temperatura, nenhuma quantidade de pressão pode transformá-lo em líquido. Essa descoberta é geralmente atribuída ao químico irlandês Thomas Andrews, que na verdade descobriu a temperatura crítica dois anos depois. Com Mendeleiev trabalhando em obstinado isolamento em seu laboratório privado, seus achados não atraíram atenção suficiente para assegurar sua prioridade. Nem mesmo Andrews notou o relatório de Mendeleiev – não houve plágio nesse caso.

A ciência continua a se desenvolver apesar das disputas sobre prioridade. Divergências de outro tipo, porém, podem mergulhá-la em confusão. O corpo do conhecimento científico não pode se desenvolver sem que haja uma concordância quanto a padrões comuns entre os cientistas. Em meados do século XIX a ciência emergente da química se viu em sérias dificuldades. Ninguém conseguia concordar com relação a um sistema internacional comum para a mensuração dos pesos dos diferentes elementos.

O átomos dos diferentes elementos eram, é claro, pequenos demais para serem medidos individualmente. Todos compreendiam que seu peso só podia ser determinado numa base relativa. Assim, em conformidade com a sugestão de Dalton, fora convencionado que todos os elementos deviam ser pesados em relação ao elemento mais leve conhecido, o hidrogênio, ao qual seria atribuído um peso de uma unidade. Mas como deviam esses pesos relativos ser calculados? Uma escola de pensamento defendia o método do peso atômico. Este se fundava na hipótese de Amedeo Avogadro de que iguais volumes de gases sob temperatura e pressão similares continham iguais números de moléculas. Assim, tudo que se precisava fazer era pesar um volume contra um volume similar de hidrogênio.

A outra escola de pensamento defendia o método do peso equivalente. Este media o peso de um elemento segundo a quantidade relativa que reagia quimicamente com uma única quantidade de hidrogênio, ou um equivalente calculável. O único problema era que os pesos atômicos e os pesos equivalentes dos elementos revelavam-se diferentes. Por exemplo, o peso atômico do oxigênio era 16, mas seu peso equivalente era 8. Com frequência crescente, os cálculos nos artigos de química estavam usando números sem indicar se eram pesos atômicos ou equivalentes. O resultado era uma crescente confusão – para não falar do perigo cada vez maior no nível do laboratório.

Em setembro de 1860, o primeiro congresso internacional de química reuniu-se em Karlsruhe, na Alemanha, para dissecar essa matéria. O congresso atraiu químicos eminentes de toda a Europa, bem como muitos que ainda estavam por fazer seu nome, como Mendeleiev. O futuro da química dependia do seu desfecho.

A argumentação do *lobby* do peso atômico foi apresentada pelo impetuoso e carismático químico italiano Stanislao Cannizzaro. Além de grande químico, Cannizzaro era também um grande revolucionário. Apenas quatro meses antes do congresso de Karlsruhe ele havia abandonado seu cargo como professor de química em Gênova para ingressar nos Camisas Vermelhas de Garibaldi em Palermo. O desempenho de Cannizzaro em Karlsruhe foi de índole similarmente heroica. Em tons ressonantes, mostrou para os delegados reunidos que o método do peso equivalente era baseado num equívoco desastroso. A razão por que o peso equivalente do oxigênio era a metade do seu peso atômico era a seguinte: um volume de moléculas de gás oxigênio pesava 16 vezes mais do que um volume de moléculas de gás hidrogênio. Mas esse mesmo volume de moléculas de gás hidrogênio (H_2) reagia com apenas 8 volumes de moléculas de gás oxigênio (O_2) para formar água (H_2O). Circunstâncias similares afetavam também outros elementos.

Mendeleiev, que nunca antes vira ciência ser proferida com tanto fervor, ficou completamente conquistado. “Lembro vividamente a impressão produzida por seus discursos, que não admitiam qualquer conciliação e pareciam advogar a própria verdade... As ideias de Cannizzaro [eram] as únicas que resistiam à crítica e que representavam o átomo como 'a menor porção de um elemento que penetra numa molécula ou em seu composto'. Somente esses pesos atômicos reais ... podiam fornecer uma base para a generalização." A compreensão que Mendeleiev tinha da natureza do átomo e de seu peso atômico sofreu importante aprofundamento. Sem essa noção crucial de peso atômico, qualquer perspectiva de se descobrir um padrão em meio às propriedades dos elementos teria ficado fora de questão.

Em 1861 Mendeleiev retornou a São Petersburgo. Aquela haveria de ser uma das datas mais importantes da história da Rússia: o czar Alexandre II finalmente decretou a libertação dos servos. (O projeto de lei de Wilberforce pela abolição da escravatura fora aprovado pelo Parlamento Britânico em 1833, mas o problema da escravidão nos estados do Sul dos Estados Unidos só foi enfrentado após a deflagração da Guerra Civil em 1861.) Dez milhões de russos cessaram, a uma penada, de ser mera propriedade, bens móveis agrilhoados às propriedades de seus amos. Os servos libertados, bem como seus donos tacanhos, foram deixados num estado de perplexidade. Ninguém sabia o que fazer.

O ensino de química na Rússia estava num estado semelhante de desolação e perplexidade. Após seu retorno a São Petersburgo, Mendeleiev assumiu um cargo de professor assistente no Instituto Técnico. Para seu espanto, descobriu que a Rússia simplesmente não tivera notícia dos avanços fundamentais da química moderna que estavam tendo lugar por toda a Europa. (O desenvolvimento da espectroscopia, a descoberta de novos elementos, o debate sobre o peso atômico – estes eram apenas alguns dos eventos capitais que haviam se produzido durante sua ausência.) O novo e entusiástico professor de química, que dava aulas sobre os últimos e empolgantes desenvolvimentos ocorridos na Europa, logo começou a atrair atenção. Seus olhos azuis intensos e cavados, sua barba e seu cabelo em queda suave, logo fizeram dele quase uma figura messiânica. Mas esse era um novo tipo de messias na Rússia: um profeta da ciência e do racionalismo. E quando descobriu que simplesmente não existia um manual russo de química orgânica moderna, Mendeleiev pôs mãos à obra e escreveu um – completando 500 páginas em apenas 60 dias. Estava começando a fazer um nome para si, e logo estava ganhando um bom dinheiro.

Em 1864 ele se tornou professor titular e um ano depois teve condições de arrendar uma pequena propriedade em Tver, cerca de 300 quilômetros a sudoeste de São Petersburgo. A libertação dos servos significou que muitos proprietários de terra viram o valor de suas propriedades despencar. Seguindo o exemplo de sua mãe, Mendeleiev criou um programa humanitário para os camponeses de sua propriedade, introduzindo ao mesmo tempo métodos científicos de agricultura. Quando o sucesso desses métodos ficou evidente, começou a receber visitas de camponeses vizinhos. "O senhor tem um talismã, ou tem mesmo jeito para esse tipo de coisa?" um camponês desconfiado perguntou a seu novo vizinho citadino. Mendeleiev passou adiante o segredo do seu "jeito", e logo cooperativas espalhadas por toda a província estavam se valendo de seu conselho para coisas como fabricação de queijo e o rendimento das plantações.

O evangelismo de Mendeleiev em relação aos benefícios práticos da ciência foi encarado com igual assombro pelas autoridades, que conservavam uma visão medieval ortodoxa dessas matérias miraculosas. Em 1867 Mendeleiev estava sendo mandado para tão longe quanto Baku, no Cáucaso (para aconselhar sobre o estabelecimento de uma indústria de óleo) e Paris (para organizar o pavilhão russo na Exposição Internacional).

Nesse meio tempo, aos 29 anos, Mendeleiev se casara. O casamento iria produzir um filho e uma filha, mas sob outros aspectos não foi um sucesso. A necessidade que Mendeleiev tinha de ser mimado e sua intolerância a ser contrariado em qualquer ponto (a doença do mascote), somadas a seu temperamento abominável (o complexo de Rumpelstiltskin) e à sua propensão a se fechar em seu gabinete para turnos sobre-humanos de trabalho (a síndrome do homem evanescente), significavam que era impossível viver com ele em qualquer sentido normal da palavra. Felizmente, sua esposa revelou-se uma mulher imaginativa e engenhosa. Sabiamente, escolheu morar na propriedade de Tver, exceto quando o marido ia de São Petersburgo para lá, ocasiões em que ela e os filhos partiam para a residência de Mendeleiev na cidade. Desse modo o casamento conseguiu sobreviver, sem a coabitação, que é a ruína de tantos relacionamentos.

Aos 32 anos Mendeleiev foi nomeado professor de química geral na Universidade de São Petersburgo, cargo excepcionalmente prestigioso para um homem tão jovem. Ali seu colega mais velho era o mais renomado químico da Rússia, Aleksandr Butlerov, que fez trabalhos pioneiros sobre a estrutura dos compostos químicos. Lamentavelmente Butlerov iria sucumbir à típica doença russa do espiritismo. No interesse da ciência, Mendeleiev foi solicitado a investigar as asserções supra-químicas de Butlerov, que considerou contrassensos. Mas parece que os dois continuaram amigos apesar dessa divergência espectral.

A convicção entusiástica e a aparência excêntrica de Mendeleiev faziam dele um sucesso imediato junto aos estudantes. Mesmo os que pouco sabiam de química eram capazes de apreciar os fragmentos de sabedoria química, informação anedótica e apartes enciclopédicos (sobre tudo quanto há, da astrofísica à zoologia, da astronomia à zimologia) com que ele condimentava suas aulas. Entre seus alunos estava o futuro líder anarquista príncipe Kropotkin, que recordou: "O salão estava sempre repleto com algo em torno de 200 estudantes, muitos dos quais, suspeito, não podiam acompanhar Mendeleiev, mas para os poucos de nós que podíamos era um estimulante para o intelecto e uma lição de pensamento científico que deve ter deixado traços profundos em seu desenvolvimento, como deixou no meu." Afora seu papel não intencional como estimulante intelectual para o desenvolvimento do anarquismo, é evidente que Mendeleiev exercia um efeito inspirador sobre seus alunos. Um de seus entusiastas mais sensíveis observou: "Graças a Mendeleiev, comecei a perceber que a química era realmente uma ciência." Aos olhos de muitos, a química ainda não atingira a maioridade. Ainda parecia pouco mais que um compêndio de perícia técnica e fatos dissociados – sem nenhum princípio norteador global.

Mendeleiev tinha aguda consciência dessa falha na disciplina de sua escolha. Suas aulas de química podiam incluir apartes variados sobre tudo e mais alguma coisa, mas o princípio intelectual que o guiava era a síntese. Nas suas palavras: "O edifício da ciência requer não somente material, mas também um projeto, e necessita do trabalho de preparar os materiais, reuni-los, elaborar as plantas e as proporções simétricas das várias partes." Para Mendeleiev isso era mais que uma missão puramente intelectual. "Conceber, compreender e apreender a simetria total do edifício, incluindo suas porções inacabadas, é equivalente a experimentar aquele prazer só transmitido pelas formas mais elevadas de beleza e verdade." Ele estava interessado em desvendar "os princípios filosóficos de nossa ciência que formam seu tema fundamental".

Nobres sentimentos, sem dúvida. Mendeleiev não esquecera, contudo, as antipatias de sua juventude. Apesar dos sentimentos referidos acima, continuou implacavelmente contrário aos clássicos e à própria filosofia. Em sua visão eles engendravam apenas "engano, ilusão, presunção e egoísmo". "Os classicistas" – disse ele – "só servem para ser proprietários de terra, capitalistas, funcionários públicos, literatos, críticos... Poderíamos viver atualmente sem um Platão, mas há necessidade de um número duplo de Newtons para descobrir os segredos da natureza, pôr a vida em harmonia com as leis da natureza."

O prosaísmo de Mendeleiev (ou, na melhor das hipóteses, o anticulturalismo) era talvez perdoável em face do estado da educação russa nesse período. Ainda assim, continua sendo um exemplo arquetípico da arrogância da ciência, uma atitude que persiste até hoje. O físico americano Richard Feynman expressou muitas vezes seu desdém pela "cultura" e via a filosofia como uma irrelevância inútil. Essas ideias permanecem muito difundidas, mas são postas em seu lugar por Erwin Schrödinger, do famoso "gato de Schrödinger", um austríaco de considerável cultura bem como uma das excelentes mentes científicas do século XX: "A ciência é necessária, mas não suficiente, no estabelecimento da visão de mundo de uma pessoa." O filósofo francês Comte tivera realmente razão ao afirmar que há coisas que a ciência jamais conhecerá. Apenas seus exemplos é que se revelaram errados.

Mais uma vez, Mendeleiev se viu frente ao problema do atraso da Rússia. Suas aulas eram sobre química inorgânica – mas seus alunos tinham dificuldades pelo fato de que simplesmente não existia nenhum manual adequado sobre o assunto disponível em russo. Tendo escrito o único manual disponível sobre química orgânica moderna em tempo recorde, Mendeleiev sentou-se agora para escrever a obra definitiva sobre química inorgânica.

Na época, muito como agora, a química orgânica abrangia os compostos que formavam a base da matéria viva – em grande parte substâncias que combinavam carbono com hidrogênio, oxigênio ou nitrogênio. A química inorgânica abrangia o resto morto: o estudo das propriedades dos elementos químicos básicos e seus compostos.

No início de 1869 Mendeleiev havia concluído o primeiro volume dos dois projetados para *Os princípios da química*. Esta seria sua obra-prima: o melhor manual de química de sua época. Seria traduzido em todas as línguas importantes e permaneceria uma obra padrão até os primeiros anos do século XX. Contudo, estava longe de ser um manual ortodoxo enfadonho. Seu estilo refletia muito da maneira do homem. Como suas aulas, o texto era salpicado de comentários de pé de página sobre enorme variedade de assuntos, anedotas químicas e especulações científicas. Na verdade, as notas de rodapé eram mais longas que o texto propriamente dito. E mesmo este continha muitas tiradas excelentes. Não foi à toa que Mendeleiev disse sobre *Os princípios*: "É meu filho favorito", acrescentando que o livro continha "minha imagem, minhas experiências ... e minhas ideias científicas mais sinceras."

Apesar da semelhança com seu autor, *Os princípios de química* nada têm de um obra de excentricidade confusa. Essa mina de ouro de informação tinha uma estrutura muito definida. Os elementos, e seus compostos, eram tratados em grupos com propriedades similares, um decorrendo do outro. Por exemplo, o final do primeiro volume cobria o grupo halógeno, composto de flúor, cloro, bromo e iodo. Esse grupo tomou seu nome do grego *halos* ("sal") e *-gen*. Cada elemento do grupo halógeno se combinava com sódio para produzir sais que tinham propriedades muito semelhantes, o mais conhecido deles sendo, é claro, o sal de cozinha – cloreto de sódio. Os halógenos também se combinavam facilmente com potássio. Portanto o passo lógico óbvio era começar o volume dois com o grupo dos metais alcalinos, que incluía o sódio e o potássio. Mendeleiev avaliava que isso tomaria os dois primeiros capítulos.

Na manhã de sexta-feira, 14 de fevereiro de 1869, esses capítulos estavam prontos. Mendeleiev via-se agora diante do problema premente de decidir que grupo de elementos abordar em seguida. A estrutura de todo o seu livro dependia disso. Era necessário descobrir algum princípio subjacente segundo o qual os elementos pudessem ser ordenados. E não havia tempo a perder: tinha de levar isso a cabo durante o fim de semana. Na segunda-feira deveria pegar o trem para Tver, onde tinha de fazer um discurso para uma delegação de fabricantes de queijo, seguido por uma turnê de três dias de inspeção das fazendas locais... Se pudesse ao menos resolver esse problema dos elementos, teria condições de retomar imediatamente a escrita de seu manual assim que voltasse do campo.

Mendeleiev sentou-se à sua mesa atravancada de coisas em meio à desordem de seu gabinete: uma figura desgrenhada, gnômica, a cofiar obsessivamente as pontas da barba longa e revolta com os dedos da mão esquerda. Da penumbra acima de sua cabeça, os retratos de Galileu, Descartes, Newton e Faraday o contemplavam enquanto sua caneta riscava sem cessar no meio da desordem invasora de papéis, livros e obscuros aparelhos mecânicos espalhados.

Meticulosamente, Mendeleiev se pôs a esquadrinhar seu conhecimento enciclopédico dos elementos químicos, em busca de algum padrão de propriedades que pudesse vincular os grupos de elementos similares. Tinha de haver uma chave para tudo isso em algum lugar. Os elementos não podiam ter simplesmente um conjunto aleatório de propriedades: isso não seria científico. Reconhecidamente, eles tinham uma ordem definida de pesos atômicos, mas isso era certamente apenas parte da questão. Só explicava as propriedades físicas. E quanto a uma ordem entre as propriedades químicas? De Chancourtois afirmou ter descoberto algum tipo de padrão recorrente, mas a partir do seu artigo era impossível decifrar exatamente que padrão era esse. E até de Chancourtois admitia que ele não parecia se adequar a todos os elementos. Insistia em se referir a um misterioso "parafuso telúrico" que nunca foi completamente explicado. Parecia óbvio que o próprio de Chancourtois não entendia realmente o que estava tentando descrever. Contudo, o que ele vislumbrara, fosse lá o que fosse, o deixara evidentemente convencido de que havia alguma espécie de padrão. Mendeleiev tinha certeza de que de Chancourtois estava certo. Todo o peso de seu conhecimento químico o inclinava a favor dessa intuição. Vezes sem conta deu tratos à bola. Vezes sem conta tentou juntar os elementos um a um para formar algum tipo de estrutura. A cada vez, porém, a estrutura desabava no chão como um castelo de cartas. Na manhã de segunda-feira, 17 de fevereiro, Mendeleiev ainda não tinha descoberto coisa alguma.

Nessa manhã, durante o desjejum, Mendeleiev examinou as cartas trazidas pelo correio. Entre elas havia uma comunicação do secretário da Cooperativa Econômica Voluntária de Tver, 320 quilômetros a sudeste de São Petersburgo. Ela dava os detalhes de sua próxima reunião com os fabricantes de queijo, programada para aquela tarde. Os três dias seguintes haviam sido reservados para uma turnê de inspeção dos centros de fabricação de queijo da província, tal como ele havia solicitado. Todas as providências para sua visita haviam sido tomadas.

Mendeleiev devia pegar o trem na Estação Moscou de São Petersburgo imediatamente após o desjejum. Seu baú de madeira de viagem estava feito e fechado junto à porta da frente. Lá fora, o trenó puxado a cavalo esperava na rua coberta de neve.

Acabou pegando a carta da mesa do desjejum, junto com sua caneca de chá, e se recolheu ao seu gabinete. Ali sentou-se de novo à sua mesa. Virou a carta que trazia, pousou sua caneca de chá e começou a rabiscar algumas anotações no verso. Sabemos desses detalhes porque essa carta do secretário da Cooperativa Econômica Voluntária de Tver foi preservada, e ainda traz a marca circular da caneca de Mendeleiev. As notas no verso da carta arrolam vários elementos na ordem de seus pesos atômicos. Mendeleiev evidentemente tinha certeza de que a chave residia nessa pista natural e óbvia – a ordem ascendente dos pesos. Ali havia inegavelmente uma ordem. O problema é que ela não parecia explicar coisa alguma: só que um elemento era mais pesado que outro. Que dizer então dos grupos de elementos com propriedades similares, como os halógenos: flúor (F), cloro (Cl), bromo (Br) e iodo (I)? Mas os pesos atômicos do grupo halógeno diferiam amplamente:

F = 19 Cl = 35 Br = 80 I = 127

O mesmo ocorria com o grupo oxigênio de elementos: oxigênio (O), enxofre (S), selênio (Se) e telúrio (Te). Também estes exibiam propriedades químicas significativamente similares, mas seus pesos diferiam da seguinte maneira:

O = 16 S = 32 Se = 79 Te = 128

E os elementos do grupo nitrogênio – nitrogênio (N), fósforo (P), arsênio (As) e antimônio (Sb) – eram igualmente díspares no que dizia respeito a seus pesos atômicos:

N = 14 P = 41 As = 75 Sb = 122

Mas quando listou esses três grupos acima, um após o outro no verso da carta, Mendeleiev percebeu que um padrão começava a emergir:

F = 19	Cl = 35	Br = 80	I = 127
O = 16	S = 32	Se = 79	Te = 128
N = 14	P = 31	As = 75	Sb = 122

Lendo-se a partir do pé das colunas verticais, os elementos ascendiam em peso atômico. Só o telúrio (Te), na quarta, não se encaixava. Todos os outros o faziam.

Que significava isso? Não parecia fazer sentido algum. Certamente não podia ser mera coincidência. De todo modo, só se aplicava a uma dúzia de elementos. Sobravam ainda mais de 50, que continuavam tão desordenados quanto antes.

Segundo A.A. Inostrantzev, um amigo que o visitou nesse dia, a essa altura Mendeleiev estivera trabalhando nesse problema por três dias e três noites, sem parar. Como sabemos, ele era capaz de façanhas prodigiosas de concentração quando estava de veia – como quando escreveu seu manual de 500 páginas sobre química orgânica em apenas 60 dias. Começou a rabiscar listas dos outros elementos, ciente agora de que o tempo estava se esgotando. Ainda tinha de pegar o trem para Tver. Sua letra nessas anotações, e as frequentes palavras riscadas, traem sua agitação crescente. Estava convencido de estar na trilha certa. Já tivera um palpite, mas por alguma razão simplesmente não conseguia ver além dele.

Deve ter sido nesse ponto que Mendeleiev teve sua ideia luminosa – fazendo a inspirada conexão entre o problema dos elementos e seu jogo de cartas predileto, a paciência. Começou a escrever os nomes dos elementos numa série de fichas em branco, acrescentando seus pesos e propriedades químicas.

Presumivelmente foi por volta desse momento que foi até a porta do gabinete e mandou seu criado dispensar o cocheiro do trenó, dizendo-lhe para voltar a tempo para o trem da tarde. Quando o retinir das sinetas do trenó que partia desapareceu no silêncio acolchoado pela neve do lado de fora da janela, Mendeleiev começou a se concentrar no mar de cartões espalhados à sua frente sobre a mesa.

Mendeleiev registra num diário anterior como de vez em quando, após dar um primeiro passo rumo a uma descoberta, ficava alvoroçado. Mais tarde, porém, se era incapaz de ir adiante dessa intuição inicial, caía num estado de depressão profunda, por vezes se vendo reduzido a lágrimas.

Foi num estado de depressão assim que ele foi encontrado por seu amigo Inostrantzev quando este lhe fez uma visita na tarde de 17 de fevereiro. Mendeleiev sabia que estava no limiar de uma grande descoberta, mas simplesmente não conseguia agarrá-la. "Está tudo formulado na minha cabeça", queixou-se amargamente, "mas não consigo expressá-lo." Exausto, descansou a cabeça desgrenhada nas mãos.

Passando por cima da filosofia dúbia implícita neste comentário, podemos certamente sentir a frustração de Mendeleiev.

Mais uma vez estava ficando tarde. O trem vespertino logo estaria partindo da Estação Moscou para Tver. E mais uma vez o trenó aparecera na rua lá fora, seu cocheiro curvado contra o frio à luz evanescente do início da tarde. Simplesmente não havia tempo para explorar cada abordagem possível em meio ao mar de cartões espalhado à sua frente – nenhum tempo para meditação sobre os prós e os contras de cada esquema alternativo. Era preciso agir rapidamente: adivinhar, valer-se de sua intuição, decidir. Felizmente a intuição de Mendeleiev era uma de suas maiores forças.

O que Mendeleiev notara fora a similaridade entre os elementos e o jogo de paciência. Na paciência, as cartas tinham de ser alinhadas de acordo com o naipe e uma ordem numérica descendente:

Ordem numérica descendente →

Naipes						
♣	K	Q	J	10		
♠	K	Q	J	10	9	
♦	K	Q				
♥	K	Q	J	10	9	8

O que estava procurando em meio aos elementos parecia algo muito semelhante: um padrão que listasse os elementos de acordo com grupos de propriedades similares (como os naipes), com os elementos de cada grupo alinhados segundo a sequência de seus pesos atômicos (fazendo eco à ordem numérica nos naipes):

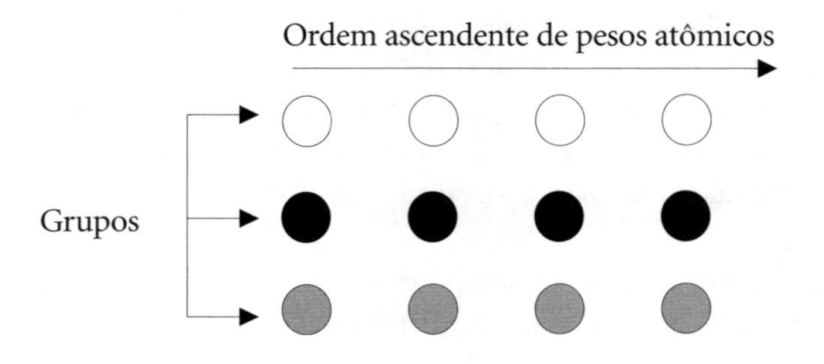

Esse jogo de "paciência química", como ele o chamou, confirmava de maneira evidente a intuição inicial de Mendeleiev com relação ao padrão emergente – mas contudo imperfeito – entre os grupos halógeno, oxigênio e nitrogênio, e parecia apontar para além dele. Tudo parecia estar se encaixando.

A essa altura, a penumbra baça do lado de fora da janela dera lugar à escuridão frígida da noite. Apesar de sua crescente exaustão, Mendeleiev não podia parar agora. Estava possuído pelo sentimento de estar no limiar de uma descoberta espetacular.

Torna-se assim um tanto desapontador registrar que, nesse momento, ele foi vencido pela fadiga. Debruçou-se, apoiando a cabeça nos braços em meio aos cartões espalhados em sua mesa. Adormeceu quase imediatamente, e teve um sonho.

14. A Tabela Periódica

Nas palavras do próprio Mendeleiev: "Vi num sonho uma tabela em que todos os elementos se encaixavam como requerido. Ao despertar, escrevi-a imediatamente numa folha de papel." Em seu sonho, Mendeleiev compreendera que, quando os elementos eram listados na ordem de seus pesos atômicos, suas propriedades se repetiam numa série de intervalos periódicos. Por essa razão, chamou sua descoberta de Tabela Periódica dos Elementos.

Na página oposta está o traçado da Tabela Periódica que Mendeleiev publicou duas semanas depois em seu artigo histórico "Um sistema sugerido dos elementos". Lendo a partir do alto da coluna mais à esquerda, as colunas verticais listam os elementos na ordem ascendente de seus pesos atômicos. As fileiras horizontais listam os elementos em grupos com propriedades gradativas semelhantes.

Como se pode ver, a segunda coluna vertical se parece com a lei das oitavas de Newlands, mas isso está longe de acontecer entre os elementos de maior peso atômico. De maneira semelhante, os padrões parciais de Döbereiner e de Chancourtois são também explicados. A Tabela Periódica de Mendeleiev seguiu um padrão menos rígido, mas ele parecia abarcar todos os elementos conhecidos.

Até Mendeleiev, no entanto, teve de admitir que, à primeira vista, parecia haver várias anomalias nesse padrão. Para começar, se todos os elementos fossem agrupados horizontalmente segundo suas propriedades, isso significaria que alguns de seus pesos atômicos não se adequariam à ordem ascendente precisa: por exemplo, no pé da terceira coluna vertical, o tório (Th = 118). Nesses casos, Mendeleiev questionou o peso atômico do elemento, sugerindo que havia sido calculado incorretamente. Ali, sustentou arrogantemente, a ciência estava errada e ele estava certo! Sua sugestão para explicar outras anomalias em sua Tabela Periódica foi ainda mais ousada. Quando nenhum elemento se encaixava no padrão, ele simplesmente deixava uma lacuna. Previu que essas lacunas seriam preenchidas um dia por elementos que ainda não haviam sido descobertos. Por exemplo, na nona fileira horizontal (o grupo boro, que começa com B = 11), ele previu que havia um elemento, até então desconhecido, entre o alumínio (Al = 27,1) e o urânio (Ur = 116). Chamou-o de eka-alumínio, prevendo que, quando fosse descoberto, seu peso atômico seria 68. Chegou até a prever as propriedades desse elemento, que estariam entre as do alumínio e as do urânio. De maneira semelhante, na linha horizontal imediatamen-

ОПЫТЪ СИСТЕМЫ ЭЛЕМЕНТОВЪ.

ОСНОВАННОЙ НА ИХЪ АТОМНОМЪ ВѢСѢ И ХИМИЧЕСКОМЪ СХОДСТВѢ.

			Ti = 50	Zr = 90	? = 180.
			V = 51	Nb = 94	Ta = 182.
			Cr = 52	Mo = 96	W = 186.
			Mn = 55	Rh = 104,4	Pt = 197,4.
			Fe = 56	Rn = 104,4	Ir = 198.
			Ni = Co = 59	Pl = 106,6	Os = 199.
H = 1			Cu = 63,4	Ag = 108	Hg = 200.
	Be = 9,4	Mg = 24	Zn = 65,2	Cd = 112	
	B = 11	Al = 27,4	? = 68	Ur = 116	Au = 197?
	C = 12	Si = 28	? = 70	Sn = 118	
	N = 14	P = 31	As = 75	Sb = 122	Bi = 210?
	O = 16	S = 32	Se = 79,4	Te = 128?	
	F = 19	Cl = 35,5	Br = 80	I = 127	
Li = 7	Na = 23	K = 39	Rb = 85,4	Cs = 133	Tl = 204.
		Ca = 40	Sr = 87,6	Ba = 137	Pb = 207.
		? = 45	Ce = 92		
		?Er = 56	La = 94		
		?Yt = 60	Di = 95		
		?In = 75,6	Th = 118?		

Д. Менделѣевъ

te abaixo, o grupo carbono que começa com C = 12, ele previu mais um elemento entre o silício (S = 28) e o estanho (Sn = 118), que marcou como ? = 70. Chamou-o de eka-silício e descreveu igualmente suas propriedades prováveis.

Apesar dessas anomalias visíveis em sua Tabela Periódica, Mendeleiev estava convencido de estar certo. Um indício adicional apenas o confirmou nessa ideia. O padrão revelado em sua Tabela Periódica era incrivelmente repetido por um padrão na sequência das valências exibidas por cada elemento, isto é, na medida da capacidade que tinham seus átomos de se combinar com outros átomos. Por exemplo, o lítio (Li = 7 na tabela) tinha uma valência de 1. Isto é, se o átomo era bola, ele tinha um "braço" permitindo-lhe ligar-se a outro átomo. Em seguida na sequência de pesos atômicos vinha o berílio (Be = 9,4), que tinha uma valência de 2, o que lhe permitia se ligar a outros dois átomos. O elemento seguinte, boro (B = 11), tinha uma valência de 3; depois vinha o carbono (C = 12), com 4. Em seguida a sequência caía, de modo que a ordem geral era: 1, 2, 3, 4, 3, 2, 1. Esse padrão periódico de elevação e queda era mais ou menos repetido ao longo de toda a sequência de pesos atômicos. Mas quando os elementos eram arranjados em grupos horizontais de propriedades similares, como ele o fizera em sua Tabela Periódica, os elementos do mesmo grupo tendiam a ter a mesma valência. Assim os elementos do grupo nitrogênio (11ª linha horizontal a partir de cima, começando com N = 14) tinham uma valência de 3. Situado imediatamente abaixo, o grupo oxigênio (que começa com O = 16) tinha uma valência de 2; e o grupo inferior tinha uma valência de 1. Mais uma vez, havia várias discrepâncias em que as valências não pareciam se ajustar perfeitamente ao padrão, ou era preciso rearranjar os elementos fora da ordem, mas Mendeleiev tinha certeza de que também essas anomalias podiam ser explicadas. Continuou convencido de que sua Lei Periódica, como a chamava, era a resposta. Como iria comentar mais tarde: "Embora tenha tido minhas dúvidas sobre alguns pontos obscuros, nem por uma vez duvidei da universalidade dessa lei, porque ela não podia ser resultado do acaso."

Outros não ficaram tão convencidos. Essa pretensa "lei" era típica da ciência russa: nada tinha do rigor de suas congêneres ocidentais. Muito simplesmente, a Tabela Periódica tinha buracos demais. Como podia Mendeleiev contar com a possibilidade de certos pesos atômicos terem sido mal calculados? Quem já ouviu falar de uma teoria científica que se baseava em erros científicos?

Mas a Tabela Periódica de Mendeleiev logo iria ser corroborada da maneira que ele menos esperava. O cientista alemão Julius Meyer publicou um artigo afirmando que havia descoberto a Tabela Periódica. Isso era com certeza mais do que uma coincidência equivocada.

As vidas de Mendeleiev e Meyer continham de fato várias coincidências. Poucos anos depois de Mendeleiev, Meyer também estudara química em Heidelberg com Bunsen e Kirchhoff, os renomados inventores da espectroscopia que haviam conseguido até descobrir novos elementos na superfície do Sol. Em contraste com Mendeleiev, porém, Meyer não abandonara o laboratório de Bunsen num rompante. Em consequência, adquirira uma profunda compreensão da natureza dos elementos (em vez de passar seu tempo obstinadamente num laboratório caseiro testando a solubilidade do álcool na água). Também Meyer assistira à famosa conferência Karlsruhe em 1860 e, como Mendeleiev, fora inspirado pelo candente discurso de Cannizzaro em favor dos pesos atômicos.

Trabalhando em linhas similares às de Mendeleiev, Meyer tinha acabado por descobrir um padrão quase idêntico entre os elementos precisamente ao mesmo tempo que ele. Nesse caso, por que se atribui a descoberta da Tabela Periódica a Mendeleiev? Para começar, porque ele publicou seu artigo sobre o assunto em 1º de março de 1869, apenas duas semanas após sua descoberta inicial – ao passo que Meyer só publicou seus achados no ano seguinte. Mas, sem dúvida, as conclusões de Meyer eram mais hesitantes. Ele não conseguiu explicar plenamente as anomalias de sua tabela – os elementos que estavam fora de ordem, aqueles que não pareciam se encaixar em seu grupo aparente e as lacunas flagrantes. Quando críticos apontaram as discrepâncias entre a "lei" de Meyer e os fatos, Meyer não teve defesa. Mendeleiev, por outro lado, tomou a ofensiva. Estava disposto a defender sua intuição química em face de todos os "fatos".

Compreensivelmente, o mundo científico não se deixou convencer. Como se podia fundar uma lei científica em descobertas que ainda não haviam sido feitas? Essa confiança em elementos químicos não descobertos era pura fantasia. A posição de Mendeleiev começou a parecer cada vez mais incerta à medida que o tempo passava e não surgia nenhum indício científico para apoiar suas asserções absurdas. Não se descobriu nenhum elemento novo com as propriedades do "eka-alumínio" ou do "eka-silício". De fato, os anos que se seguiram imediatamente a 1869 iriam se provar surpreendentemente estéreis no tocante à descoberta de novos elementos.

Foi então que, no final do verão de 1874, a Académie des Sciences de Paris recebeu uma carta dramática do químico francês Paul Lecoq, de Boisbaudran, em que ele anunciava: "Durante a noite passada, em 27 de agosto de 1875, entre três e quatro horas da manhã, descobri um novo elemento numa amostra de sulfeto de zinco da mina Pierrefitte, nos Pireneus." Ele chamou esse elemento de gálio, segundo a palavra latina para França, Gallia. (Já se sugeriu, porém, que os motivos de Lecoq talvez não tivessem sido tão patrióticos e desinteressados quanto pareciam. *Le Coq*, que significa em francês "o galo", traduz-se em latim como *gallus*.)

O elemento recém-descoberto por Lecoq teve seu peso atômico calculado em 69, e suas propriedades indicavam que pertencia ao grupo boro, entre o alumínio e o urânio. O novo elemento gálio correspondia quase exatamente às propriedades que Mendeleiev previra para o eka-alumínio. Mas quando Lecoq calculou a gravidade específica do gálio, constatou que ela era de 4,7 – quando Mendeleiev havia previsto que o eka-alumínio teria uma gravidade específica de 5,9. Ali estava uma discrepância flagrante que não podia ser ignorada. Seria possível que as outras "previsões" de Mendeleiev não tivessem passado de uma série de palpites felizes?

Assim que soube que o achado de laboratório de Lecoq não correspondia à sua previsão teórica, Mendeleiev reagiu de maneira característica. Enviou imediatamente uma carta ao francês informando-o de que sua amostra de gálio não era suficientemente pura e sugerindo que repetisse o experimento com outra amostra. Conscienciosamente, Lecoq repetiu seu experimento com uma amostra maior, que submeteu a uma purificação rigorosa. Dessa vez, constatou que a gravidade específica do gálio era 5,9, exatamente como Mendeleiev previra!

Cinco anos depois veio a confirmação de que isso certamente não fora nenhum acaso feliz. Durante uma análise de rotina do mineral argirodita, recentemente descoberto numa mina perto de Freiburg, o químico alemão Clemens Winkler detectou a presença de um elemento até então desconhecido. Chamou-o de germânio (em homenagem à sua pátria). No curso de várias pequenas revisões de sua Tabela Periódica, Mendeleiev havia calculado que o peso do eka-silício seria não 70, mas algo mais próximo de 72 – suas previsões no tocante às outras características do elemento, porém, continuaram inalteradas. Seria um elemento metálico cinza-escuro com propriedades entre as do silício e as do estanho. Teria uma gravidade específica de 5,5, seu óxido teria uma gravidade específica de 4,7 e seu composto com cloro teria uma gravidade específica de 1,9. Winkler verificou que o germânio era uma substância cinza com brilho metálico, com peso atômico de 72,73. Tinha uma gravidade específica de 5,47, seu óxido tinha uma gravidade específica de 4,7 e seu cloreto tinha uma gravidade específica de 1,887. Agora ninguém podia duvidar da Lei Periódica de Mendeleiev.

Com a Tabela Periódica, a química chegou à maioridade. Como os axiomas da geometria, da física newtoniana e da biologia darwiniana, a química tinha agora uma ideia central sobre a qual todo um novo corpo de ciência podia ser construído. Mendeleiev classificara os tijolos do universo.

Mendeleiev tinha certeza de que semelhante descoberta levaria a avanços consideráveis na ciência. Especulou que, em séculos futuros, sua Tabela Periódica poderia talvez indicar as origens do universo, o padrão sobre o qual a própria vida se fundava ou até o segredo supremo da matéria. Isso iria acontecer, mas não exatamente como ele esperava. Ainda durante a vida de Mendeleiev, descobriu-se que certos elementos da Tabela Periódica eram sujeitos a decair. Mendeleiev não pôde aceitar isso: para ele a Tabela Periódica era um absoluto. No entanto, foi a própria posição que esses elementos que decaíam ocupavam em sua tabela que levou os cientistas a compreender precisamente o que acontecia. O átomo não era a última partícula fundamental. A física nuclear nascera. Ela iria descobrir, por sua vez, seu próprio conjunto de partículas subnucleares únicas. Seria possível que também estas se conformassem a um padrão semelhante à Tabela Periódica dos elementos? Em 1981 o físico americano Murray Gell-Mann, inspirado pelo exemplo de Mendeleiev, elaborou uma tabela de classificação das partículas subatômicas, que chamou de o caminho óctuplo. Esta agrupava as partículas em famílias que exibiam propriedades similares, de uma maneira que reproduzia o método usado originalmente por Mendeleiev para agrupar os elementos. Mas a ciência moderna avança depressa, e o caminho óctuplo teve o mesmo destino da Tabela Periódica de Mendeleiev. Descobriu-se que as partículas que ele classifica não são absolutas. Parecem consistir de entidades ainda mais diminutas conhecidas como supercordas.

Contudo, apesar desses amplos avanços, a Tabela Periódica descoberta originalmente por Mendeleiev continua sendo a base da química moderna. Ela foi usada para prever as propriedades possíveis de todo tipo de combinações moleculares de elementos atômicos. Isso é especialmente útil na síntese de novas drogas complexas. De maneira semelhante, o conhecimento preciso da capacidade que tem cada elemento atômico diferente de se combinar com outros átomos levou aos avanços mais espetaculares na química. Nossa compreensão da constituição da molécula extremamente complexa do DNA, "o padrão da vida", não teria sido possível sem esse conhecimento.

A premonição de Mendeleiev de que sua Tabela Periódica poderia auxiliar na descoberta das origens do universo também se provou justificada. Especulando sobre o que aconteceu nos segundos que se seguiram ao Big Bang, cosmólogos se viram avançando a partir da fundação das partículas nucleares (nos primeiros três segundos) até a formação dos primeiros átomos (um milhão de anos mais tarde). Como esses primeiros átomos simples se transformaram na estrutura complexa da Tabela Periódica é o segredo da evolução do universo. Sabemos como isso começou; Mendeleiev nos mostrou como é agora. O que aconteceu no intervalo é o episódio vital que somente agora estamos começando a decifrar.

Durante os cem anos, aproximadamente, que se seguiram à descoberta original de Mendeleiev, a Tabela Periódica dos elementos sofreu vários ajustes e rearranjos. No entanto, as versões modernas da Tabela Periódica (de que há várias) continuam incontestavelmente baseadas sobre a estrutura essencial concebida por ele. Esta foi capaz de incorporar quase o dobro do número de elementos que explicava originalmente, inclusive um grupo inteiramente novo, e vários reagrupamentos subsequentes de elementos. Sabe-se hoje que as propriedades, valências e pesos dos elementos resultam do arranjo de partículas subatômicas no interior do átomo. A física nuclear, contudo, na maior parte das vezes confirmou os palpites originais de Mendeleiev com relação a pesos atômicos, elementos que faltavam e suas propriedades. Ela oferece uma explicação global baseada nos mais sofisticados indícios experimentais, ali onde Mendeleiev podia apenas especular. O que Mendeleiev descobriu no dia 17 de fevereiro de 1869 foi a culminação de uma epopeia de dois mil e quinhentos anos: uma parábola obstinada da aspiração humana.

Em 1955 o elemento 101 foi descoberto e tomou seu lugar devidamente na Tabela Periódica. Foi chamado de mendelévio, em reconhecimento ao feito supremo de Mendeleiev. Apropriadamente, é um elemento instável, sujeito a fissão nuclear espontânea.

Leituras Adicionais

Como este pretende ser um livro popular, não incluí uma lista exaustiva de fontes. A maioria das citações no texto tem seus autores mencionados e muitas obras relevantes são citadas. Abaixo, estão listadas fontes que usei para cada capítulo e que podem se revelar de interesse como leitura adicional.

Uma palavra de advertência para quando se estiver buscando material adicional: o nome de Mendeleiev foi ocidentalizado a partir da escrita cirílica russa. Isso resultou numa variedade de grafias diferentes. A variante que usei, Mendeleyev, parece a mais lógica para o inglês, e é a que goza de reconhecimento geral. A questão, contudo, não foi formalizada e as seguintes variantes podem também ser encontradas (em títulos, índices, artigos etc.): Mendeleev (que é como ele se assinava em inglês), Mendeléev, Mendeléïev, Mendeleïeff, Mendeleyeff e outras.

Prólogo

Dmitri Mendeléïev, de Paul Kolodkine, Paris, Seghers, 1961. Em francês. Uma das poucas biografias não em russo.

"On the Question of the Psychology of Scientific Creativity (On the Occasion of the Discovery by D.I. Mendeleev of the Periodic Law)", de B.M. Kedrov, em *Soviet Review*, vol.8, 2 (1967), p.26-45. Uma investigação detalhada do que aconteceu, traduzida do russo.

"Factors Which Led Mendeleev to the Periodic Law", de Henry M. Leicester, em *Chymia*, vol.I (1948).

1. No começo

Lives of Eminent Philosophers, de Diógenes Laércio, Londres, Heinemann, 1980. A principal fonte sobre os primeiros filósofos. De leitura extremamente agradável, mas nem sempre confiável.

A History of Western Philosophy, vol.1, *The Classical Mind*, de W.T. Jones, Nova York, Harcourt Brace, 1970. Particularmente bom no tocante às ideias e ao aspecto científico dos primeiros filósofos.

The Discovery of the Elements, de M.E. Weeks e H.M. Leicester, Journal of Chemical Education (EUA), 1968. Obra exaustiva, que se estende por quase 500 páginas. Uma mina de sabedoria fascinante, que consultei do princípio ao fim.

2. A prática da alquimia

Through Alchemy to Chemistry, de John Read, Londres, Bell, 1957.

The Origins of Alchemy, de Jack Linsay, Londres, Muller, 1970.

Avicenna: His Life and Works, de Soheil M. Afnan, Londres, Allen & Unwin, 1958. Uma biografia fascinante, que faz pleno uso do pouco material confiável disponível.

3. Genialidade e algaravia

History of Chemistry, de J.R. Partington, Londres, Macmillan, 1962. Obra clássica em quatro volumes; consultei-a do princípio ao fim.

Dictionary of Scientific Biography, org. C.C. Gillespie, Nova York, Scribner's, 1974. Obra definitiva de referência biográfica em 16 volumes, que também consultei do princípio ao fim.

Alchemy and Mysticism, de Alexander Roob, Londres, Taschen, 1998. Setecentas páginas cheias de ilustrações: bom para um pano de fundo e por informações preciosas.

4. Paracelso

Paracelsus: Magic into Science, de Henry M. Pachter, Nova York, Schuman, 1971. A melhor biografia de Paracelso disponível em inglês.

Crucibles: The Story of Chemistry, de Bernard Jaffe, Dover, 1998. Contém um breve e bom capítulo biográfico sobre Paracelso, bem como capítulos sobre muitas outras figuras de destaque na história da química.

O verbete um tanto longo do volume 10 do *Dictionary of Scientific Biography* (ver acima sob Capítulo 3) de Gillespie é particularmente informativo.

5. Tentativa e erro

The Rainbow: From Myth to Mathematics, de Carl B. Boyer, Nova York, 1959. Situa Dietrich von Freiburg no contexto mais amplo e deslinda toda a história.

Para detalhes adicionais sobre Nicolau de Cusa, ver Gillespie, op.cit., vol.3.

Nicholas Copernicus, de Fred Hoyle, Londres, Heinemann, 1973. Ensaio da autoria de um eminente astrônomo contemporâneo, com interessantes achados profissionais.

Giordano Bruno: His Life and Thought, de Dorothy Waley Singer, Nova York, Schuman, 1950. Provavelmente ainda a melhor biografia geral.

6. Os elementos da ciência

Galileo: A Life, de James Reston jnr, Londres, Cassell, 1994. A mais recente de muitas excelentes biografias: relativamente curta, mas clara e relevante.

Descartes: An Intellectual Biography, de Stephen Gaukroger, Oxford, OUP, 1995. Uma útil exploração de sua filosofia e ciência; apesar do título, contém também detalhes de sua vida.

Francis Bacon: The History of a Character Assassination, de Nieves Mathews, New Haven, Yale UP, 1996. Uma útil correção a muitos dos mitos que se desenvolveram em torno do nome de Bacon.

A Historical Introduction to the Philosophy of Science, de John Losee, Oxford, OUP, 1993. O melhor guia abrangente dessa matéria muitas vezes desconcertante.

7. Uma ciência renascida

The Life of the Honourable Robert Boyle, de R.E.W. Maddison, Londres, Taylor & Francis, 1969. Boa e abrangente biografia com muitos detalhes de época fascinantes.

Isaac Newton: The Last Sorcerer, de Michael White, Londres, Fourth Estate, 1997. Biografia recente que focaliza os aspectos alquímicos mais controversos da obra de Newton.

Van Helmont: Alchemist, Physician, Philosopher, de H. Stanley Redgrove e I.M.L. Redgrove, Londres, William Rider, 1922. Obra curta e rara, mas praticamente a única informação disponível em inglês.

8. Coisas nunca vistas antes

Weeks e Leicester, op.cit. Obra exaustiva sobre o assunto, inclui também detalhes das vidas dos descobridores.

Man and the Chemical Elements, por J. Newton Friend, Londres, Charles Graham, 1951. História de leitura extremamente agradável da descoberta dos elementos e de seus descobridores.

Não há biografia de Karl Scheele em inglês, mas há um bom resumo de sua vida e obra em *Dictionary of Scientific Biography*, op.cit., vol.2, p.143-50.

The Chemical Elements, de I. Nechaev e Gerald Jenkins, Diss (Norfolk), Tarquin, 1997. Breve e excelente visão geral dos elementos químicos e muitos outros saberes químicos.

9. O grande mistério do flogístico

Infelizmente não há uma biografia completa de Becher disponível em inglês, mas há um bom sumário de sua notável vida em Jaffe, op.cit. (sob Capítulo 4).

Da mesma maneira, não há nenhuma biografia facilmente disponível de Stahl, mas pode-se encontrar um breve capítulo sobre sua vida em *Great Chemists*, org. Eduard Farber, Interscience, 1961.

Joseph Priestley, de F.W. Gibbs, Londres, Nelson, 1965. A melhor biografia popular de um extraordinário homem de ciência e princípios.

Cavendish, de Christina Jungnickel e Russell McCormmach, American Philosophical Society, 1996. Bom tanto sobre a ciência excepcional quanto sobre o homem excepcional; muitas ilustrações excelentes.

10. O mistério decifrado

Lavoisier: Chemist, Biologist, Economist, de Jean-Pierre Poirier, University of Pennsylvania Press, 1966. Biografia completa, rica em detalhes da vida, do trabalho e da época. Traduzido do francês.

Lavoisier, de Ferenc Szabadvary, University of Cincinnati, 1977. Um relato mais curto, mas de leitura extremamente agradável, traduzido do húngaro.

Fontana History of Chemistry, de William H. Brock, Londres, Fontana, 1992. A melhor obra popular disponível sobre o assunto, com bons capítulos sobre os adeptos da teoria do flogístico e Lavoisier.

11. Uma fórmula para a química

John Dalton and the Atom, por Frank Greenaway, Londres, Heinemann, 1966. Biografia popular agradável e informativa, boa tanto sobre a ciência quanto sobre a época.

Enlightenment Science in the Romantic Era, org. Evan Melhado e Tore Frangsmyr, Cambridge, CUP, 1992. A química de Berzelius e seu contexto cultural na Europa do início do século XIX.

12. A procura de uma estrutura oculta

Praticamente as únicas fontes extensas para Döbereiner e de Chancourtois estão nas seções apropriadas do *Dictionary of Scientific Biography*, op.cit.

Chemical Age, 59 (1948), contém um artigo de J.A. Cameron intitulado "J.A.R. Newlands (1837-1898), A Pioneer Whom Chemists Ridiculed".

O livro de Partington, *History of Chemistry*, op.cit., vol.4, parte 4, traça em maior detalhe a procura de um padrão entre os elementos.

"The Development of the Periodic Table", de John Emsley, em *Interdisciplinary Science Reviews*, vol.12 (1987).

13. Mendeleiev

Eminent Russian Scientists, de Cicely Kodiyan, Delhi, Konark, 1992. Biografias dos cientistas mais importantes antes e depois de Mendeleiev.

Ver também os títulos listados para o Prólogo.

14. A Tabela Periódica

The Periodic System of the Elements: A History of the First Hundred Years, de J.W. van Spronsen, Londres, Elsevier, 1969. Resume os desenvolvimentos ocorridos desde o tempo de Mendeleiev.

Graphic Representations of the Periodic System during One Hundred Years, de Edward G. Mazurs, University of Alabama, 1974. Descreve como a representação da Tabela Periódica mudou desde as versões originais de Mendeleiev.

Índice Remissivo

1ª EDIÇÃO [2002] 12 reimpressões

ESTA OBRA FOI COMPOSTA POR TEXTOS & FORMAS EM MINION E LITHOS E IMPRESSA EM OFSETE PELA GRÁFICA BARTIRA SOBRE PAPEL ALTA ALVURA DA SUZANO S.A. PARA A EDITORA SCHWARCZ EM MAIO DE 2023

A marca FSC® é a garantia de que a madeira utilizada na fabricação do papel deste livro provém de florestas que foram gerenciadas de maneira ambientalmente correta, socialmente justa e economicamente viável, além de outras fontes de origem controlada.